高填方工程地基变形和边坡稳定性分析

朱彦鹏　杨校辉　著

中国建筑工业出版社

图书在版编目（CIP）数据

高填方工程地基变形和边坡稳定性分析/朱彦鹏，杨校辉
著. —北京：中国建筑工业出版社，2019.8（2022.1重印）
ISBN 978-7-112-23878-1

Ⅰ.①高… Ⅱ.①朱…②杨… Ⅲ.①地基变形-研究②边
坡稳定性-研究 Ⅳ.①TU433②TV698.2

中国版本图书馆 CIP 数据核字（2019）第 122737 号

随着大量的低丘缓坡未利用地造地工程、高填方机场工程、山区高速公路高铁的修建，高填方工程地基变形和相应的高边坡稳定成了学术界关注的焦点。本书通过试验研究、理论分析和现场测试，试图解答山区高填方工程的主要岩土工程问题，研究了高填方工程的填料选择、高填方地基变形和高边坡稳定性的分析计算方法等问题，目的是想将高填方工程从粗放造地工程变为科学工程建设，减少工后大量工程灾害，保证工程建设期和使用期的安全，为我国高填方工程建设提供参考。

本书将岩土工程理论和实践结合、实用性较强，全书共分 7 章，主要讲述了高填方地基处理、填料力学性能试验研究、高填方地基变形计算、高填方边坡稳定性分析、高填方时空综合监测与分析以及高填方工程实践等内容，本书图文并茂、深入浅出，将高填方的科学技术问题最后落脚在工程实践上。

本书可供从事相关土木工程理论研究和工程实践的科学技术工作者、高校教师、勘察设计人员和研究生参考，也可供从事高填方工程的管理人员参考。

责任编辑：杨 允 王 梅
责任校对：王 烨

高填方工程地基变形和边坡稳定性分析

朱彦鹏 杨校辉 著

*

中国建筑工业出版社出版、发行（北京海淀三里河路 9 号）

各地新华书店、建筑书店经销

北京科地亚盟排版公司制版

北京建筑工业印刷厂印刷

*

开本：787×1092 毫米 1/16 印张：17¾ 字数：443 千字
2020 年 4 月第一版 2022 年 1 月第二次印刷

定价：**68.00** 元

ISBN 978-7-112-23878-1
（34180）

前　言

　　1996 年我国耕地面积为 19.51 亿亩，而到 2004 年已减至 18.37 亿亩，每年减少约 600 万亩，现在人均耕地面积已不足 1.4 亩，而且我国只有 1 亿亩左右的后备耕地资源。另一方面，目前土地需求强劲，土地需求不仅是经济性需求，由于城镇化的加快，刚性的建设用地需求也在不断增长，解决这一问题一个重要途径就是向荒山荒沟要地，因此低丘缓坡未利用地造地成了山区增加建设用地首选。

　　2012 年 4 月 17 日，备受各界关注的延安新区正式开工建设，延安新区建设项目是目前在湿陷性黄土地区"平山、填沟、造地、建城"规模最大的岩土工程之一，彻底打破了城市建设沿川道发展的传统理念。平山建城，用技术经验支撑，流域治理，用生态理念建设的原则，规划选址分为三大片区，控制面积 73.4 平方公里，规划承载总人口 35～45 万人。如今五年过去了，走在新城的大道上，高楼拔地而起鳞次栉比，道路四通八达宽阔平展，绿地公园随处可见，在数万名建设者五年辛勤汗水的浇灌中，新城逐渐成形初见规模，一座宜居、宜业、宜游的生态新城、现代新城在山峦沟壑间崛起，"新区建设不仅开创了世界范围内岩土工程成功实践的一大创举，其建设速度更是开创了延安城市建设的新纪元"，在短短五年时间内，新区完成各类建设项目 110 个，这在延安城市发展史上绝无仅有。

　　有限的土地资源是制约兰州市转型跨越发展的一大"瓶颈"，兰州中心城区可开发土地日益减少、人口密度高、功能分区不合理等问题，宣示着其发展已进入了新的瓶颈期，主城区人口密度日益饱和、两山对峙、一河中流局势下土地资源稀缺的兰州，何以实现其不断膨胀的野心和经济发展的目标呢？近年来，在甘肃省委、省政府的支持协调下，兰州成为国家低丘缓坡荒滩等未利用地开发利用的试点城市，平山造地约 100 平方公里。根据第四版兰州总体规划，兰州将在北山植被较差的荒山地区造地约 200 平方公里，兰州新区利用低丘缓坡造地约 100 平方公里，以缓解兰州地区工程建设用地需求。兰州按照"跳出老区建新区，建设新区带老区，新区抓框架，老区抓提升，共同促提高"的"南升北拓"总体思路，通过低丘缓坡土地开发，拓展城市布局，挣脱"瓶颈"限制，大兰州必脱颖而出。近来利用低丘缓坡造地相继建成九州地区、碧桂园、太平洋、银河国际、保利领秀山及兰州新区职教园区等大型项目，这些项目将土地开发整理、生态修复、地质灾害治理等荒山综合开发利用系统考虑，在扩大了兰州建设空间的同时改善了兰州两山荒凉的生态环境，并且兼顾了滑坡泥石流灾害的防治，取得了良好的效果。

　　除延安、兰州外，我国其他地区，湖北十堰、云南、贵州、广西等开展了低丘缓坡造地项目，获得了宝贵的建设用地，这些造地项目基本都涉及深挖高填。另外，由于山区机场、道路等建设同样有深挖高填问题。已建成的吕梁机场高填方机场最大填方高度达到 80m，形成了多处 50～80m 的填方高边坡，陇南成州机场最大填方高度达到 60m，已建成昆明长水机场、九寨沟机场、攀枝花机场、夏河机场、河池机场、固原机场、承德机场都是高填方机场，正在建设的巫山机场、恩阳机场、达州机场也是高填方机场，即将建设的天水机场最大填方厚度将达100m，平凉机场等大量的机场工程将要通过挖填来建设，这将给岩土工程提出新的课题。如何科学地建设高填方工程，解决建成后工程可能遇到的各种灾害是本书想要研究解答的主要问题。

随着大量的低丘缓坡造地工程、高填方机场工程、山区高速公路大量修建，高填方工程地基变形和相应的高边坡稳定成了岩土工程学术界关注的焦点。《高填方工程地基变形和边坡稳定性分析》一书通过试验研究、理论分析和现场测试，试图解答山区高填方工程的主要岩土工程问题，给出了高填方工程的填料选择、填筑工艺、高填方地基变形、高边坡稳定性的分析和变形稳定性时空检测等问题，目的是想将高填方工程从粗放造地工程变为科学工程建设，减少工后大量工程灾害，保证建设工程试用期的安全，为我国类似工程建设提供参考。

作者从事土木工程科研教学三十余年，参与大型造地项目多项，主持完成了"兰州市低丘缓坡沟壑等未利用地太平洋集团项目一期造地质量控制评价"，"陇南机场高填方跑道土基处理试验及灾害防治研究"等高填方工程科研工作，主持了《兰州市低丘缓坡造地技术规定》和甘肃省地方标准《低丘缓坡未利用地开发技术规程》DB62/T 25-3108-2016等相关标准的编写，在理论研究和工程实践上都有较好的成果积累，为完成本书奠定了一定的基础，通过多年的努力《高填方工程地基变形和边坡稳定性分析》一书终于完成，奉献给同行专家共同分享。

《高填方工程地基变形和边坡稳定性分析》是一门岩土工程理论和实践结合、实用性较强的工程技术著作，全书共分7章，主要讲述了高填方地基处理、填料力学性能试验研究、高填方地基变形计算、高填方边坡稳定性分析、高填方时空综合监测与分析以及高填方工程实践等内容，本书力求图文并茂、深入浅出，将高填方的科学技术问题最后落脚在工程实践中，使从事高填方工程的工程技术人员便于学习和工程应用。希望通过本书的出版能够使高填方工程在科学的指导下，理论和实践水平不断提高，建造的工程更加安全可靠。

本书出版得到教育部"长江学者创新团队"西北恶劣环境下土木工程防灾减灾研究（IRT-17R51）资助，研究工作得到甘肃民航机场集团专项"陇南机场高填方跑道土基处理试验及灾害防治研究"和甘肃省重大专项的经费支持，并得机场集团成卅机场项目办主任骆首锋等支持，对上述单位和个人一并表示感谢！

《高填方工程地基变形和边坡稳定性分析》一书由朱彦鹏教授和杨校辉博士共同完成，周勇教授、王秀丽教授、贾亮副教授、马天忠副教授、叶帅华副教授、王永胜副教授、郭楠博士、来春景博士、彭俊国博士、马孝瑞博士、李京榜博士和硕士生朱鋆川、严锐鹏、杨晓宇、师占宾等参与相关项目的科研工作，对本书的完成起了很大的作用，特此对他们的贡献表示感谢。

高填方工程研究工作在我国起步较晚，研究工作还在进行当中，高填方的科学技术和工程问题还有不少，本书立足于抛砖引玉，希望以后有更好的成果涌现，以便能更好地指导工程实践。由于时间仓促，加之作者水平有限，错误之处在所难免，敬请读者批评指正。

朱彦鹏　杨校辉

2019年12月30日

目　　录

第1章 绪 论

1.1 研究背景和意义

1.1.1 研究背景

随着城镇化建设的加快和"一带一路"倡议的深入的实施，山区城镇化建设、能源、机场、公路、铁路等项目新建或改扩建力度逐步加大。重庆、十堰、宜昌、兰州和延安等多个城市的推山造地规模日益空前；同时，在填海造地方面，天津、上海、温州、深圳及南海等也已初具规模。国家综合运输大通道和综合交通枢纽、中长期高速公路网、铁路长期规划网等给出了新时代建设明确计划，特别是国家经济发展新常态和区域发展新战略对民航发展带来新机遇，至 2020 年，逐步完善华北、华东、华中、华南、西南、西北及东北机场群，新增机场将会超过 50 个[1]。

其中西南和西北地区的新建或改扩建项目大多位于丘陵沟壑区，受山区地形地貌条件限制，特别是在"18 亿亩耕地"不能触碰的红线下，可利用土地资源日益紧缺，项目建设与当地城乡发展用地需求的矛盾日益突出。"削山填沟造地"战略应运而生，也是深入贯彻落实《国家中长期科学和技术发展规划纲要》的重大举措，既能为建设提供必要的土地，又能有效减轻或避免人为活动诱发的地质灾害，开辟了山区社会和经济发展新的土地利用模式。但是，山区高填方工程建设必然形成大面积、大土石方量的高填方地基（图 1.1）[2]，从已完成的高填方地基工后期运营情况来看，有成功的例子，同时也不乏部分工程产生过大沉降变形甚至失稳，系统分析可知，这其中蕴含了一系列新的岩土工程问题亟待解决。

1.1.2 研究意义

相对于水利水电、公路、铁路等方面，当前国内丘陵沟壑区填沟造地工程及机场高填方领域的系统研究明显偏少，《高填方地基技术规范》[3] GB 51254、《民用机场高填方工程技术规范》MH/T 5035[4] 刚刚实施，虽然甘肃省率先出台的《低丘缓坡未利用地开发技术规程》[5] DB62/T 25—3108 较为详细地给出了低丘缓坡造地的勘察、设计及施工等方面的技术规定，《民用机场岩土工程设计规范》MH/T 5027 认为最大填方高度或填方边坡高度（坡顶至坡脚高差）大于等于 20m 的工程称为高填方工程，但是在我国高填方地基处理技术不断提高的同时，最大填方高度也在不断刷新[6]（图 1.2），因此，许多问题尚处于边实践边探索阶段，甚至连高填方地基的定义还未统一。近年来不断出现诸如延安新机场最大填方厚度约 100m[7]，九寨黄龙机场最大填方厚度 104m[8]，承德机场最大填方高度达 114m[6] 等罕见的超过百米的高填方机场工程；另外，兰州和延安都正在进行大规模的平山造城工程，2012 年开始兰州新区将平整土地约 25km²，延安计划 10 年内平山造地约 80km²[9]，一期工程（北区）造地 10.5km²（图 1.3），挖填土方总量达 3.6 亿 m³，最大填土厚度 105m，是目前世界上黄土地区规模最大的填方工程。不过目前，业内趋向认为高填方地基是指填筑高度大于 20m 且不超过 80m、经有组织分层填筑和压（夯）实处理后的地基，这主要是考虑 20m 以下的填筑地基在工程中较为常见，处理难度相对容易，设计和施工人员可以参考《公路路基设计规范》JTG D 30、《铁路路基设计规范》TB 10001 等进行相关设计和施工。

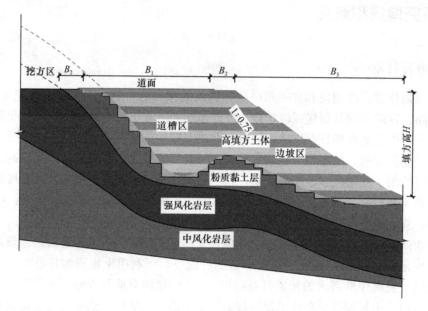

图 1.1　山区高填方工程示意图

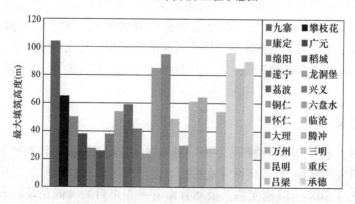

图 1.2　部分高填方机场最大填方高度

　　系统分析山区高填方地基前，首先有必要简要了解其特点和存在问题。山区高填方工程共同特点主要有：①山区和丘陵地区，地形高差大、工程地质条件与水文地质条件复杂，在高填方地基的建设场地，岩土工程特性差异明显，且存在诸多不良地质条件；②高填方地基土石方量大，开采、挖填和运输所需机械设备和劳动力较多，工期长，造价高，且需要占用大量土地；③高填方地基在建设过程中，会挖除原有边坡，同时回填和弃土堆放也会产生新的边坡，边坡的支挡不仅工程造价高，而且对周围环境产生影响；④削山和填沟均会破坏原始地形，改变地表水径流及地下水渗流路径，造成地下水位升高、土体强度弱化，严重时引发地基湿化变形或滑坡等灾害。

图 1.3　延安新区一期（北区）填方工程

高填方建设过程中遇到的主要岩土工程问题可总结为"三面两体两水"（图 1.1），具体为原地基表面、挖填交界面、边坡临空面，原地基土体、填筑体，地下和地表水相关问题，其中最突出的核心难题就是高填方地基变形计算和高填方边坡稳定性分析，即经过地基处理后应最大程度地保证变形均匀、填筑密实和地基稳定。遵循认识客观事物的一般规律，首先应全面揭示高填方土体强度、变形和持水等基本特性及其变化规律，进而对地基变形和稳定性进行科学预测和评价。但是目前对于该类山区高填方最基本问题的处理，大多没有抓住压实填土属于非饱和土的本质特性[10,11]，部分学者甚至建议将其当作饱和土或干土处理，很显然，这种假设的误差较大；正是由于对该类非饱和土质高填方的系统认识不足、理论研究不到位，故而高填方因失稳而造成的事故或因差异沉降造成工程寿命短暂的现象时有发生。如空军山西某机场高填方差异沉降过大导致机场报废、宜昌三峡机场灯光带 2 次滑坡、云南丽江机场西侧跑道滑坡、贵州某机场滑坡、九黄机场较大的差异沉降、成都双流机场第二跑道及滑行道沉降过大等均造成了不同程度的财产损失或不良社会影响，特别是攀枝花机场修建和运营过程中已发生多次滑坡，单就 2011 年 6 月发生的 12 号滑坡（图 1.4a），滑体总体积达 $510 \times 10^4 \mathrm{m}^3$，导致机场停航 2 年，耗费维修资金 4 亿多元；2015 年 12 月 20 日深圳光明新区凤凰社区恒泰裕工业园施工堆积的渣土体滑坡（图 1.4b），滑体面积约为 $38 \times 10^4 \mathrm{m}^2$，核实失联 91 人，造成了严重经济损失和不良社会影响。因此，通过系统研究来解决高填方工程重大技术难题和减少工程事故是必要而紧迫的。

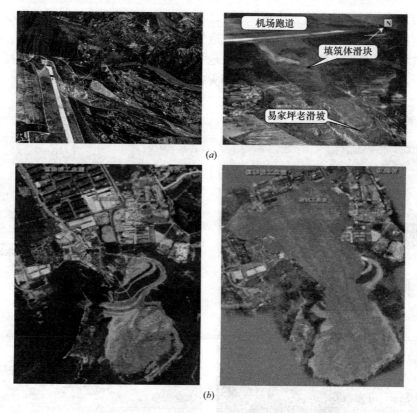

图 1.4　典型高填方滑坡事故

(*a*) 攀枝花机场 12 号滑坡；(*b*) 深圳 12·20 滑坡前后

针对山区高填方工程特点和建设过程中遇到的岩土工程问题，在实地调研高填方工程（固原机场、延安新机场、延安新区、吕梁机场、西安垃圾填埋场）的基础上，结合兰州平山造城工程及编制甘肃省地方规程[5]等相关经验，本书对高填方工程地基变形和边坡稳定性相关问题进行深入系统研究，部分章节重点结合团队完成的陇南成州机场高填方工程研究成果进行论述。特别是高填方地基纵向包括上部填筑体和下部原地基土体两部分，横向泛指高填方地基和高填方边坡两部分（图 1.1），高填方地基变形是高填方地基竖向沉降和高填方边坡水平位移的统称，系统分析从填筑施工期和工后期两个阶段展开。

1.2　高填方地基处理研究现状

关于地基处理，龚晓南、郑刚、刘汉龙等全面总结了我国各种地基处理方法，这些代表性成果在我国近年大规模经济建设中所起的作用是有目共睹的。对于高填方工程地基处理而言，研究内容主要涉及原地基处理和填筑体压实，分布在填方区原地基中的粉质黏土层和部分饱和土层，其性质、分布位置与规模等不同，对上部填筑地基或边坡的变形与稳定性的影响程度不尽相同，其岩土工程特性是高填方工程需要首先研究与解决的关键技术问题。陇南成州机场高填方填料为强风化砂质泥岩和粉质黏土混合而成，填筑体自身既是荷载又是受荷体，故只有在有效利用填料力学特性的基础上，严格进行填筑施工，才能确保地基变形和稳定符合设计要求，但是目前对于这类混合料高填方的研究尚无法满足工程实践需要。谢春庆等[12]较早地总结了我国山区机场工程概况与难点特点、通过具体案例详细介绍了高填方夯实地基处理的方法与步骤等；王铁宏[13]在对国内重大工程项目中各类软弱复杂地基工程进行全面介绍时，也涉及了抛石填海地基处理和高填方地基处理等；宋二祥、李鹏[14]收集整理了近 20 个山区高填方机场地基处理实例，并初步形成了数据库，这些工作已成为近年高填方工程地基处理的开拓性成果。对比分析发现，目前山区高填方地基处理方法主要为换填法、强夯法、挤密桩或碎石桩法等，结合区域经验，以下主要对强夯法、振动碾压法及其他方法进行简要介绍。

1.2.1 强夯法

继法国 Menard 公司于 20 世纪 60 年代发明强夯法加固地基之后，我国于 1978 年末初次在天津新港 3 号公路进行强夯法试验研究，90 年代以来，强夯法在机场软基处理中被广泛采用。张倬元、韩文喜在上海浦东机场[15]较早地对强夯处理软基进行研究，探索了强夯法改善软基的能力，为后续强夯法研究提供了思路。甘厚义等[16]对贵州龙洞堡机场、云南大理机场、福建三明机场厚度小于 4m 的软基采用换填强夯法或置换强夯法，填筑体压实也采用强夯法处理，取得了显著的经济效果，用同样的方法对铜仁机场、万州机场、兴义机场进行处理，也获得了成功[12]。近年来，强夯加固地基技术取得了长足发展，关于强夯加固机理、有效加固深度与影响范围、施工参数等方面的研究不断深入。

（1）强夯加固机理

从加固原理与作用来看，强夯法加固地基的机理主要有动力密实、动力固结与动力置换三类，目前本方面研究成果相对较丰富，特别是基于夯后孔隙水压力变化对强夯加固机理的研究逐步引起了工程界和学术界普遍关注。吴铭炳、王钟琦[17]基于西宁市曹家堡机场强夯试验，较早地对强夯机理进行数值分析，取得有益成果。孔令伟等[18]针对强夯时夯锤和地表的接触应力问题，从力学角度对这种三维动力问题给出了接触应力与沉降的解析式，并和数值计算结果进行对比。周健等[19]总结了强夯加固地基的力学模型、夯击能的传递与作用机理、强夯作用下的地基性状研究等成果，介绍了强夯技术处理饱和软土地基的新进展。贾敏才等[20]采用高新先进技术进行强夯模型试验，研究了强夯过程中宏观力学响应和细观变形机制。韩云山等[21]通过强夯模型试验，探索了夯锤冲击地基的时程曲线与加固机制，给出了夯沉比定义及其变化规律，可供类似研究参考。

关于强夯后孔隙水压力的消散问题，钱家欢等[22]较早地采用室内试验、数值计算、现场实测方法探索了夯后地基中孔隙水压力、应力与变形，为后续研究开阔了思路。白冰[23]建立了强夯荷载作用下渗透固结方程并给出解析解，合理简化后，提出了简便算法，为强夯作用下土体固结变形分析奠定了基础。水伟厚等[24]首次在沿海某填方地基上开展了 10000kN·m 的强夯试验，得到了高能级强夯过程中孔隙水压力变化规律及其相关施工经验。李晓静等[25]依托某高速公路工程，通过试验区强夯过程中超孔隙水压力的观测与分析，给出了超孔隙水压力随单点击数、时间、水平距离的变化规律。通过前述研究可知，强夯后地基中孔压变化决定着强夯的间隔时间和有效影响范围，深入探讨孔隙水压力的产生机制和变化规律等关键问题，可以有效避免或减少填筑过程中"橡皮土"的形成与累积，提高强夯加固地基加固效果评估的准确性。

（2）有效加固深度与影响范围

准确确定强夯有效加固深度或范围是有效使用强夯技术的前提，其直接决定着强夯能级选择和施工参数确定的最主要指标。影响强夯有效加固深度的因素很多，不仅包括夯击能量（锤重与落距）、夯击遍数、夯点布置等因素，还与场地岩土与水文条件等因素有关。郭乃正等[26]基于体积相同的原则，建立了强夯加固大颗粒土体时，填筑体主要物理指标与有效影响深度之间的估算公式。姚仰平等[27]指出目前强夯法加固地基时应当改用夯击冲量进行评价，同时将夯后地基土的体应变与工程要求的干密度联系起来，给出了加固范围的计算公式；统一了加固范围的形状，其认为"梨形""圆台"等只是"椭圆"在不同控制干密度下的近似。栾帅等[28]采用高能级强夯试验得到了不同土质的残积土回填地基的有效加固深度经验公式。孙田磊等[29]在某碎石土回填地基上开展了10000kN·m强夯试验，通过深层水平位移监测分析了水平位移随深度变化的趋势、隔振沟隔振效果。随着强夯技术的不断发展，许多学者在此方面的分析研究也逐渐深入，但部分基于经验和统计给出的评估算法仍需要大量的工程实践检验与修正。

（3）施工参数

为系统研究施工参数不同对地基加固的影响程度，何兆益、周虎鑫等在攀枝花机场采用不同夯击能对原地基进行了单点夯击试验，经过夯后地基承载力测试对加固效果进行评价，初步给出了强夯加固地基的施工参数。王俊华等依托国内典型的四川九黄机场，对强夯加固软基过程中的土体夯沉量与隆起量变化进行了有益试验。冯世进等[30]采用室内模型试验研究了强夯法的加固机理、影响深度和强夯过程中的土体变形规律。胡长明、梅源等[31]基于吕梁机场高填方地基强夯试验，给出了不同能级条件下强夯加固黄土填方地基的主要参数，建议了强夯有效加固深度的估算方法。高政国等[32]结合辽宁某山地高填方机场工程，发现强夯加固碎石填筑场地施工参数改变时加固效果与以往不同；"重锤低落距"施工方案优于"轻锤高落距"施工方案。刘淼等[33]通过强夯过程中测量的夯沉量等数据建立反演算法，分析了变形模量随夯击次数的变化情况。从工程应用来看，强夯施工一般是通过试验段试夯确定夯击参数，现有的较好成果也常因地层结构、填料性质、施工工艺差异而不可照搬，特别是对于大面积土石混合料填筑体，还没有成熟的夯击参数理论确定方法及参数优化技术。

1.2.2 碾压法

碾压法通常可分为机械碾压法和振动碾压法两种，二者主要区别是在碾压的时候是否施加振动荷载，常见压实设备有平碾或冲击碾，梅源[31]、陈涛[34]等均对这些工艺或组合工艺的碾压参数和效果进行过详细对比。目前，该部分研究较为成熟，一般通过选择具有代表性场地进行试验即可满足验证设计指标或优化参数，具体成果不再赘述；当前仍存在的问题或者有必要进一步探索的方向主要是填方压实质量检测是通过常规点检测方式进行，费时、费力，影响施工进度，并且试验结果也只能反映局部压实土的质量特征，无法反映整个填筑层的特征；当填料为粗粒料或土石混合料时，控制难度更大。

为实现对填土层快速准确的实时评价，瑞典 AMMANN 公司所开发的 ACE[35]，美国 Caterpillar 公司的基于碾压机净输出开发的碾压监测装置[36]，刘东海[37]、张家玲[38]等开发的实时监控系统，其原理大多是在压实设备正常施工过程中，通过传感器监测填料的压实性态，建立与压实质量之间的经验关系，由此实现动态实时评价。姚仰平等认为高填方机场工程中填料大部分为土石混合料或级配不良，采用前述监测系统无法克服填料的不均匀性，由此开发了基于北斗的机场高填方施工质量监控技术，实现了通过监控压实设备相关指标来评价填筑体施工质量。

1.2.3 其他方法

西北地区湿陷性黄土广泛分布，在本地区进行地基处理一般难以回避湿陷性黄土地基处理问题。特别是对于黄土场地上的高填方地基，挖方区由于大幅度的开挖卸载，一般不存在较大变形问题，但是对于填方区情况却截然不同，原本非湿陷土层在填方荷载或水环境改变后湿陷性随之改变，极有可能由原来的非湿陷性黄土变为湿陷性黄土[39,40]，梅源基于吕梁机场填方工程，通过室内外试验对深厚湿陷性黄土地基处理技术、Q_3 黄土填筑工艺、压实 Q_3 黄土的变形与强度特性等关键问题进行了系统研究。白晓红[41]总结对比了常见特殊土的主要工程特性并给出了不同处理建议。黄雪峰[42]通过大型现场浸水试验、桩基试验、理论研究和多个工程地基处理实例分析，对大厚度自重湿陷性黄土地基的湿陷变形规律、地基处理厚度与处理方法、桩基承载性状和负摩阻力等问题进行了深入系统的研究；作者[43]通过挤密法、DDC 法、预浸水法系列对比试验，较好地解决了西北大厚度黄土场地的地基处理问题。这些成果可为黄土地区高填方地基处理研究奠定基础，但是鉴于山区高填方地基特点和难点复杂多变，选择有代表性的试验段进行现场原地基处理和填筑体压实试验既是认识和处理高填方地基相关问题的基础，也是控制高填方地基变形的重要手段。

另外，国内部分机场地基处理方法也有必要回顾，可供高填方工程地基处理参照。（1）换填（置换）法，上海虹桥机场新建西跑道与原有东跑道之间的 8 条滑行道、上海浦东机场第 3 跑道与第 1 跑道之间和第 4 跑道与第 2 跑道之间的各 6 条穿越滑行道均采用了换填法，温州永强机场新建 3 号联络道和新建跑道和滑行道之间的 4 条滑行道也采用了换填法。（2）水泥土搅拌桩法，如宁波栎社机场飞行区扩建采用水泥土搅拌桩法处理新旧道面衔接带，温州永强机场站坪扩建时在小范围内采用了该方法处理软土地基。不同地基处理工艺的过渡也可采用水泥土搅拌桩法处理，如上海浦东机场，由于第 4 和第 5 跑道均采用堆载预压排水固结法处理地基，拖机道采用山皮石冲击碾压法处理浅层地基。（3）预压法，如宁波栎社机场新建站坪及平行滑行道、舟山普陀山机场扩建站坪、上海浦东机场新建第 4 跑道及第 5 跑道、温州永强机场新建跑道等。真空预压法一般用于升降带区域，如温州永强机场新建滑行道。另外，真空预压法还可用于严重缺土的场区，如上海浦东机场第 3 跑道及西货机坪的古河道区域。（4）基础注浆法，如厦门高崎机场跑道加固、上海虹桥机场东跑道加铺、上海虹桥机场平行滑行道大修、合肥骆岗机场跑道大修、青岛流亭机场飞行区道面基础加固、黄山机场跑道整修、无锡硕放机场跑道基础加固等。

1.3 填料物理力学特性研究

高填方工程填料特性直接关系到高填方地基工后沉降与差异沉降，边坡区填料特性则对高填方边坡的稳定性影响较大；这些压实土理论上是处于非饱和状态的，非饱和土力学主要研究土的强度、变形和持水特性等，这三大力学特性的探索范畴与研究意义不再赘述[44]。但是，准确掌握压实土的物理力学特性是进行高填方地基变形计算和稳定性分析的前提。

1.3.1 填料选择与配比研究

高填方工程一般要求所用填料强度高、压缩性小、稳定性好；实际工程中由于填方量大，填料通常就地取材，大多形成土石混合料。在填筑施工方法、填料粒径、级配和施工参数相同的条件下，地基处理效果一般差别不大；但若填料中土石比例不同，其地基处理效果往往差异较明显。由此表明，依据对地基处理后土体的强度和变形要求，进行填料搭配（粒径、级配）设计是非常必要的；然而目前不同混合比填料的力学特性系统研究相对较少，结合现场实际挖填方情况选取合适的土石混合比是大面积施工前必须回答的问题[3,45]。

首先有必要回顾实际工程中这类问题的初步经验。曹光栩详细叙述了福建三明机场填方施工中不同土石比填筑后的测试结果，利用特制的大型侧限固结仪比较分析了不同土石料的力学特性，在此基础上探讨了最优土石混合比的计算方法，为类似工程土石混合比研究开拓了思路。此外，郭庆国[46]、刘宏[7]等均较早地对粗粒土（混合料）进行系统研究，提出了许多有价值的成果。周立新等[47]根据颗粒分析试验，采用超粒径处理方法，分析了粗粒料含量不同对最大干密度指标的影响。戴北冰等[48]通过室内直剪试验，研究了不同含水量工况下颗粒大小对材料力学特性的影响，建立了颗粒滑动功能模型。但是对于本课题依托机场，填料以强风化砂质泥岩和粉质黏土为主，泥岩遇水软化和崩解，现场挖方区粉质黏土含水率较高，二者级配、压实效果、工程特性等亟待通过试验解决。

另外，对于土、石（或粗、细）分界粒径，各行业根据工程应用的角度和要求不同，分类和命名的方法种类繁杂，不便于高填方工程使用；部分学者曾尝试探寻级配的测定方法。肖建章整理了重庆、九寨黄龙、攀枝花、康定、龙洞堡、福建三明、昆明新机场等13个机场的31个料场145条填筑料颗分曲线和319条场地地基土料，发现大面积填筑材料的颗粒粒径变化较为宽泛，不良级配颗分曲线约占总数59%，各个机场基本上均有不良级配填筑料存在。

因此，结合高填方工程实际工程地质条件和挖填方量，通过系统的室内外试验，对不同土石比例填筑体的物理力学特性进行分析，选定合理的土石比，进而开展压实工艺研究，这是高填方工程变形和稳定性控制的基础。

1.3.2 填料变形特性

从非饱和土的三相特性出发来揭示非饱和土的基本特性，是认识非饱和土最正确的途径和必备基础。土的变形特性研究作用应力下土最终发生稳定变形和某一时刻发生的固结变形[11]。一般在山区高填方工程的重要部位，如高填方机场道槽区通常以碎石土为主，黏性土的成分较少；根据既有工程实测资料发现，少量的工后沉降在工后的数年内甚至整个运营期均有发生。这种变形主要是土体中的水在外力作用下沿孔隙排出，土体体积相应减小而发生压缩变形，变形量随时间增长的过程（也称固结），同时还有附加变形，由此可见，非饱和土固结要比饱和土复杂得多[49]。在此仅就有关填料变形的压缩试验和三轴试验研究成果进行简要回顾，为填筑体本构关系或高填方地基变形分析奠定基础。

关于以压缩试验为主研究土体变形特性的成果在相关专著中较丰富[49,50]，且在高填方中的研究也较深入。这方面代表性成果有：刘保健等认为重塑黄土在侧限条件下应力-应变关系可以用双曲线拟合，陈开圣等认为压实黄土应力-应变关系更符合幂函数模型，胡长明等依据割线模量法理论，提出了压实 Q_3 黄土地基变形估算方法。Gurtug[51] 通过对现有文献数据分析处理，发现 e/e_{100} 与 $\log p$ 或 $1/\sqrt{p}$ 之间的关系适用于预测高压缩性黏土在高压力作用下的压缩性。刘宏通过砂砾石高压压缩蠕变试验，初步分析了加载过程中压缩量随时间的发展过程和压缩量与荷载的关系。这些方法虽然适用性有所增强，但有些参数本身带有测试误差，且换算中又会产生计算误差，在计算土体变形时，若能与压缩变形的影响因素（含水量、压实度等）之间建立联系，则可实现地基变形快速评估[52]。

关于三轴试验研究方面，宋焕宇[53] 从微小应变水平、小应变水平到破坏应变阶段、压缩特性及其影响因素等 4 个方面系统回顾了粗粒土变形特性，并通过室内大型三轴试验对粗粒土压缩性进行研究；曹光栩等用特制的大型侧限固结仪对不同土石混合比的填料进行试验，结果表明应力水平较高时，混合料遇水之后湿化变形明显产生，最终湿化变形量受细粒土含量影响较大，对工后沉降敏感或要求严格的高填方工程应高度重视填料湿化变形产生的工后沉降。毛雪松等[54] 对十天高速安康东段路基进行现场测试，发现路基改良对回弹模量、湿化变形等指标的影响。杜秦文等[55] 对变质软岩路堤两种密度的填料湿化变形规律进行研究，分别建立了填料湿化变形发展规律的公式。王江营[56] 进行了常规路径、等应力比路径和等 p 路径大型三轴试验，发现含石量和压实度是影响试样体变的主要因素。郭楠等[57] 依托延安新区高填方工程，研究了延安 Q_3 原状黄土及其重塑土在控制吸力条件下的卸载-再加载特性，发现其卸载-再加载模量不仅与围压有关，而且与吸力有关，依据试验资料修正了 Duncan-Chang 模型的卸载-再加载模量表达式；基于各向同性假设，为符合天然成层沉积地基的实际，最近构建了非饱和土的增量非线性横观各向同性本构模型[58]，共 10 个参数（其中，土骨架的应力-应变有 7 个参数，描述水分变化的参数有 3 个），均有明确的物理意义，可用 6 种非饱和土的试验确定。这些工作使陈正汉等提出的非饱和土的非线性模型得以完善，可供混合料高填方地基变形研究参考。

对于大面积混合料填筑工程，施工初期大家一般并不关心湿化或蠕变变形，特别是对于挖方区而言这种变形较小，而对于填方区来讲，这种变形往往较为明显。另外，岩土材料流变的研究最早集中于软土领域，但这并不说明粗粒料土、坚硬黏土或土石混合料没有流变性。因此，高填方工程中填料即使以风化岩为主，当填筑高度较高时，混合料填筑体变形沿用传统单一土质的变形规律是无法解决的，系统研究填料变形特性是进行填筑体的变形计算和稳定性分析的基础，也直接关系到其工后运营安全。

1.3.3　填料强度特性

非饱和土强度理论在 Mohr-Coulomb 准则的基础上，研究发展水平不断深入，当前业内认可的有 Bishop 理论、Fredlund 双变量理论、卢肇钧吸附强度理论等，然而 Bishop 理论中 χ 不是常数、难于测定，导致其应用受到了很大限制；Fredlund 考虑了吸力对强度的贡献，参数测定简便，应用范围较广；但是这二者都是在饱和强度的基础上增加了一个吸附强度项，并未反映出吸附强度的非线性。卢肇钧强度理论中的吸附强度 $m p_s \tan \varphi'$ 随含水量而变化，与 Fredlund 抗剪强度公式基本相同，但准确测定膨胀压力并非易事。后续研究在这一方面作了新的补充，提出了许多新的表达式[11]。

部分代表性成果有：徐永福[59] 根据安康三类膨胀土的结构性强度参数与初始含水量的关系，建立了结构性非饱和土抗剪强度公式；陈正汉[60] 在国内外成果的基础上，依据不同应力路径的三轴试验，系统研究了非饱和重塑黄土的三大力学特性，揭示了一系列新的认识；之后，研制出国内第一台非饱和土固结仪和第一台非饱和土直剪仪等一系列非饱和土试验设备，有力地促进了非饱和土的理论与实践研究。张常光等[61]在尝试把双剪强度理论推广到非饱和土方面取得了有益认识。高登辉等[62]对3种初始干密度下重塑黄土进行三轴剪切试验，给出了考虑初始干密度和吸力影响的重塑黄土的抗剪强度参数及其变化规律，可为黄土高填方变形计算提供参考，但是对于混合料高填方却并不适用。郭楠等[63,64]对延安新区原状Q_3、Q_2黄土及其填土在不同吸力、围压和偏应力作用下进行了系列三轴试验，发现基质吸力和净围压对原状黄土试样的强度及变形特性有显著影响；干密度、净围压、基质吸力和偏应力均对重塑土试样的湿化变形也影响显著，提高干密度可有效减小湿化变形量和降低发生湿剪破坏的风险。因此，基于前人的有益成果，进行不同应力路径下考虑不同土石混合比、压实度和基质吸力影响的混合料强度特性研究是较符合大面积高填方工程实际的。

另一方面，从面向简单实用的强度特性研究来看，不可否认，一般工程单位并不具备测试吸力的试验条件，实际可操作性和普及性不高。但是，在实际填方施工时，填筑体的初始含水量或压实度等指标在评价压实质量时即可获得，关于含水量与非饱和土强度指标之间的关系研究逐渐得到重视[52,65]。

因此，对于大面积高填方工程，土体含水量和压实度无疑是决定其抗剪强度最重要的因素，而干密度又是压实度检测的直接度量尺度，故干密度与含水量就成了填料抗剪强度最主要的影响与评价因素。在实际填方施工中，通过直剪试验，直接研究土样的强度及强度指标随含水量与干密度的变化，建立考虑含水量、干密度的填土强度公式，比只考虑含水量的强度计算更为合理，这种方法虽然是近似的或者经验性的，但用于高填方边坡稳定性快速评估，较为简单实用。

1.3.4 填料持水特性

土水特征曲线是表示土水势随土饱和度变化的曲线（soil-water characteristic curve，简称SWCC）[44]，实际上较为常见的表述形式为基质吸力与体积含水量之间的关系，对于土水特征曲线表达式的获取，通常有试验统计分析法（可采用含水量、体积含水量或饱和度等形式表示）和分形理论方法两种。在物理机制方面，土水特征曲线受土的初始结构、扰动情况、干密度、增减湿及加载历史等因素影响，另外，在工程应用方面，因土水特征曲线既能反映土体物理属性（用于土的渗透性系数计算），又可以与所受外荷联系（可确定土的强度和变形参数）。土的基质吸力与非饱和土本质特性之间关系密切，与含水量建立关系后反映了土体的持水特性，土水特征曲线在地基变形、边坡稳定等方面应用广泛。高登辉等[66]对重塑黄土试样进行了四个控制净平均应力为常数的三轴收缩实验，采用Van Genuchten模型对试验获取的土-水特征曲线进行拟合，拟合的连续曲线可预测不同净平均应力下非饱和重塑黄土的渗水系数。郭楠等[67]提出了制备各向同性及横观各向同性试样的方法，用改进的非饱和土三轴仪对制备的各向同性、横观各向同性及常规重塑试样进行了三轴固结排水剪切试验，研究成果可为不同初始状态下模型的建立及工程应用提供参考。由于目前有关研究在混合料填方地基中尚不多见，因此，有必要对土石混合料填筑体的土水特征曲线进行探索。

1.4 高填方地基变形研究

对于高填方地基稳定与变形的分析，研究土的应力应变关系，属于本构关系范畴；研究土的变形-时间关系，称为固结过程问题。给出能反映高填方填料基本特性的地基变形计算方法是准确预测高填方地基变形的核心。

1.4.1 压实土本构关系

非饱和土的本构模型主要包括三个方面：描述土骨架的应力应变关系、描述水分变化的模型和强度准则。由于非饱和土组成特殊、力学性质复杂，故应力应变关系分析时套用饱和土的算法是不合适的；合理的本构模型不但可以定性地揭示土体的强度与变形机制，也可以用于土体强度和变形的定量计算[68,69]。经过大量学者不懈努力，土骨架变形计算的框架逐步形成，主要包括弹性、弹塑性和结构性模型[11]。其中，非线性弹性模型虽然存在不足[49]，但是易为工程界接受、应用广泛，弹塑性本构模型是当前非饱和土本构理论研究的主要方向。本书分别以非线性弹性模型和弹塑性模型为主进行叙述。

（1）非饱和土弹性本构模型

自 Duncan-Chang 模型提出以来，研究者们为了在 E-u 模型或 E-B 模型基础上考虑基质吸力 s 的影响，进行了多种思路和方法的探索[11]。如

Fredlund 和 Morgenstern[70] 及 Fredlund 等[71] 提出了以下弹性关系式

$$d\varepsilon_1 = \frac{d\sigma_1^*}{E} - \frac{\nu d\sigma_2^*}{E} - \frac{\nu d\sigma_3^*}{E} + \frac{ds}{H} \tag{1.1a}$$

$$d\theta_w \frac{dp}{K_w} + \frac{ds}{H_w} \tag{1.1b}$$

Lloret 和 Alonso[72] 给出了一个改进后的状态面表达式

$$e = e_0 - a \cdot \ln\sigma' - b \cdot \ln s + c \cdot \ln\sigma' \cdot \ln s \tag{1.2}$$

式中，a、b 和 c 为拟合参数。

陈正汉等以包括吸力影响的广义胡克定律为基础，通过大量非饱和土三轴试验揭示规律，提出了增量非线性弹性模型[73]

$$d\varepsilon_{ij} = \frac{1+\mu_t}{E_t}d(\sigma_{ij} - u_a\delta_{ij}) - \frac{3\mu_t}{E_t}dp + \frac{\delta_{ij}}{H}ds \tag{1.3a}$$

$$d\varepsilon_w = \frac{dp}{K_{wt}} + \frac{ds}{H_{wt}} \tag{1.3b}$$

非饱和土的非线性增量本构模型形式简单，模型参数共有 13 个且均有明确的物理意义，获取参数方法便捷，可用两种非饱和土的三轴试验测定，当吸力等于零时，模型自动退化为饱和土的 Duncan-Chang 模型，可看作是饱和土邓肯-张模型的推广，受到研究人员的广泛关注，得到了同行专家的认可。但是必须指出，超过弹性范畴后，该模型并不能真实反映土体应力应变关系。

（2）非饱和土弹塑性本构模型

同饱和土一致，相对于非饱和土弹性模型，其基本力学特性可以考虑采用弹塑性模型

反映。对于非饱和土的弹塑性模型，Alonso 等在修正剑桥模型的基础上，首次建立了非饱和土的弹塑性本构模型，通过改进使之成为一个具有相当广泛代表性的模型（Barcelona basic model，称为 Barcelona 模型）[74]。Barcelona 模型考虑了吸力对非饱和土压缩性、抗剪强度和屈服影响，在吸力等于 0 的情况下，可以退化至修正的剑桥模型，模型通过引入湿陷-加载屈服面（LC 屈服面）得到，主要特色是提出了 LC 和 SI 屈服面（吸力增加屈服）方程。实质上，后续一系列关于非饱和土弹塑性本构模型的研究中，都力图在坚持 Barcelona 模型优点的基础上补充其不足。

Wheeler 等[75]认为 Alonso 模型中 p^c 的存在性缺乏试验验证，给出了新的加载屈服线，给出了临界状态线与吸力的理论关系；随后，Wheeler 又提出了受基质吸力和净平均应力影响时含水率变化的弹塑性表达式，但该表达式较为复杂，影响了其实用性。Sheng 等[76]也对 Barcelona 模型的 LC 屈服面做了改进；Bolzon[77]在 Pastor 等基础上，建立了非饱和土弹塑性本构模型

$$p' = \bar{p} + S_r s \tag{1.4}$$

式中：$\bar{p}$ 为净平均应力，S_r 为饱和度，s 为吸力。

陈正汉、黄海等[78]通过不同应力路径的三轴试验，发现在 $p\text{-}s$ 平面上屈服点的连线可以看作是 LC 屈服线和 SI 屈服线的包络线，据此提出了非饱和土的统一屈服面模型及其方程，见式（1.5），将其代入 Barcelona 模型，即可得到修正的空间屈服面，见式（1.6）

$$p_0 = p_0^* + ms + n[e^{\eta s/p_{at}} - 1] \tag{1.5}$$

$$F = f(p, q, s, p_0^*) = q^2 + M^2(p + p_s)[p - p_0^* - ms - n(e^{\eta s/p_{at}} - 1)] \tag{1.6}$$

此外，Chiu 和 NG 提出了既可描述饱和土也可描述非饱和土的弹塑性本构模型。胡再强等[79]建立了非饱和黄土的弹塑性本构模型。李广信等建立了非饱和的清华弹塑性模型。Kohler 等[80]率先将饱和土的"帽子"模型引入到非饱和土。姚仰平等将超固结土 UH 本构模型与 Barcelona 模型相结合，使 Barcelona 模型适用于超固结非饱和土。还有部分学者建立了考虑热-水-力耦合或考虑结构性及损伤的非饱和土弹塑性本构模型[81]。

综上，大面积高填方工程为分层填筑而成，即可视为横观各向同性土体[75]，上述非饱和土的本构模型大多不能反映非饱和压实土实际特性，因此，要解决高填方土体的变形和稳定，给出适用于土石混合料填土的计算模型是重点。

1.4.2 高填方变形计算

高填方土体的变形包括沉降变形和侧向变形，沉降变形稳定与否直接关系到高填方地基的使用安全，侧向变形大小（水平位移）与高填方边坡稳定性密切相关。目前常用的地基沉降计算主要有分层总和法、弹性法与有限元法等[82]，但是从可查文献中，能够很好地用于土石混合料高填方沉降变形计算的方法仍然偏少，也是困扰工程界的新难题[83]。

（1）基于固结理论的高填方地基沉降研究

Terzaghi 和 Boit 固结理论所涉及的土体变形是弹性的并且是小变形，实际工程实践中，土体的变形都远远超过小变形假设。大变形固结理论的研究主要可分为两类：一是基于 Mikasa、Gibson 等的一维大变形固结理论，二是基于连续介质力学有限变形理论的大变形固结理论。谢永利[84]较早地编制了完全拉格朗日描述（Total Lagrangian）大变形固

结有限元分析软件，实现了大变形固结分析，但其仅适用于饱和土。实际工程中，压实土一般处于非饱和状态，其固结过程的复杂性极大地限制了非饱和土的发展，不过部分学者的研究成果值得回顾，如 Blight、Barden 和 Fredlund 等学者早期做了许多有益工作。

国内在非饱和土固结理论研究中，陈正汉运用混合物理论研究非饱和土固结问题，建立了由 25 个方程组构成的固结理论（含 25 个未知数）。自其创立非饱和土固结的混合物理论以来，引起了许多学者对混合物理论的兴趣和青睐，展现了混合物理论在处理复杂岩土工程问题时的潜力和作用[85]。姚志华在建立结构性损伤模型的基础上提出了原状黄土渗流固结耦合模型。

目前相对于填方地基而言，计算传统地基沉降的方法已有不少，限于篇幅，在此仅对分层总和法和数值分析法进行简要评述。

① 分层总和法，具体定义及传统地基计算的优劣评价不再赘述。相关的算法主要有规范法、单向压缩法、经验公式法及黄文熙沉降计算法等，都可归纳入这一类[86]。杨光华认为现行分层总和法计算结果误差较大，基于土的压板试验分别建立了双曲线切线模量法、割线模量法和一般曲线的切线模量法，可较好地避开由于土性参数测定误差、应力状态的相似性等导致的误差，但是目前并不是每个工程都有压板试验结果，故其推广应用受到影响。王江营[56]提出的基于 Duncan-Chang 模型的地基沉降分层总和法，可以反映初始应力和附加应力对地基土变形模量的影响，具有一定的合理性，但是在土体屈服以后的应用存在不足，且这些研究均未涉及填土的非饱和特性。

② 数值分析法，随着计算技术的发展，一方面，可以采用基于 Biot 固结理论的非线性有限元求解地基沉降；另一方面，部分软件可以模拟高填方工程的逐级加载，甚至可以考虑填筑体的侧向变形等耦联影响，最后提取分析填筑土体的应力、变形、孔隙水压力、潜在滑移面或塑性区云图等，如此得到的总变形信息更接近实测结果。Alonso、Rutqvist 和 Kianoosh 等一批国外知名专家为使有限元更合理地用于地基沉降计算，一直不懈努力。张卫兵[87]采用 MARC 软件，研究了黄土高填方地基沉降变形规律。陈涛采用 Plaxis 软件对康定机场高填方地基进行模拟分析，取得了很好的成果。朱才辉、曹光栩等分别建立了相应的流变或蠕变计算模型，利用有限元软件对高填方的沉降进行计算与预测，均取得了有意义的成果。但是总体来看，由于本构模型的限制与计算参数的准确性影响，许多数值模拟方法尚不完善，故在切合高填方工程基本特性基础上，面向实际的数值分析方法有必要继续深入研究。因此，现阶段急需给出既可以考虑填土的非线性或弹塑性，又可体现填土非饱和特性的高填方沉降计算方法。

（2）基于现场实测沉降数据的工后沉降预测研究

高填方地基工后沉降分析与预测的方法有很多，主要包括蠕变模型计算、原位监测、回归分析、灰色理论或人工神经网络模型预测、有限元法、经验公式等。系统分析发现，基于实测沉降变形数据，采用较为简单的计算模型加以拟合分析，预测所得的沉降变形，避免了建立相应的计算模型以及回避模型参数的取值误差问题，预测结果没有人为假设或臆断，是现场各种影响因素的综合反映，最为真实可信。该方法操作方法简便、与实际沉降结果较相近，逐步在工程界得到认可与应用。常见的研究手段主要有以下几种。

① 曲线拟合法，它是采用与地基沉降变形趋势最相近的数学曲线来拟合，以此预测地基下一阶段的沉降变形，方法简便可操作性强，但是有时候拟合参数尚缺乏物理意义。

宰金珉和梅国雄[88]在研究地基沉降-时间规律时发现全过程沉降-时间曲线呈现"S"形且初始沉降不为零。赵明华等[89]、朱彦鹏等[90]根据大量现场实测沉降资料对地基沉降曲线进行拟合分析，预测结果较为可信。

② Asaoka 法，该方法的优点是基于短期的观测数据即可预测出较为可靠的变形量，对于只有部分数据或者局部样本缺失的项目可以优先选用。但是，潘翔[61]认为 Asaoka 法有两点不足：递推公式未考虑误差传递效应和对于等时间间隔沉降观测数据无法直接应用，提出了相应的改进方法，建立了非等间隔 Asaoka 方法。

③ 神经网络预测法，虽然不必进行大量的假定或基于此提出理论计算模型，但是高填方地基特点难点较多，相应地影响地基变形的因素也较多，且其沉降变形本身是一个复杂的过程。因此，从未来的应用研究来看，多种理论和方法的有机结合与综合比较是地基沉降预测发展方向，当前面临的任务是如何根据实测数据选择一个恰当的组合预测模型来预测高填方地基沉降，以提高组合法预测的精度或可靠性。

1.5 高填方边坡稳定性分析

高填方边坡在施工期间与工后运营期间的稳定性是高填方工程中的核心问题之一。现有可参照规范均无法直接用于评定当前的高填方边坡，如《建筑边坡支护技术规范》GB 50330 仅适用于高度在 15m 以下的挖填方边坡，然而目前，部分高填方边坡的高度甚至达到百米以上，远远超出了现行规范适用的范围。因此，目前对填方形成的高边坡稳定性尚没有成熟的算法，设计过程一般按以下内容控制：①原始边坡稳定性；②填筑过程中稳定性；③填筑完成后稳定性；④不同坡比条件下稳定性；⑤不同地基处理方式和坡比条件下稳定性，见图 1.5。

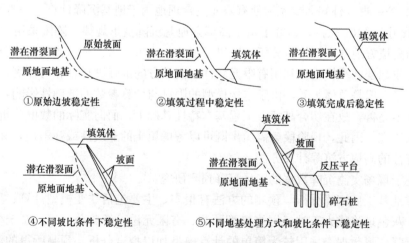

图 1.5 高填方边坡计算过程示意

1.5.1 极限平衡法

极限平衡法（LEM 法）是目前在工程中应用最广泛的一种稳定性计算方法，极限平衡理论采用力和力矩平衡及 Mohr-Coulomb 准则建立平衡方程。1915 年，K. E. Peterson

提出了只考虑摩擦力而不考虑黏聚力的圆弧滑动面的分析方法，1927 年，Fellenius 提出了同时考虑黏聚力和内摩擦角的"瑞典法"，随后对于极限平衡法的研究主要集中在条间力（条间力函数）的研究上，20 世纪 60 年代，计算机技术有了一定程度的发展，使较为复杂的迭代计算有了实现的可能，出现了严格极限平衡法，如 Morgenstern-Price 法、Janbu 法、Spencer、Sarma 法，这几种计算方法对于之前的几种极限平衡法有了较大的改进，可以同时满足力矩平衡和力的平衡（各方法满足静态平衡的情况见表 1.1 和表 1.2），且考虑了条块的竖向力和水平力的作用，Morgenstern-Price 法用条间力函数方程 $X=E\lambda f(x)$ 来表示竖向、水平向条间力之间的关系；当 $f(x)$ 取为常数 1 时，其就是 Spencer 法，条间力函数 $f(x)$ 多是选择半正弦函数，该函数主要侧重于中间土条间切应力和减小顶部和底部的条块间剪应力，这主要依据的是经验以及直觉，并不是理论分析得出的结果。

各 LEM 法满足的静态平衡　　　　　　　　　　　　　　　　表 1.1

方法	力矩平衡	静力平衡
Fellenius 法	是	否
Bishop 简化法	是	否
Janbu 法	否	是
Spencer 法	是	是
Morgenstern-Price 法	是	是
美国陆军工程师团法-1	否	是
美国陆军工程师团法-2	否	是
Lowe-Karafiath 法	否	是
Janbu 常规法	是	是
Sarma 法	是	是

各 LEM 法的条间力性质　　　　　　　　　　　　　　　　表 1.2

方法	条间正应力（E）	条间剪应力（X）	X-E 的关系
Fellenius 法	否	否	不考虑
Bishop 简化法	是	否	只考虑水平力
Janbu 法	是	否	只考虑水平力
Spencer 法	是	是	常数
Morgenstern-Price 法	是	是	$X=E\lambda f(x)$
美国陆军工程师团法-1	是	是	坡脚到坡顶直线斜率
美国陆军工程师团法-2	是	是	土条顶部地面的斜率
Lowe-Karafiath 法	是	是	地面和土条斜率的均值
Janbu 常规法	是	是	应用推力线和力矩平衡
Sarma 法	是	是	$X=C+E\tan\varphi$

　　极限平衡法经过国内外学者近百年的研究和发展，已取得了很好的发展。但这并不意味着该方法可以完美地解决所有问题，同时 LEM 法也有很多不足和先天的缺陷。如土坡稳定的问题大多是静不定问题，极限平衡法为了使问题可以求解，引入了一些假定和简

化,使问题变得可以求解,这对解决问题是有好处的,但同时所带来的缺陷,也一直被学者们所关注,一般认为 LEM 主要存在以下缺点[92]。

(1) 极限平衡法认为土体为理想刚塑性状态,而实际上土体是变形体,忽略了土体的变形,认为这只是力和强度的问题。如果仅是为了得到安全系数,或许可以接受,但是对于地基基础、支护结构、地下空间施工等工程对形变大小较为敏感,需要变形来控制,极限平衡法没有考虑到位移变形,并且没有考虑土体的本构关系,计算出的滑动面上的应力状态不真实;

(2) 认为滑裂面上各点的土体具有相同的剪应力,土体具有相同的抗剪强度,这与实际情况也是不符合的;

(3) 由于未考虑土体的本构关系,滑裂面上的正应力和剪应力是由土条的自重决定,导致剪应力在坡脚处最小,而实际情况却是位于坡脚处的剪应力最大,破坏一般先从坡脚开始;

(4) 边坡的破坏实际上是个渐进的过程,极限平衡法未能体现出这个过程,不能考虑到边坡的局部变形对稳定性的影响;

(5) 在计算时,必须事先假定滑裂面,而对于未失稳的边坡来说,难以准确地确定出潜在的滑动面,因此计算结果比较依赖于工程师的经验。

即使极限平衡法有诸多的缺陷,但因为其原理容易掌握,计算相对于数值计算更简洁,依然在工程中得到了广泛的应用。

1.5.2 传统强度折减法

该方法的雏形最早是 Zienkiewicz 于 1975 年提出的,受当时计算机技术的发展和普及的影响,以及没有稳定可靠的有限元分析软件,该方法当时未能在工程中广泛应用。后来的学者如 Matsui 和 San,Ugai 和 Leshchinsky 也对该方法做了研究,1999 年美国科罗拉多矿业学院的 Griffiths 使用有限元强度折减法计算出的安全系数与极限平衡法的计算结果较接近,引起了国内外学者的注意。有限元强度折减法相比于传统的极限平衡法有着诸多的优点。

(1) 可以对地质条件、构造复杂的边坡进行计算;

(2) 考虑了土体结构的本构关系,不再把土体当作刚性体来分析,更加贴近真实;

(3) 边坡失稳是个渐进的过程,随着土体强度参数的衰减,边坡发生失稳,有限元强度折减法可以很好地体现出这种"衰减";

(4) 考虑了支护结构和边坡共同的作用。在加筋体和滑面交叉处的荷载分布更加接近真实应力的分布情况,而极限平衡法在该处的正应力增加不是很明显;

(5) 避免了极限平衡计算时必须事先假定滑裂面的要求,使得计算结果更有说服力。

传统的强度折减法的计算核心思想是围绕式(1.7)和式(1.8)进行的。

$$c' = c/F_S \tag{1.7}$$

$$\varphi' = \arctan(\tan\varphi/F_S) \tag{1.8}$$

从初始时刻的边坡强度参数开始,每折减一次,就做一次有限元弹塑性分析,若是未达到预先设定的失稳判断准则,则继续进行折减,重复有限元弹塑性分析,直到折减到临界强度参数时,达到了预先设定的失稳判断准则,此时的折减系数,就是边坡安全系数。

在国内众多学者的努力下，该方法被广泛地应用到稳定性分析中去。郑颖人、赵尚毅[93]等学者对屈服准则的选择、安全系数的定义、网格密度的影响、模型边界范围的影响等问题做了大量细致、系统的研究，初步推动了强度折减法在国内的发展。与此同时，也有许多学者对于该方法失稳判断依据的选择提出了不同观点，裴利剑等[94]认为强度折减法的失稳判断依据可分为三大类。

（1）以有限元软件的计算不收敛为失稳判据，称为判据Ⅰ；

（2）以边坡特征点的位移（水平、竖直）发生突变作为判断依据，判据Ⅱ；

（3）用塑性应变从坡脚到坡顶贯通作为判据Ⅲ-1；以某一幅值的塑性应变贯通作为判断依据，称为判据Ⅲ-2。

大部分学者认为判据Ⅰ有限元数值计算不收敛或判据Ⅱ是比较合理的。对于判据Ⅰ来说，主要争论点在于迭代次数和收敛容差的大小、收敛准则的确定，认为该判据人为因素太大。作者认为该种判据计算稳定性好，波动小，所争论的人为影响过大，也只是计算精度的问题，并不代表其不能作为失稳判据，且使用方便、真实可靠，易于实现编程。

判据Ⅱ也被许多学者使用，就单个简单的模型来说，该种判据确实很具有说服力，排除了人为的因素，但是操作比较繁琐，需要绘制安全系数-位移（F-s）曲线，而且对于复杂的边坡来说，边坡的特征点如何确定是个难以回避的问题。

判据Ⅲ-1，根据目前的研究表明，网格的密度大小会影响塑性区，网格密度越细，塑性区越规则，网格密度越粗，塑性区并不是很规则，则会难以判断。对于塑性区来说，其实就是强度折减法的滑带区域，弹性模量 E 和泊松比 ν 若不同步折减的话，对于安全系数的结果影响不大，但是郑宏、李焯芬[95]等认为弹性模量和泊松比若不进行折减，塑性区在边坡内部会有较大范围的发展，而不会出现在坡面附近，这样导致滑带的确定是个问题，位移的突变不稳定性会增加。

对于判据Ⅲ-2，裴利剑在文献［94］作了比较精辟的分析和论证，无法以定量的方式确定幅值大小，人为性太大，缺少理论支持。

对于失稳判据的研究，很多学者在分析后发现，三种判据是具有统一性的，计算误差不是很大。但陈力华[96]等学者所计算出的结果与上述具有统一性的观点相悖。

有限元强度折减法的计算，塑性区对计算结果有着很大的影响，若在边坡模型的底部或者是基础层出现塑性区的贯通，虽然也意味着有限元计算的不收敛，但是这不是稳定性分析所需要的，对于边坡的稳定性分析，塑性区的贯通应是滑裂面处的贯通，若是在地基层出现，那么计算结果则不可靠。事实上，岩土材料强度参数不断衰减的同时，也伴随着弹性模量 E 和泊松比 ν 的变化。岩土体的 c、φ 越大，其弹性模量也是越大的，且泊松比 ν 越低，考虑这种效应本身是比较符合真实的情况的。仅对土体的 c、φ 进行折减，很多情况下，塑性区将首先在边坡的底部出现，当 c、φ 折减到一个比较低的程度时，可能会出现底部塑性区先贯通，而潜在的滑裂面的塑性区还尚未贯通的情况，使得计算出的结果偏小[95]。

因此，郑宏等学者提出应考虑 E-ν 的折减，即岩土材料若是满足 Mohr-Coulomb 准则，则其内摩擦角 φ 和泊松比 ν 应满足下式：

$$\sin\varphi \geqslant 1 - 2\nu \tag{1.9}$$

在折减的同时，时刻满足式（1.9）成立。对于 E 值，郑宏等人针对 E 值越高，ν 越低这个概念，提出 E-ν 满足于双曲线关系，虽然这缺乏必要的力学基础，但表达简洁，即使计算时不考虑 E 值变化的影响，仅满足式（1.9），计算结果也是可以令人满意的。

1.5.3 双强度折减法

传统强度折减法（Strength Reduction Method，简称 SRM）虽然得到较为广泛地推广和使用，但是其不足和缺陷一直被许多学者所关注，并致力于对缺点的研究和改进。由于传统强度折减法对黏聚力 c 和内摩擦角 φ 采用了相同的折减系数，这就意味着，在边坡逐渐失稳的这个过程中，c、φ 的折减程度或衰减程度是一样的，这明显不符合实际情况，所以一些学者如唐芬、赵炼恒、陈冉、李海平、白冰、袁维等都认为强度折减法中应对 c、φ 采用不同的折减系数，即提出了双强度折减法（Double Reduction Method，简称 DRM）。

国内最早唐芬[97]提出了该种思路和方法。考虑不同折减系数是有必要的，且是合理的。边坡的失稳是一个渐进的过程，破坏的发生并非是瞬间发生和完成的，而在这个渐进的过程中，土体的强度参数黏聚力 c、内摩擦角 φ 衰减的速度并非相同，那么 c、φ 各自的安全储备必然也是不同的。从力学的破坏机制来看，c、φ 对于边坡维持自身的稳定所起的作用、发挥程度、发挥顺序亦是不同的，因此考虑对土体强度参数采取不同的折减系数是较为符合实际情况的一种做法，这也是双强度折减法合理性的存在依据。

唐芬所采用的 c、φ 折减配套机制是 $K=SRF_\varphi/SRF_c$，在共同折减 c、φ 时，始终保持它们的折减系数比例关系满足 K，此时的 K 是一个定值，由之前单独折减 c、φ 所得的折减系数 SRF_c、SRF_φ 的比值确定。工程中对于边坡的安全系数取值是唯一的，而 DRM 中由于折减策略的不同，产生了两个最终的折减系数，那么如何确定边坡安全系数成为一个棘手的问题。既有双强度折减法的安全系数是基于平均值来定义的，见式（1.10）

$$F_s = \frac{SRF_1 + SRF_2}{2} \tag{1.10}$$

式中：SRF_1——c、φ 共同折减时，内摩擦角 φ 的折减系数；

SRF_2——c、φ 共同折减时，黏聚力 c 的折减系数。

白冰、袁维[98]等人采取了不同的研究方法，白冰提出了"参照边坡"的概念，用来定义边坡的安全系数，建立了双强度折减法存在的理论依据，认为传统的强度折减法是双强度折减法的一个特例，即当 $K=1$ 时的双强度折减法。根据传统强度折减法的实施过程，强度折减法是以土体初始的强度 τ 为基础值，不断地对其进行折减，直到某一次的折减所得的参数使得边坡处于临界状态，即下一刻的状态为失稳破坏，则这时对应的折减系数就是边坡的安全系数，安全系数为边坡初始的强度参数 τ 与临界状态时刻的强度参数 τ' 的比值。白冰等认为，临界强度 τ' 其实并不真实的存在，尤其对于未失稳的边坡而言，它本身并不属于最初所研究的那个边坡（即初始强度 τ 所对应的边坡），它是一个虚拟的值。利用"参照边坡"的概念，A 边坡为初始强度参数 τ 的边坡，B 边坡为临界状态时刻的边坡，强度参数对应为 τ'，除了强度参数不同外，其余条件全部相同。那么安全系数可以定义为式（1.11）

$$F_s = \frac{\text{边坡 A 的属性}}{\text{边坡 B 的属性}} \cdot \text{边坡 B 的安全系数} \tag{1.11}$$

由于边坡 B 处于临界状态，那么它的安全系数就是 1。式（1.11）变为式（1.12）

$$F_s = \frac{\tau}{\tau} \cdot 1.0 \tag{1.12}$$

基于"参照边坡"的这一思路，B 边坡其实是 A 边坡以某种特定的方式变换得到的，而这种变换途径在理论上并不只有传统折减法所采取的同步衰减的方式。说明了双强度折减法的存在，在理论上是可行的。

白冰等所采取的变换途径认为传统强度折减法（SRM）是根据初始 Mohr-Coulomb 强度曲线，去寻找一条切线使其达到临界状态。如图 1.6 所示。这个寻找的过程，τ-σ 坐标中，在几何上就是一个不断移动摇摆的搜寻过程。以临界最大公切线的概念去计算双强度折减法的安全系数，较为复杂，不利于该方法的广泛使用。

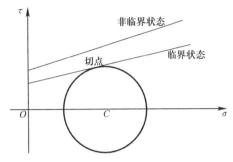

图 1.6　边坡 M-C 强度线和应力圆

袁维等[99]计算了不同坡脚情况下，基于折减比 K 实现的双强度折减法，利用位移-折减系数曲线的拟合来确定 DRM 安全系数，确定该函数关系式 $F_s = f(SRF_1, SRF_2)$ 为式（1.13）：

$$F_s = \frac{\sqrt{2} F_c \cdot F_\varphi}{\sqrt{F_c^2 + F_\varphi^2}} \tag{1.13}$$

该计算方法仍是基于折减比的概念实现的双强度折减法，从理论上解决了安全系数的取值问题，相比于之前取平均值和最小值的做法有了较大的进步，理论依据更加充实。

赵炼恒、曹景源[100]等人在前人研究的基础上，针对两个基本问题进行了研究：①折减比的确定，并非所有的边坡折减比 K 的值都是相同的；②如何组合两者的折减系数作为评价边坡稳定的评价标准，即边坡安全系数如何确定。认为岩土体材料强度特征的差异性较大，且边坡稳定性的影响因素也较为复杂，c 和 φ 并不存在唯一确定的关系式。根据理论上更严格的能耗分析理论，以对数螺旋线的滑裂面形态为基础，同时考虑双强度折减，用虚功原理定义了安全系数。

双强度折减法仍是基于折减技术的计算方法，不同的是对土体的强度参数折减的比例或程度是不同的，这是它与传统强度折减法本质的区别，正因为强度参数衰减程度不同更加符合真实情况，所以这也是双强度折减法的存在性依据。

黏聚力 c 指土体的连接力，具体可以分为胶结物的连接、结合水连接。当土体受外部因素影响，随着含水量的增加，则土颗粒周围的水膜厚度亦在增加，使土体内的毛细水与结合水连接力降低，导致黏聚力值的衰减。另一方面，含水量的增大，使土颗粒间距也在增大，这样就降低了土颗粒间的相对滑动和相互的咬合力，从而使内摩擦角下降。由此可知，黏聚力和内摩擦角的物理意义是不同的，其衰减的特性也是不一样的，在边坡逐渐失稳的这个过程中，随着外界条件的变化，其衰减程度必定不会完全相同。滑带土体的颗粒成分也是影响土体强度参数的一个重要因素，滑带土中细颗粒成分越高，则黏聚力的值越大，黏聚力和土中细颗粒成分成正比例关系，而内摩擦角与细颗粒成分成反比例关系。其原因在于，细颗粒的比表面积大，即颗粒间的接触面也就越大，所以黏聚力值就大；而内摩擦角是摩擦系数的反映,与颗粒的粗糙程度有关,颗粒越大,则内摩擦角越大。

黏聚力和内摩擦角影响不同,导致其在渐变的过程中,各自衰减的速度、程度都应是不同的,因而这种真实的情况是具有理论依据的,双强度折减法提出的考虑不同黏聚力和内摩擦角折减系数的折减策略是合理的,同时,也表明提出双强度折减法是具有意义的。随着研究问题的逐步深入,杨光华等[101]提出了变模量弹塑性强度折减法,即在对强度参数折减的同时对变形模量也进行相应的配套折减,由此建立了变形与安全系数的关系,并率先在土钉支护结构中进行了有益尝试。

综上所述,虽然在高填方边坡稳定性分析方面有些初步成果,但是鉴于山区机场的复杂性,这些研究结论或认识尚未统一,目前国内没有针对机场高填方设计方面的规范,就土石混合填筑的高填方地基和高填方边坡而言,采用较先进的手段来探索高填方变形时空规律与稳定性之间的关系也是值得关注的问题。

1.6 本书主要研究内容与创新点

1.6.1 主要研究内容

针对山区高填方工程特点与难点,在实地调研典型高填方工程的基础上,结合主编甘肃省《低丘缓坡未利用地开发技术规程》[5]经验,依托陇南成州民用机场高填方工程,以高填方地基和高填方边坡为研究对象,首先,在对高填方地基处理进行深入研究的基础上,采用多种研究方法和高新先进技术系统研究混合料物理力学特性;其次,基于室内外试验研究成果,建立高填方地基变形计算方法,编制计算程序,同时采用有限元软件对比分析;第三,基于滑移变形高填方边坡监测,揭示高填方边坡变形破坏机理,提出合理的稳定性评价方法;第四,设计并安装高填方变形无线远程综合监测系统,对施工期和工后期全场区高填方地基变形进行全面监测。

1.6.2 主要创新点

针对山区高填方工程建设的关键科学问题:高填方原地基和填筑体的变形规律、变形理论及高填方边坡的稳定性,以非饱和土力学为基础,通过系统的室内外土工试验、非饱和三轴试验、现场施工过程监测和工后时空监测、理论推导和数值分析计算,取得主要创新点如下:

(1)采用多种研究方法,对非饱和压实土在水与力作用下的强度、变形与持水特性及其规律进行系统研究,据此建立了高填方地基竖向和侧向变形计算方法,在国内外对混合料填筑体的系统研究中尚不多见;

(2)设计并伴随施工过程安装了无线远程综合监测系统,对高填方原地基和填筑体在施工过程与工后一定时间内进行综合实时监测,确定混合料高填方变形时空演化规律,客观真实,是揭示高填方变形规律的全新途径;

(3)依据高填方边坡滑移变形过程时空监测结果给出了其不同变形阶段的时空演化特征与变形速率预警判据,据此提出了柔性加固失稳挡土墙的动静力分析方法,是基于大量支挡结构研究经验的首次量化提升;

（4）对折减起步方式的不同所产生的"虚拟初始点"以及对计算的影响进行分析，提出了 2 个 DRM 计算结果的判定标准、推导了双强度折减法的安全系数表达式，建立了变模量双强度折减法。成果丰富了强度折减法的理论体系，开辟了一种新的分析思路。

第 2 章 高填方地基处理

高填方地基处理对象包括原地基土体和填筑体两部分，地基处理内容为原地基土体处理和填筑土体压实，目标是满足地基沉降变形和稳定性要求。鉴于山区与丘陵地区地形高差变化大，地层结构或工程水文地质条件复杂多变，且存在诸多不良地质条件，土石方量大、工期长等，目前对于该类高填方地基处理还没有统一的技术标准[102]。部分高填方工程的地基处理大多以检验或复核设计参数为目的，且不具代表性，试验成果总体滞后于工程实践。从既建工程来看，高填方地基处理不合格，会导致地基产生较大沉降或差异沉降，轻则累积沉降量大于建（构）筑物的许可变形，影响其正常使用或运营安全，重则引发高填方边坡失稳甚至造成滑坡[103]。因此，合理控制高填方地基变形和确保稳定性是山区高填方机场建设必须解决的两大核心难题，而解决这些问题的关键前提就在于首先对高填方地基处理进行系统深入的研究。

2.1 高填方地基面临主要岩土工程问题

随着我国高填方处理技术的不断提高，出现了诸如四川九黄机场最大填方厚度 104m、延安新区北区最大填方厚度 105m 等高填方工程，这些高填方工程一般具有地形起伏较大、地质条件复杂、土石方材料多样且工程量巨大等特点，由此带来的场地稳定、地基与填筑体沉降和差异沉降、高边坡稳定等问题。其中较突出的岩土工程问题是工后较大沉降、工后差异沉降和边坡稳定等，处理和填筑后应保证变形均匀、填筑密实、地基稳定。

"三面一体"控制论是我国民航行业岩土工程专家长期技术经验积累的总结和升华，在九寨黄龙机场、昆明长水机场、重庆江北机场等多个条件极其复杂的高填方机场工程中，起到了理论和实践双重指导的重要作用。"三面一体"控制论的要点是：机场高填方是一个由土方、石方或土石混合体共同构成的不同部位承载着不同功能的系统，这个系统的工程形态主要由"基底面""临空面""交接面"和"填筑体"四个要素构成"三面一体"，平衡并控制好"三面一体"，即解决了这个系统的主要工程技术问题。"基底面"为填筑体与原地基的基底结合面，"基底面"的岩土工程特性是机场高填方工程需要重点研究与解决的关键技术问题。"临空面"为边坡坡面和高填方顶面。边坡设计除优化坡比以使在保证抗滑稳定性和经济性外，还需充分考虑排水和环境等问题。高填方顶面包括道基顶面和飞行区土面区顶面，道基顶面有严格的差异沉降控制要求和强度及刚度要求，飞行区土面区顶面则有一定的沉降控制要求和表面特性要求。"交接面"为填挖方交接面及其过渡段。由于挖方区无沉降变形甚至挖方卸荷后有一定回弹，而填方区有沉降变形，并且交接面附近的地基处理又往往被忽视，导致填、挖方交接面的沉降差异较大，容易出现由于变形过大而导致的地表开裂，对道面结构造成不利影响，"交接面"处理是高填方机场应特别关注的一个问题。"填筑体"

包括飞行区道面影响区填筑体、飞行区土面区填筑体、其他场地分区填筑体和填方边坡稳定影响区填筑体等。填筑体的控制是高填方工程控制的核心。"填筑体"对变形与稳定的影响体现在几个方面：填筑体自身的压缩变形会造成"临空面"的水平位移和沉降；其与原地基共同作用也会影响原地基的沉降变形；在填方边坡稳定影响区，填筑体的强度特性则直接影响高边坡的稳定性。同时，填筑体自身的强度、变形特性还受到填料、施工等因素的影响。张炜等结合延安新区高填方工程，阐述了"三面两体两水"（基底面、交界面、填筑体表面，原地基土体、填筑体，地下水、地表水）处理中存在的不足。

结合陇南成州机场整个场地地层特征及物理力学性质，①填土层。分布于整个场地，以耕土为主，成分混杂，欠固结，土质不均匀，物理力学性质差，不宜用作天然地基；②粉质黏土层。分布于整个场地，土质较均匀，厚度变化大，工程性能一般，且由于跑道深挖高填施工，该层将作为开挖和回填土层，可不考虑作为跑道地基持力层；③强风化砂质泥岩层。分布于整个场地，物理力学性质较好，可作为跑道地基持力层；④中风化砂质泥岩层。分布于整个场地，厚度大，物理力学性质较好，是良好的跑道地基持力层和下卧层。在试验段和航站区等区域不同程度存在不良地质体，主要表现为淤泥、泉眼、土坟、老滑坡等地质现象。因此，山区高填方工程必须高度重视的工程地质与岩土工程问题如下：

（1）原地基处理问题。整个场区分布有厚度不等的粉质黏土层，部分沟谷区域分布有淤积土，这些软弱层对地基处理的要求较高，否则至少工后沉降在短期不会稳定。

（2）填筑体处理问题。填料选择与配比、坡度控制、压（夯）实工艺及质量检测评价是填筑工程控制的核心，同时，填筑体受填料、施工等因素影响，其自身的强度变形特性直接构成填筑体顶面的沉降和位移，同时影响填方边坡的稳定，必须采取安全经济的工程措施进行控制。

（3）挖填交接面处理问题。山区沟谷斜坡地带地形高低起伏较大，挖填方高宽比变化大，原地基土体与填筑体搭接部位处理不当容易产生差异沉降，另外，因分标段或填筑速度不同产生的填方接茬也会成为质量隐患。

（4）坡面处理问题。为了确保自身稳定性，填筑体坡度一般较大，明确坡率目前尚不统一，现有经验认为填方坡度需小于 1∶2，坡面处加筋时坡度可适当调整；其次，除对坡面进行优化设计以保证稳定性要求之外，坡面排水与环境美化也不可轻视；另外，填方顶面道槽区或土面区均有严格的沉降控制要求和强度或刚度要求。

（5）地下、地表水处理问题。大面积填方将造成原地基中水流状态改变，可通过地基盲沟排水方式解决，挖方造成的地基或地表水流状态的改变可通过地表排水的形式解决，总体必须高度重视治山先治水的原则。

2.2 原地基处理

大量工程实践证明，对于软弱土与特殊土地基，应优先采用技术成熟、质量可靠、易操作、造价较低的换填垫层、压（夯）实、复合地基等处理方法[25]。但是西北地区非饱和黄土广泛分布，地基处理不仅要求其承载能力和稳定性提高，而且要求消除湿陷性，作者在这些方面也进行了一些研究[40,43,104]，这些成果为高填方场地地基处理与基础设计奠定了基础。对于陇南成州机场原地基全场区分布的粉质黏土层，试验段冲沟底泉眼有多处分布，泉眼周围的饱和土或淤泥质土（航站区也有分布），需结合黄土和软土地基处理经验以及现有高填方机场地基处理成果，展开其地基处理试验研究。

2.2.1 直接强夯试验

强夯法是广泛应用的地基加固方法，至今已有数十年应用历史，在强夯法加固地基的实践中，许多学者从各个角度进行了研究，并用于工程实践中。但这些研究大多由某个工程或某几个工程得出的经验为主，由于地基条件（土层特性、地下水埋深等）对处理深度影响较大，目前对强夯法的影响深度认识尚未统一，实际工程中往往需要通过现场试验进行确定。特别是对高填方工程中出现超出规范应用范围的重大技术难题，新技术、新材料和新工艺的合理推广应用，同类工程事故的处理，要求采用专项研究的方式才可达到技术先进、确保质量、安全经济效果。四川九寨黄龙机场、昆明长水机场、山西吕梁机场等高填方机场采用专项研究的方式在解决高填方工程重大技术难题和减少工程事故方面取得了良好效果。

根据地勘报告，陇南成州机场试验段场地整平后的粉质黏土层厚度一般不超过 10m。因此，在跑道西端的道槽区作为地基处理的试验段，试验段进行了原地基现场强夯试验和填筑体分层碾压试验（图 2.1）。原地基强夯试验分为 1000kN·m、2000kN·m、3000kN·m 和 4000kN·m 四种能级，各能级分为 2 个试验小区。除 1000kN·m 能级试验区外，各试验小区先进行 2 遍点夯，推平后再进行 1 遍满夯，点夯为梅花形错点夯，满夯夯击能量均为 1000kN·m、夯点间距为 1/3 锤印搭接。各试验小区施工参数见表 2.1。

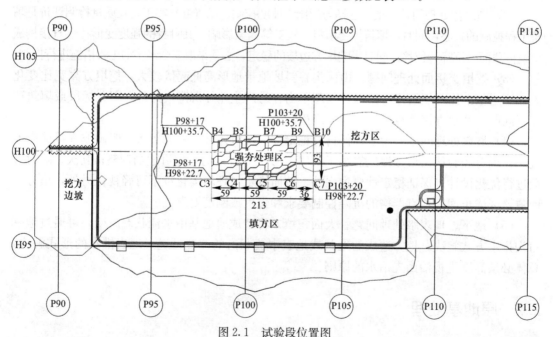

图 2.1 试验段位置图

各试验小区施工参数 表 2.1

能级（kN·m）	试验小区	夯点间距（m）	夯锤质量（t）	落距（m）
1000	Q1-1	3.0	23.6	4.3
	Q1-2	1/3 锤印搭接	23.6	4.3
2000	Q2-1	3.5	23.6	8.5
	Q2-2	4.0	23.6	8.5

续表

能级（kN·m）	试验小区	夯点间距（m）	夯锤质量（t）	落距（m）
3000	Q3-1	4.0	23.6	12.7
	Q3-2	4.5	23.6	12.7
4000	Q4-1	4.0	23.9	16.7
	Q4-2	4.5	23.9	16.7

　　试验采用夯锤底面直径 2.5m，锤底面积 4.9m²。强夯过程中，观测地面平均夯沉量，强夯试验完成后分别对其夯心和夯间加固效果进行测试。结果如下：

（1）强夯结果统计与分析

　　试验结束后，分别对每个小区的单击夯沉量和累计夯沉量进行对比分析，得到夯沉量与击数的关系见图 2.2。

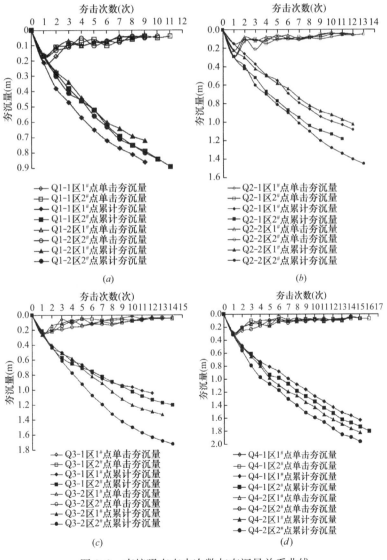

图 2.2　直接强夯夯击次数与夯沉量关系曲线

(a) Q1 试验区；(b) Q2 试验区；(c) Q3 试验区；(d) Q4 试验区

由图 2.2 可知，各试验区累计夯沉量随夯击次数的增加而增加。开夯的前 3～4 击，单击夯沉量较大，前三击约为 0.1～0.3m/击，累计夯沉量呈陡降趋势，6～8 击之后单击夯沉量趋于减小，累计夯沉量持续增大，10 击之后单击夯沉量逐渐减小，累计夯沉量与夯击次数的关系曲线开始收敛。各试验小区试夯结果统计见表 2.2。

各试验小区试夯结果统计 表 2.2

能级（kN·m）	试验小区	夯击次数（次）	累计夯沉量（m）	最后三击平均夯沉量（cm）	停夯标准（cm）
1000	Q1-1	9～11	0.86～0.89	4.3～4.6	4.5
	Q1-2	9～10	0.72～0.84	4.0～4.3	
2000	Q2-1	11～12	1.08～1.18	4.7	5
	Q2-2	12～13	1.02～1.45	4.7～5.7	
3000	Q3-1	12～14	1.04～1.20	3.3～4.7	5
	Q3-2	13～14	1.33～1.72	4.3～4.7	
4000	Q4-1	15～16	1.63～1.80	5.7～6.7	7
	Q4-2	15	1.82～1.95	6.4～6.7	

分析表 2.2 可知，强夯能级越大，达到稳定所需的夯击次数越多，地面累计夯沉量越大，试验过程中，虽然坑周浅部土体疏松隆起，但隆起量较小，为 6～11cm，表明强夯冲击能主要用于加固夯锤下的地基土且夯实效果较好。2000kN·m、3000kN·m、4000kN·m 三个能级最优夯击次数分别为 11～12 击、12～14 击和 15～16 击，结合最后三击平均夯沉量，停夯标准可分别判定为不大于 4.5cm、5cm、5cm 及 7cm。相同能级情况下，夯点中心距越大，地面累计夯沉量越大，达到停夯标准所需的击数越多，但夯点中心距变化对地面累计夯沉量的影响不及强夯能级影响大，即原地基土体有效夯实效果的决定性因素是强夯能级。

（2）强夯前后地基土主要物理力学指标变化

由于强夯试验区原地基粉质黏土层含水率较大，考虑强夯处理后的土体强度恢复需要一定时间，为保证室内试验结果能够较准确地反映强夯处理后土体性能，强夯处理 2 周后，在各试验小区开挖探井取不同深度的原状土样，按《土工试验方法标准》GB/T 50123 进行室内土工试验。强夯前后地基土平均干密度 ρ_d 和压实系数 η（试验区原地基粉质黏土最大干密度为 1.89g/cm³）测试结果见表 2.3，强夯前后地基土压缩模量 E_s 见表 2.4。

各试验小区强夯前后土体平均干密度统计 表 2.3

项目		取样深度（m）							
		1	2	3	4	5	6	7	8
Q1-1 区	夯前 ρ_d(g/cm³)	1.60	1.55	1.57	1.59	1.57	—	—	—
	夯后 ρ_d(g/cm³)	1.86	1.74	1.70	1.67	1.62	—	—	—
	夯前 η	0.85	0.82	0.83	0.84	0.83			
	夯后 η	0.99	0.92	0.90	0.88	0.86			
	增幅（%）	16.5	12.2	8.5	4.9	3.7			

续表

项目		取样深度（m）							
		1	2	3	4	5	6	7	8
Q2-1 区	夯前 ρ_d(g/cm³)	1.59	1.53	1.62	1.59	1.57	1.57	—	—
	夯后 ρ_d(g/cm³)	1.84	1.74	1.75	1.70	1.68	1.66	—	—
	夯前 η	0.84	0.81	0.86	0.84	0.83	0.83		
	夯后 η	0.98	0.92	0.92	0.90	0.89	0.88		
	增幅（%）	16.7	13.6	8.2	7.2	7.3	6.1		
Q3-1 区	夯前 ρ_d(g/cm³)	1.59	1.59	1.61	1.57	1.59	1.60	1.59	—
	夯后 ρ_d(g/cm³)	1.81	1.79	1.81	1.73	1.68	1.70	1.64	—
	夯前 η	0.84	0.84	0.85	0.83	0.84	0.85	0.84	
	夯后 η	0.96	0.94	0.96	0.91	0.89	0.90	0.87	
	增幅（%）	14.3	12.0	13.0	9.7	6.0	5.9	3.6	
Q4-1 区	夯前 ρ_d(g/cm³)	1.58	1.59	1.60	1.58	1.60	1.60	1.59	1.59
	夯后 ρ_d(g/cm³)	1.78	1.80	1.79	1.72	1.75	1.70	1.70	1.66
	夯前 η	0.84	0.84	0.85	0.84	0.85	0.85	0.84	0.84
	夯后 η	0.94	0.95	0.94	0.91	0.92	0.90	0.90	0.88
	增幅（%）	12.0	13.1	11.8	8.4	9.5	5.9	7.2	4.8

各试验小区强夯前后土体压缩模量统计　　　　　　　表 2.4

项目		取样深度（m）							
		1	2	3	4	5	6	7	8
Q1-1 区	夯前 E_s(MPa)	8.1	5.0	5.9	6.2	7.3	—	—	—
	夯后 E_s(MPa)	21.1	18.5	17.7	9.9	9.5	—	—	—
	增幅（%）	160.5	270.0	200.0	59.7	30.1			
Q2-1 区	夯前 E_s(MPa)	7.5	4.8	10.5	7.7	6.2	6.2	—	—
	夯后 E_s(MPa)	19.8	16.7	17.4	15.7	10.5	10.8	—	—
	增幅（%）	164.0	247.9	65.7	103.9	69.4	74.2		
Q3-1 区	夯前 E_s(MPa)	8.3	8.2	11.4	7.5	8.3	8.9	7.5	—
	夯后 E_s(MPa)	22.4	16.9	20.6	17.1	15.5	16.7	10.1	—
	增幅（%）	169.9	106.1	80.7	128.0	86.7	87.6	34.7	
Q4-1 区	夯前 E_s(MPa)	7.3	7.5	8.2	7.1	8.5	8.5	7.0	7.6
	夯后 E_s(MPa)	16.2	18.3	16.5	18.4	20.5	15.9	13.8	10.2
	增幅（%）	121.9	144.0	101.2	159.2	141.2	87.1	97.1	34.2

由表 2.3 可知，原地基土体强夯处理前干密度一般为 1.53～1.62g/cm³，强夯处理后，检测深度范围内的干密度一般为 1.62～1.86g/cm³，一定深度范围内土体压实度得到有效提高，提高幅度由上至下降低，压实系数最大增幅为 16.7%，各试验区 2m 深度范围内压实系数增幅为 12.2%～16.7%，2～4m 深度内提高 4.9%～13.0%，4m 以下土体提高 3.7%～9.5%；四个小区地基土压实系数大于 0.90 的最大深度分别为 3m、4m、5m、7m。由表 2.4

可知，原地基土体强夯处理前压缩模量一般为4.8～11.4MPa，处理后的压缩模量一般为9.5～22.4MPa，整体而言，土体压缩性由中—高压缩性变为中—低压缩性，且浅层土体压缩模量提高幅度大于深层，各试验区2m深度范围内压缩模量增幅为141.9%～270%，2～4m深度内提高59.7%～200.0%，4m以下土体提高30.1%～141.2%。

（3）强夯处理后原地基载荷浸水试验分析

为检验强夯处理后地基土承载力与稳定性、评价填方地基水环境改变后的附加下沉情况，分别在Q2-1试验区、Q3-1试验区和Q4-1试验区进行3个平行静载荷浸水试验。圆形承压板直径d为0.8m（面积0.5m²），浸水坑直径2.4m、坑深0.7m；载荷浸水试验按《湿陷性黄土地区建筑规范》GB 50025首先干压，分级加载稳定至600kPa，再分级卸载稳定至300kPa、试坑浸水，最后浸水至附加下沉稳定后[105]，分级卸载。各强夯试验小区载荷浸水试验结果统计见表2.5，P-s曲线见图2.3。

表 2.5

载荷浸水试验结果统计

分区	最大加荷对应总沉降（mm）	卸载至300kPa时的沉降量（mm）	浸水后附加下沉量（mm）	地基承载力特征值对应沉降s（mm）	变形模量E_0（MPa）
Q2-1区	19.70	18.64	14.21	7.87	21.8
Q3-1区	15.72	14.76	15.05	7.15	24.0
Q4-1区	13.98	12.69	11.50	7.30	23.5

注：计算变形模量时承压板形状系数取为0.785，土体泊松比取为0.3。

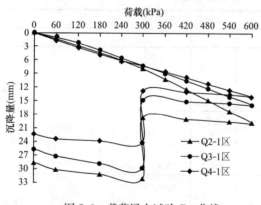

图2.3 载荷浸水试验P-s曲线

由图2.3可知，当加载至600kN时，累计总沉降量为13.98～19.70mm，P-s曲线均未出现明显拐点，按《建筑地基基础设计规范》GB 50007地基承载力特征值可取s/d=0.01～0.015对应荷载为360kPa，但不应大于最大加载值的一半，因此基承载力特征值取为300kPa，相应沉降量为7.15～7.87mm，则变形模量为21.8～24MPa。同时，相同荷载等级下，较高能级强夯处理区地基土沉降量明显小于低能级强夯处理区，佐证了较高能级强夯处理后地基承载力高、稳定性好的结论。

根据浸水载荷试验，浸水下沉稳定后附加下沉降量为11.50～15.05mm，3个试验点附加下沉量/承压板直径分别为0.0178、0.0188、0.0144，其中前二者均大于0.017[192]、小于《岩土工程勘察规范》GB 50021算得的0.023，综合分析认为，原地基土体经过处理合格后，上覆压力不大于300kPa压力时，可按非湿陷性土层考虑。

2.2.2 换填强夯试验

陇南成州机场软基主要分布于跑道西端试验段冲沟泉眼周围和跑道东段南侧航站区停机坪以南，大量实践证明对表层厚度小的软弱土，采用换填法最为可靠且易操作，以试验段软基和地下水处理为例阐述。常用的排水形式主要有盲沟、排水管、水平排水层和管涵，其中盲沟排水因其成本低廉、施工简便而得到广泛使用，但是常规排水盲沟通常采用无纺土工布包裹块石层，其结构过于简单且排水效果不明显，尤其对于具有多个渗水泉眼的高填方地基，各个排水盲沟间难以实现协调工作。该机场首先彻底清除沟谷、低洼田地内的耕植土和淤泥质土，将泉水追踪开挖至岩层裂隙出水处；采取临时排水措施，将泉水临时导出至场外，用硬质（浸水抗压强度不小于 20MPa）且级配良好的块碎石分层（分层厚度 0.8～1.0m）回填强夯，填料最大粒径小于 1/3 填料厚度，其中粉质黏土含量小于 15%，不得含腐殖土，点夯夯击能量为 2000kN·m 或 3000kN·m，点夯完成后，对表层进行 1000kN·m 满夯；在开挖沟槽中片石基础上修建 4m 宽、1.5m 深盲沟[106]，盲沟内埋 6 根软式透水管，盲沟入水口在泉眼附近采用喇叭口，扩大至开口大于 6m、高度 3m，以防泉眼移动。分别在 2000kN·m 或 3000kN·m 试验区进行 2 个点的点夯试验，结果见图 2.4。

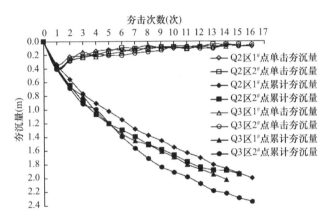

图 2.4　置换强夯夯击次数与夯沉量关系曲线

　　分析图 2.4 可知，同直接强夯试验，其累计夯沉量随夯击次数的增加而增加，不同的是开夯前几击单击夯沉量较大（前三击为 0.2～0.4m/击）、地面隆起大于 13cm 且单击夯沉量较不稳定，如在夯击 10、11 击左右时，单击夯沉量变化基本一致，但是之后单击夯沉量差异增大。分析原因认为，换填的硬质岩与基底或沟槽两侧的土层结构强度差较大，在 2000kN·m 或 3000kN·m 的夯击作用下，浅部地基在完成自身压缩一定程度后，会产生侧向挤压变形，且 3000kN·m 的地面隆起量均比 2000kN·m 要大。若按直接强夯试验的停夯标准，则 2000kN·m 或 3000kN·m 单点夯试验击数仍需增加，但强夯处理 2 周后，在 2 个试验小区开挖 1m、2m 深探井测试不同深度的压实度发现，压实系数均能达到 0.90 以上，因此，在该区域处理采用减少点夯击数，增加主夯遍数的处理方案，且 2000kN·m 和 3000kN·m 单点夯停夯标准建议为最后 2 击平均夯沉量不大于 5cm 和 10cm。

2.2.3　强夯加固范围计算

　　不论直接强夯还是换填强夯，强夯加固区的变形与加固深度、加固范围有直接的关系，分析强夯后土体变形及变形量大小尤为重要，对于强夯加固区形态目前研究结论仍尚未统一，国家相关规范虽然采用了"有效加固深度"一词，但其判定依据也往往依靠经验或通过试验段试验获取[107]，山区高填方地基条件复杂多变，从理论上给出简单适用的公式无疑具有重要的理论意义和工程应用价值。

姚仰平[27]认为"圆台""梨形""椭圆"只是椭圆在特定控制干密度下的近似，都可以用椭圆来描述。假设强夯加固区形状近似为一椭球体，如图 2.5 所示，在有效加固区（土体所受的冲击应力 σ 远大于土体的极限应力 σ_f）和未加固区（土体所受的冲击应力 σ 小于土体的屈服应力 σ_u）之间存在一个过渡区域，即加固影响区（土体所受的总应力 σ 界于土体屈服应力 σ_u 与土体极限应力 σ_f 之间）。强夯施工时，夯锤由势能转化为动能得到的初速度在极短时间内降到零，夯点下有效加固区内土体瞬间产生塑性变形，竖向和侧向区域土体密实度显著提高，加固影响区土屈服后有压密而不充分或无压密，未加固区土体密实度基本不变，在夯击过程中土体有效加固区和加固影响区均以椭球体的形状模式不断扩展，达到一定夯击次数后，有效加固区和加固影响区范围最终趋于稳定。

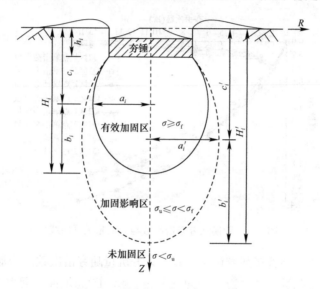

图 2.5 强夯加固范围分区示意图

实测发现，虽然夯坑周围地表土体局部隆起，但是隆起量和隆起范围均较小，因此，夯坑的形成与扩展过程，就是土中气相被挤出的过程，且二者体积相等，若空气质量忽略不计，则强夯加固前后被加固区域土体质量不变。假定第一次强夯加固后有效加固土体体积为 V_1，加固影响区土体体积为 V_1'，则加固前土体体积为（$\pi R^2 h_1 + V_1 + V_1'$），对于第一次强夯加固前后土体质量相等有：

$$\rho_1 V_1 + \frac{1}{2}(\rho_0 + \rho_1)V_1' = \rho_0 (\pi R^2 h_1 + V_1 + V_1') \tag{2.1}$$

式中，ρ_0、ρ_1 分别为土体在初始状态和最大密实状态下的密度，R 为夯锤半径，h_1 为夯沉量。

整理式（2.1）得

$$\frac{(\rho_1 - \rho_0)}{\rho_0}V_1 + \frac{1}{2}\frac{(\rho_1 - \rho_0)}{\rho_0}V_1' = \pi R^2 h_1 \tag{2.2}$$

令 $\lambda = \dfrac{(\rho_1 - \rho_0)}{\rho_0}$，其物理意义为地基土密度最大提高率，则有

$$\lambda V_1 + \frac{\lambda}{2} V_1' = \pi R^2 h_1 \tag{2.3}$$

第二次强夯加固时，有效加固区和加固影响区均以椭球体形状向未加固区扩展，假定第二次强夯加固后有效加固土体体积为 V_2，加固影响区土体体积为 V_2'，则第二次强夯加固后土体质量为 $\rho_1 V_2 + \frac{1}{2}(\rho_0 + \rho_1) V_2'$。对于第二次强夯加固前土体质量而言，由于有效加固区和加固影响区的扩展，使得该部分土体不仅包含第一次强夯加固后有效加固区 V_1 土体的质量，加固影响区 V_1' 土体质量，还包括加固影响区向未影响区的扩大部分土体质量，即 $\rho_0 [V_2 + V_2' + \pi R^2 (h_2 - h_1) - (V_1 + V_1')]$，因此，对于第二次强夯加固前后土体质量相等，则有：

$$\rho_1 V_2 + \frac{1}{2}(\rho_0 + \rho_1) V_2' = \rho_1 V_1 + \frac{1}{2}(\rho_0 + \rho_1) V_1' + \rho_0 [V_2 + V_2' + \pi R^2 (h_2 - h_1) - (V_1 + V_1')] \tag{2.4}$$

整理式（2.4）得

$$\frac{(\rho_1 - \rho_0)}{\rho_0}(V_2 - V_1) + \frac{1}{2} \frac{(\rho_1 - \rho_0)}{\rho_0}(V_2' - V_1') = \pi R^2 (h_2 - h_1) \tag{2.5}$$

同理，令 $\lambda = \dfrac{(\rho_1 - \rho_0)}{\rho_0}$，则有

$$\lambda (V_2 - V_1) + \frac{\lambda}{2}(V_2' - V_1') = \pi R^2 (h_2 - h_1) \tag{2.6}$$

比较式（2.3）和式（2.6），依此类推，可给出第 i 次强夯加固前后，有效加固区土体体积 V_i 和加固影响区土体体积 V_i' 与夯沉量 h_i 之间的表达式为：

$$\lambda (V_i - V_{i-1}) + \frac{\lambda}{2}(V_i' - V_{i-1}') = \pi R^2 (h_i - h_{i-1}) \tag{2.7}$$

众所周知，夯坑的深浅不仅与夯击能、夯击次数有关，而且与夯锤底面积大小、土的软硬有关，式（2.7）即从理论上综合反映了强夯施工所有因素对加固效果的共同影响，可克服 L. Menar 公式、系数修正法、经验公式法等计算方法的不足。

基于前文强夯加固区为椭球体分布的假设，且该椭球为过夯坑边缘（R，h_i）的点，见图 2.5。因此，强夯有效加固区和加固影响区椭球体方程分别为

$$\frac{(z - c_i)^2}{b_i^2} + \frac{R^2}{a_i^2} = 1 \tag{2.8a}$$

$$\frac{(z - c_i')^2}{b_i'^2} + \frac{R^2}{a_i'^2} = 1 \tag{2.8b}$$

式中：i——强夯夯击次数；

　　　a_i——强夯有效加固区椭圆短轴（有效加固区宽度之半）；

　　　b_i——强夯有效加固区椭圆长轴；

　　　c_i——强夯有效加固区椭圆中心位置；

　　　a_i'——强夯加固影响区椭圆短轴（加固影响区宽度之半）；

　　　b_i'——强夯加固影响区椭圆长轴；

　　　c_i'——强夯加固影响区椭圆中心位置。

对顶部被夯锤底面所切的椭球体积分，可得有效加固区土体体积 V_i 和加固影响区土体体积 V_i' 分别为

$$V_i = \frac{2\pi a_i^2 b_i}{3} + \pi R^2 (c_i - h_i) + \frac{2\pi b_i (a_i^2 - R^2)^{\frac{3}{2}}}{3a_i} \tag{2.9a}$$

$$V_i' = \frac{2\pi a_i'^2 b_i'}{3} + \pi R^2 (c_i' - h_i) + \frac{2\pi b_i' (a_i'^2 - R^2)^{\frac{3}{2}}}{3a_i'} \tag{2.9b}$$

考虑不同施工情况和地质条件下有效加固区和加固影响区椭球体的长短轴之比不同，采用平均应变计算二者土体泊松比 ν 和 ν'：

$$\nu = \frac{a_i - R}{R} \bigg/ \frac{h_i}{b_i + c_i} \tag{2.10a}$$

$$\nu = \frac{a_i' - R}{R} \bigg/ \frac{h_i}{b_i' + c_i'} \tag{2.10b}$$

联立方程（2.7）、（2.8）、（2.9）和（2.10）可解出 a_i、b_i 和 c_i，联立方程（2.7）、（2.8b）、（2.9b）和（2.10b）可解出 a_i'、b_i' 和 c_i'，则第 i 次强夯夯击后有效加固深度 H_i 和加固影响深度 H_i' 分别为

$$H_i = b_i + c_i \tag{2.11a}$$

$$H_i' = b_i' + c_i' \tag{2.11b}$$

至此，可以得出第 i 次强夯夯击后有效加固范围参数 a_i、H_i 和加固影响范围参数 a_i'、H_i'（均从夯前地面算起）。

2.2.4　挤密桩与DDC桩地基处理试验

湿陷性黄土地基处理和湿陷性评价问题一直是非饱和土与特殊土领域学术界及工程界关注的热点与难点。在按《湿陷性黄土地区建筑规范》GB 50025 进行大量地基处理时发现，依靠国内外现有的常规工程手段，很难满足规范所规定的剩余湿陷量的要求。有的工程，如果严格执行规范所规定的剩余湿陷量，则难以保证工程技术经济的合理性。因此，对于大厚度自重湿陷性黄土地基上的高填方工程，如何较为准确地掌握地基的湿陷变形规律；是否必须完全消除地基土的湿陷性或采用桩基础穿透全部湿陷性黄土层，或者消除地基部分湿陷量的度是多少；如何把握剩余湿陷量与地基处理深度、自重湿陷性黄土层厚度的关系；计算自重湿陷量的修正系数 β_0 与黄土规范的差异如何解决；"湿陷系数 $\delta_s = 0.015$"是否是黄土"湿陷"与"非湿陷"评价的"永恒"界限，为此展开试验研究。

（1）试验概述

1）试验场地

场地选择在兰州和平镇，地貌单元属于黄河南岸的Ⅳ级阶地，地势相对平坦，湿陷性黄土层厚约 36.5m，勘探深度内土层主要为晚更新世 Q_3 马兰黄土：①耕表土层（Q_3^{ml}），厚约 0.5；②粉土层（Q_3^{al}），厚约 4.5m；③粉质黏土层（Q_3^{al}），厚约 31.5m；④卵石层，勘探深度内卵石层未揭穿（大于 38m）。地下稳定水位大于 70m，地勘报告评价黄土层具有Ⅳ级自重湿陷性。

2）试验方案

① 挤密桩试验

场地平整后，根据试验场地最优含水率指标对土体进行增湿。挤密桩试验包括 2 个灰土桩区（桩长分别为 6m、12m）和 2 个素土桩区（桩长分别为 10m、15m），每个试验小区面积均为 $10 \times 10m^2$。桩径为 0.4m，桩间距为 0.9m；桩体、桩间挤密系数分别不小于 0.97、0.95。如图 2.6 所示，每个试验小区中心开挖，浇筑 2m×2m 钢筋混凝土承台（承台荷载直接传至桩上），采用编织袋称土加荷，最终加荷量为 80×10^3kg（压力为 200kPa）。

在离承台中心外 4m 区域，按 3m×3m 间距布置注水孔，孔深为处理区域挤密桩长加 1m（内插相应深度的 PVC 管），孔径为 0.1m，人工将水源注入 PVC 管。如图 2.6、图 2.7 所示，共设置承台沉降观测点 4 个（位于承台中心），分层沉降观测点（地面沉降观测点）30 个，深层沉降观测点 7 个。图 2.6 中 CP10S2 表示挤密桩 10m 区正南方向第 2 个地面沉降观测点；CP6-12 表示挤密桩 6m 区与 12m 区之间的地面沉降观测点；CP-SH15E 表示挤密桩 15m 区正东方向的深层沉降观测点，其余类推。承台、地面及深层沉降观测采用高精度水准仪，浸水初期每天定时观测一次，浸水 2 个月后放宽为 2d 一次。试验现场实景见图 2.8。

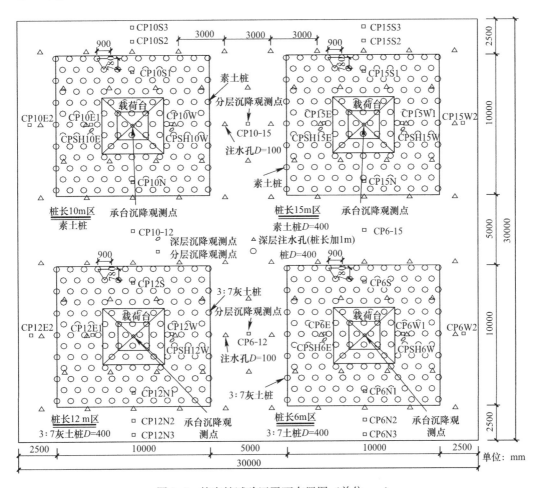

图 2.6　挤密桩试验区平面布置图（单位 mm）

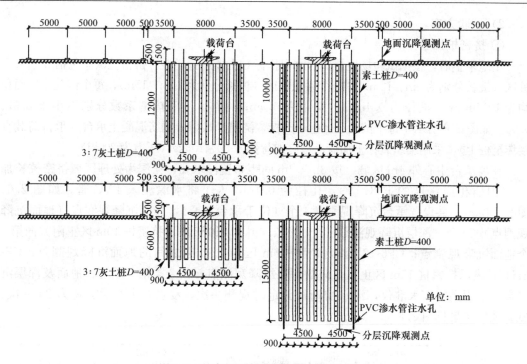

图 2.7　挤密桩试验区剖面图（单位 mm）

图 2.8　挤密桩试验区实景图

② DDC 桩试验

DDC 桩试验包括不同桩长和不同桩间距 2 种试验区。其中，不同桩长试验区分 3 个试验小区，每个小区面积为 10m×10m，桩长分别为 15m、20m 和 25m，等边三角形布置，桩间距为 1.1m；不同桩心距试验区桩长均为 10m，桩心距为 1.0m、1.1m、1.2m、1.3m 和 1.5m，如图 2.9 所示。图 2.9 中，DDC15-25 表示孔内深层强夯 15m 区与 25m 区之间的地面沉降观测点，DDC15N2 孔内深层强夯 15m 区正北方向的深层沉降观测点，其余类推。预成孔直径为 0.4m，成桩后直径为 0.55～0.60m。试验布置剖面图和实景图分别见图 2.10、图 2.11。

在 DDC 法处理后的地基上，承台上方称土加荷，其下浸水观测沉降，最终加荷量为 $80×10^3$ kg（压力为 200kPa），浸水试坑深 0.5m，水头为 0.3～0.5m。监测内容与频率同挤密桩试验。DDC 区承台沉降观测点共 3 个，地面沉降观测点共 23 个，点号编设类似挤密桩区。

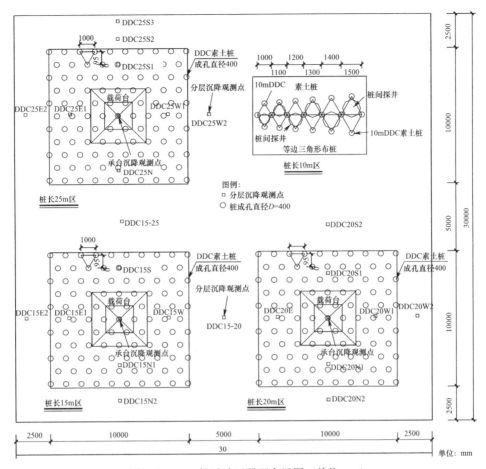

图 2.9 DDC 桩试验区平面布置图（单位 mm）

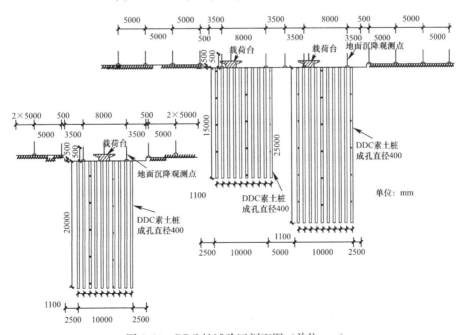

图 2.10 DDC 桩试验区剖面图（单位 mm）

图 2.11　DDC 桩试验区实景图

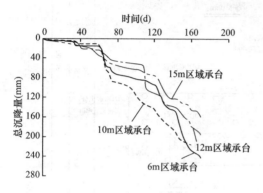

图 2.12　挤密桩区承台总沉降量
随时间变化曲线

（2）挤密桩试验结果分析

1）承台沉降量分析

挤密桩试验历时共 171d，承台总沉降量随时间变化曲线如图 2.12 所示。

分析图 2.12 可知，浸水试验前 60d，4 个承台均未发生显著沉降，之后 111d 承台发生的沉降量占总沉降量的 70% 以上；且同样施加 200kPa 的荷载，承载桩越长，承台沉降量减小。由此可知，浸水前期，由于地基挤密，土体基本没有湿陷，达到了地基处理的第一个作用，即消除地基处理范围内的湿陷性、提高地基承载力、降低压缩性、提高水稳性；同时，起到了防止上部及某些侧向水源浸入的作用，很好地保护了处理地基以下的剩余湿陷性土层，这也正是地基处理的第二个作用。但是，随着浸水时间延长，水分不断下渗，处理区下方土体遇水后开始湿陷，沉降量显著增大。

由图 2.12 亦可知，地基处理深度在 6~12m 以内进行深层浸水时，6m、10m 和 12m 试验区承台累积沉降分别为 244mm、217mm 和 196mm；处理深度为 15m 时，计算剩余湿陷量远大于 300mm，如表 2.6 所示，地基沉降量却显著减小，累积沉降为 162mm，基本满足了乙类建筑控制剩余湿陷量不大于 150mm 的要求。

挤密桩试验区承台沉降及深层沉降量　　　　　　　　　　　表 2.6

试验小区域	承台沉降（mm）	承台东侧深层沉降（mm）	承台西侧深层沉降（mm）	深层沉降平均值（mm）
灰土 6m 区	244	157	244	200.5
素土 10m 区	217	83	107	95.0
灰土 12m 区	196	—	83	83.0
素土 15m 区	162	66	72	69.0

2）地表沉降量和深层沉降量分析

分别以灰土挤密桩 6m 区和素土挤密桩 10m 区地表沉降和深层沉降的典型观测点为例，见图 2.13 和 2.14，对沉降结果进行分析。

由图 2.13（a）可以看出，同为地表沉降观测点，但是未经过挤密处理的区域在受水浸湿后比经过处理的区域沉降量大，如 CP6-15 和 CP6-12 总沉降量明显较大。又 CP6-12

累计沉降为 245mm，CP6N1 为 37mm，CP6N2 为 90mm，说明被注水孔包围越多的沉降点比被注水孔包围较少的沉降量大。这在所测得的深层沉降观测点数据图中更为明显，如图 2.13（b）所示，CPSH6E 总沉降量为 221mm，CPSH6W 总沉降量却为 157mm。

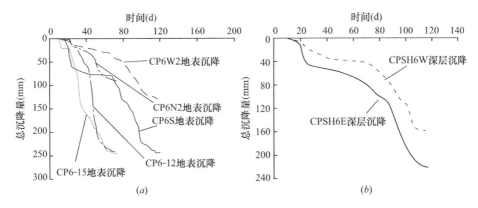

图 2.13　挤密桩 6m 区地表沉降和深层沉降变化曲线

（a）挤密桩 6m 区地表沉降时程曲线；（b）挤密桩 6m 区深层沉降时程曲线

由图 2.14 也可看出，水分较充足区域的观测点的湿陷量大于水分较少区域的观测点。对比图 2.13、图 2.14 可看出，10m 区地表总沉降量和深层总沉降量均小于 6m 区，说明大厚度湿陷性黄土地基处理效果随处理深度增加而显著增强。

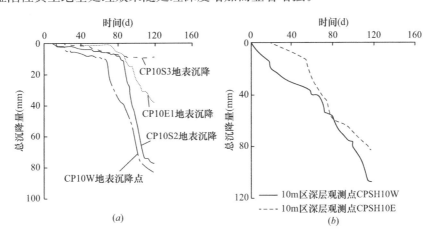

图 2.14　挤密桩 10m 区地表沉降和深层沉降变化曲线

（a）挤密桩 10m 区地表沉降时程曲线；（b）挤密桩 10m 区深层沉降时程曲线

图 2.13 和图 2.14 中，沉降量与时间关系曲线呈多段近似折线形变化，说明深层湿陷的发生不是一次完成的。这是由于水分下渗不是一步到位的，其主要受初始含水率和上部水土自重压力等影响。即随着水分下渗，结合水膜增厚嵌入颗粒之间，可溶性盐类逐渐溶解，土体骨架强度降低，当上覆土层的自重压力或附加压力与自重压力之和大于土骨架的承载力时，土粒滑向大孔，粒间孔隙减小，此时沉降量突然增大；随着水分不断下渗，即出现了图 2.13 和图 2.14 中多段近似折线的现象。但是最终随着上部土体湿陷，土体压密，粒间气体压力增大，水分入渗变缓，即随着观测日期延长，沉降量不再增大，沉降曲线末端呈现水平向发展趋势。

3）剩余湿陷量分析

剩余湿陷量定义为全部湿陷性黄土层的湿陷量减去被处理湿陷性黄土层的湿陷量。为将理论计算和试验实测值进行对比，试验前共挖探井6个，平面位置见图2.8，计算得不同探井总湿陷量和剩余湿陷量，见表2.7。

探井总湿陷量计算值和计算剩余湿陷量 表2.7

探井编号	地基处理深度（m）	总湿陷量计算值（mm）	总湿陷量平均值（mm）	处理区湿陷量计算值（mm）	剩余湿陷量（mm）
1#	6	1740.5		621.3	1220.9
2#	10	1452.0		849.9	992.3
3#	12	1656.0	1842.2	1012.7	829.5
4#	15	1738.0		1245.9	596.3
5#	20	2233.0		1540.6	301.6
6#	25	2233.5		1715.6	126.6

由表2.7可以看出，地基处理后的剩余湿陷量随着处理深度的增加而减小，处理深度为25m时，剩余湿陷量已达到规范要求；处理深度为6～20m时，剩余湿陷量均远大于300mm，不满足要求，但从实际观测来看，深层浸水情况下，整个处理区域仍能够承受200kPa的压力，且沉降较小。

表2.6所示为挤密桩试验区承台、承台东西侧深层沉降观测数据，可反映未处理深度范围内的湿陷量。由表2.6可知，深层沉降量随着地基处理深度的增加而减小，由表2.7对比可知，素土挤密桩10m区计算剩余湿陷量为992.3mm，远超出了规范要求。事实上，承台在200kPa的压力作用下总沉降仅有217mm，深层沉降也仅为95mm。因此，按现行规范，由室内试验得出的剩余湿陷量和现场实测深层沉降矛盾如此之大，充分证明现行规范对我国涉及面较广的乙、丙类建筑的地基处理要求过于保守，导致地基处理费用昂贵，不符合湿陷性黄土地区现有的经济、技术发展水平。

结合已往对大厚度自重湿陷性黄土的工程实践和理论研究，发现很多建构筑物基础以下的地基处理深度并不深、计算剩余湿陷量仍较大，但是在没有水的作用下，已运行多年也未发生地基湿陷事故。根据试验结果，建议在采取有效的综合处理措施（包括地基处理、防水措施、结构措施）之后，可以适当放宽对剩余湿陷量的要求。

（3）DDC桩区试验沉降结果分析

本试验各小区域浸水观测71d，停水观测66d。对比沉降观测数据发现，类似挤密桩试验，同样承受200kPa压力的承台，其下承载桩越长，则承台沉降量越小。由图2.15可知，DDC桩15m区承台最终沉降87mm，20m区承台最终沉降62mm，而25m区承台最终仅沉降44mm。对比发现，浸水前期的30d，承台沉降较快，此部分沉降量约占总沉降量的75%；浸水后期的40d，承台沉降较慢、沉降量较小，此部分沉降量小于总沉降量的25%。停水后的观测发现，承台沉降随着观测时间的延长逐渐停止；承载桩越短的承台，其沉降达到稳定所需的时间越长，如DDC桩15m区承台，试验结束时承台沉降尚未稳定，而DDC桩25m区承台在浸水40d后，沉降逐渐趋于稳定。

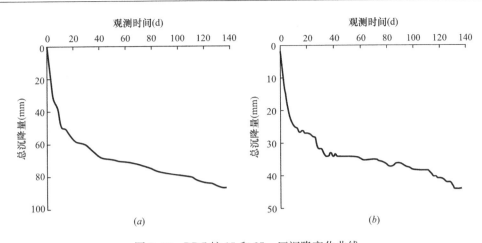

图 2.15　DDC 桩 15 和 25m 区沉降变化曲线

（a）DDC 桩 15m 区沉降时程曲线；（b）DDC 桩 25m 区沉降时程曲线

在 DDC 桩 15m 区的 6 个地面沉降观测点里，除了 DDC 桩处理 15 和 20m 深区域中间的地面沉降观测点（DDC15-20）地表累计沉降稍大（为 4mm）外，剩余测点沉降量仅为 2mm。DDC 桩 20m 区和 25m 区地面沉降曲线变化趋势几乎一致，累计沉降量也较小，如 DDC 桩 20m 区的最大沉降量发生点（DDC20W2）的沉降量仅有 3mm，而 DDC25W2 测点在 46d 沉降观测中，没观测到任何沉降发生，说明 DDC 桩 25m 区承台在 200kPa 压力作用下，浸水对承台西侧 8.5m 外土体的影响基本可以忽略。

综合分析 DDC 桩 15m、20m 和 25m 区沉降观测结果可知：在 200kPa 的压力作用下，地表浸水对承台影响不大，地基处理深度大于 15m 深度时（剩余湿陷量远大于 300mm），地基沉降量显著减小，地基处理深度大于 20m 时地基沉降基本可以忽略。

2.2.5　现场预浸水地基处理试验

（1）既有研究成果

现场预浸水作为黄土湿陷变形和地基处理的主要研究方法，可以真实地反映土体实际的入渗状态，为黄土浸水入渗规律分析提供依据，这也是室内试验所不能替代的。自 20 世纪 60 年代以来，多个预浸水试验为我国乃至世界的黄土理论研究做出了重大贡献，取得的有益研究成果较多，作者结合自身经验，简要叙述如下：

1）黄土原位浸水试验关键技术

黄土原位浸水试验主要测试含水率、土体沉降，推算渗流场中特征剖面的含水率随时间和空间的变化，观测地表的沉降变形和裂缝的发展过程等。其中最关键的是含水率的原位测量；又考虑原状黄土的非饱和特性，遇水后吸力减少及其特殊的结构性是发生湿陷的主要原因，所以研究非饱和土的工程特性的另一重要途径就是由其吸力入手。

结合数十年的浸水试验经验，综合表 2.8 试验中所用测试手段和当前科技发展，将目前岩土工程中常用的含水率测量技术和非饱和土吸力量测技术分别汇总，见表 2.9、表 2.10，旨在为今后从事这一领域研究的同行提供参考。

国内部分现场浸水试验汇总

表2.8

序号	试验场地	湿陷性土层厚度（m）	浸水试坑尺寸（m）	实测自重湿陷量（mm）	计算自重湿陷量（mm）	实测/计算
1	延安丝绸厂	10.0	9×9	357.0	229.0	1.56
2	合阳东王乡	14.5	2.5×2.5	152.0	365.0	0.42
		14.5	5×5	182.0	365.0	0.50
		14.5	10×10	477.0	347.0	1.37
3	西安东郊韩森寨	12.0	12×12	364.0	290.0	1.25
		12.0	6×6	25.0	208.0	0.12
4	西安冶院	8.0	10×10	5.0	17.0	0.29
5	陕西三原	10.0	10×10	337.9	282.2	1.20
			10×10	207.0	212.0	0.98
6	富平张桥	9.4	5×5	212.0	212.0	0.00
			2×2	0.0	212.0	0.00
7	西安耀州区梅家坪	15.0	10×10	342.0	366.0	0.93
		11.0	2×2	47.0	366.0	0.13
8	蒲城电厂	60.0	ϕ40	65.0	651.0	0.10
9	陕西宝鸡	18.2		344.0	281.5	1.22
10	西安北郊徐家堡	8.5	ϕ10	360.0	81.0～164.0	0.40～0.22
		8.5	ϕ12	90.0	137.0	0.66
		8.5	ϕ16	38.0	137.0	0.38
11	西安交大	8.0	10×10	8.1	81.2	0.10
12	郑西高铁3号坑	25.0	ϕ30	172.0		
13	河南灵宝	7.5		129.0	460.0	0.28
14	榆次	8.5	ϕ10	86.0	202.0	0.43
15	山西太原	12.0	ϕ10	36.0	186.0	0.19
16	山西铝厂一期工程	11.0	12×12	57.0	96.0	0.59
		9.0	10×10	3.0	161.0	0.01
17	山西铝厂二期工程	12.0	12×12	30.6	110.0	0.27
		12.0	20×20	12.0	113.0	0.11
18	山西翼城	9.0	10×10	190.0	420.0	0.45
19	兰州和平镇	36.5	ϕ40	2315.0	1228.0	1.89
20	兰州西固	10.0	15×15	860.0	210.0	4.10
		10.0	5×5	360.0	210.0	1.71
		10.0	3×3	300.0	210.0	0.43
		10.0	1.6×1.6	130.0	210.0	0.62
21	兰州东岗	10.5	ϕ12	915.0	501.0	1.83
		10.5	ϕ20	930.0	501.0	1.86
		10.5	10×10	870.0	501.0	1.74
		10.5	20×10	844.0	444.0	1.90
		10.8	ϕ10	955.0	501.0	1.92

续表

序号	试验场地	湿陷性土层厚度（m）	浸水试坑尺寸（m）	实测自重湿陷量（mm）	计算自重湿陷量（mm）	实测/计算
22	兰州安宁区杏花村	6.0	14×14	155.0	112.0	1.38
		6.0	10×10	185.0	112.0	1.63
		6.0	5×5	65.0	112.0	0.58
23	兰州沙井驿	7.0	10×10	150.0	91.0	1.65
		7.0	14×14	125.0	91.0	1.37
24	兰州龚家湾	10.0	12×11.8	567.0	360.0	1.58
25	连城铝厂	18.0	34×55	1151.5	540.0	2.13
		18.0	34×17	1075.0	540.0	1.99
26	兰州费家营	6.0	4×4	119.0	58.0	2.05
27	潞城化肥厂	10.0	φ15	246.0	182.0	1.35
28	天水二十里铺	14.5	28×16	586.0	405.0	1.45
29	矾山	14.0		213.5	448.0	0.48
30	宁夏固原	30.0	φ15	1288.0	1034.0	1.25
31	扬黄11号泵站	36.5	110×70	2611.0	1405.0	1.86
32	西宁大通	15.0	15×15	400.0	243.0	1.65
33	西宁南川	17.0	53×32	650.0	409.0	1.58

注：表中1～11位于陕西省，12～13位于河南省，14～18位于山西省，19～28位于甘肃省，29位于河北省，30～31位于宁夏回族自治区，32～33位于青海省。

部分含水率测试技术比较 表2.9

名称	原理	优点	缺点
称重法	测量的是土的重量含水率，烘干土样的方法有恒温烘箱法、红外线烘干法、酒精燃烧法等	设备、操作要求不严，土样含水率的测量结果可靠	效率低，成本高；取样会扰动土体，深层取样困难；受土体空间变异性影响大；测量体积含水率时需要同时测量重度
射线法	射线直接穿过土体的能量衰减量是土的含水率的函数，常用的射线中有中子、γ射线、X射线等；中子散射法测量结果非常准确，是烘干法之外的第二标准	测量简单易用，测量快速；能连续定点测定，可测量土体任何深度；γ、X射线操作复杂，一般只用于研究	要求校准；仪器设备昂贵；采样范围是一个球体，某些情况下（如表层土）测量误差比较大；安装套管时会扰动土体；存在潜在的辐射危害；不便于大面积连续动态监测
张力计法	通过细孔毛瓷杯来测量土的基质势，是一种直接测量方法	在土壤比较湿润的情况下测量土壤基质势很准确；受土壤空间变异性的影响比较小；成本低，能够连续测量	测量效率慢；测量范围有限制，非常干燥的土壤不合适；仪器易用性差；效率低，费时费力，使用成本高
电阻法	电阻块与土水势平衡后，通过测量电阻块的电阻，求出土的水势	成本低，可以重复使用，可原位定点测量	有滞后作用，测量范围小，需要标定，电阻块与土的接触紧密度对灵敏度影响大
干湿计法	通过热电偶来测量土的基质势	只需在实验室校准，测量快速	设备昂贵，测量范围有限制
介电常数法	通过测量土的表观介电常数来得到土的体积含水率。主要有TDR法、FDR法、电容法	测量简单易用，测量快速；能连续定点测定，可测量土的任何深度（包括表层土）；没有辐射危害，一般不需要标定	测量质量含水率时需要同时测量重度；探头、套管、土体接触状况对精度影响大，电路复杂导致设备昂贵

部分吸力测试技术比较   表 2.10

设备名称	吸力种类	量测范围（kPa）	注释
湿度计	总吸力	100～8000	要求严格的恒温环境
张力计	负孔隙水压力或基质吸力（当孔隙水压力为大气压时）	0～90	有气蚀问题以及通过陶瓷头的空气扩散问题
零位型压力板仪	基质吸力	0～1500	量测范围是陶瓷板进气值的函数
热传导传感器	基质吸力	0～400	使用不同空隙尺寸陶瓷传感器的间接测量法
滤纸法	总吸力	全范围	与湿土良好接触时可量测基质吸力
挤液器	渗透吸力	全范围	同时使用张力计或量测导电率

2）自重湿陷变形规律

① 浸水坑面积对自重湿陷量的影响

根据浸水试验结果表明，面积较大的试坑具有较大的自重湿陷量，面积相近的试坑湿陷量基本相近。当浸水坑尺寸等于或大于湿陷性土层厚度时，继续增加浸水试坑尺寸，湿陷量不再增大；但浸水坑愈大，湿陷速度愈快，达到最终湿陷量的时间就愈短。当浸水坑边长（或直径）等于或大于湿陷性土层厚度时，可使自重湿陷完全产生，最终湿陷量一致；反之，自重湿陷则不能产生或不能完全产生，看不出试坑面积对湿陷量的影响。

② 自重湿陷的发展过程

自重湿陷的发展过程可分为：第 1 阶段，土层被浸湿，在饱水自重压力作用下，土体结构遭到破坏；第 2 阶段，随着第 1 阶段的完成，土体受到压密作用，湿陷量和耗水量都显著减小，继续完成剩余湿陷后趋于稳定；第 3 阶段，停止浸水后，随着自由水位下降，下沉速率增加，再次出现自重湿陷。

大厚度自重湿陷性黄土地区现场湿陷变形规律与中小厚度的不同，其分为浸水期和停水期两个阶段。湿陷速率在浸水期间呈现"小→大→小→稳定"的变化规律，在停水后则呈现"大→小→稳定"的变化规律；湿陷量随浸水历时的发展过程包含 5 个阶段，即初期平缓段、浸水期陡降段、中期平缓段、停水后的陡降段和后期平缓段。

渗透速度从上到下呈减小趋势，对于饱和入渗问题，主要考虑重力势和压力势对水分迁移的影响；对于非饱和入渗问题，主要考虑重力势和基质势对水分迁移的影响，水头由位置头和压力头（或负压水头）组成，是流动的基本驱动势能。出现这种现象的主要原因：一方面是由于随着水渗透路径的延长，摩擦和孔隙阻力要消耗一部分能量，使驱动势能降低；另一方面是考虑上部土体发生湿陷变形而使土体压密，孔隙比减小，形成相对隔水层，使其下土体的水头压力降低。

③ 自重湿陷量、耗水量与时间关系

浸水时间越长，耗水量越多，湿陷量越大，但湿陷速率却逐渐减小，昼夜单位面积耗水量也逐渐减小。黄土湿陷性的充分发生是需要多次完成，二次湿陷使土层得到进一步的压密，故其含水率虽下降，但仍处于饱和状态。湿陷具有一定的滞后性，从水分增加到基本饱和状态到湿陷变形的发生需要一段的时间。

④ 浸水影响范围

a. 水平影响范围

随着自重湿陷的产生，浸水坑周边陆续出现环形裂缝。随着时间增加，裂缝发展先局部，后整体；先近后远，先密后疏，逐步扩展；先垂直展开，后弯曲闭合；随着浸水时间的增加，各裂缝本身呈"缓→快→缓→趋向闭合"的发展趋势。大厚度自重湿陷性黄土的湿陷量、试坑周边裂缝的宽度和裂缝两侧地面的高差变化规律与已有认识基本相同，但远大于同类记录。

b. 竖向影响范围

试验发现，预浸水法处理湿陷性黄土地基在不打渗水孔的条件下不能全部消除黄土湿陷性，在深度 20～25m 以上土体含水率增加迅速且很快达到饱和状态，以下土体含水率增加缓慢，虽然土体含水率在缓慢增加，但达不到湿陷起始含水率，不会发生湿陷，更难以达到饱和状态。

浸水影响范围分为两个区域：饱水区和湿润区，浸润线沿垂向接近 45°角方向向下延伸。体积含水率在不同的土层位置有不同的变化，细化分为：3 个平稳发展阶段；1 个突增阶段；1 个缓降阶段；2 个陡降阶段。

3）湿陷性评价

通过室内三轴条件下自重湿陷试验和单向压缩条件下的自重湿陷试验，得到不同试验条件下的自重湿陷系数，与现场试验所得到的沉降记录对比发现，实测自重湿陷量与计算值差异较大，见表2.8；在复杂应力条件下所测得的湿陷系数得出的湿陷量比单向压缩条件下更接近现场湿陷量。

（2）预浸水试验

结合黄土规范和现场浸水试验研究经验[105]，在兰州和平金川科技园内进行挤密桩和DDC 桩试验的同时，进行现场预浸水试验。浸水试坑定为圆形，浸水坑直径为 40m，深约 0.5m。在距离浸水坑边 50m 远处设置 2 个水准基点，1 个用于日常观测，另外 1 个用于监测校核。

如图 2.16 所示，沿浸水坑圆心假设 3 个夹角互为 120°的监测轴，即轴1、轴2和轴3，沿轴布置编号依次为 1-1～1-9、2-2～2-9、3-2～3-9 的地面沉降观测点，其中坑外 12 个、坑内 13 个。深层沉降观测点共布置 11 个，其中，编号 2-9 表示轴 2 上第 9 个地面沉降观测点，S-17 表示深度为 17m 的沉降观测点，其余类推。

试验区布置 6 个埋设水分计的探井，试坑内 3 个（1#、2#和3#），试坑外 3 个（4#、5#和6#），探井位置见图 2.16。探井采用人工开挖，1# 和 2# 探井挖至持力层，深 35m；3#、4#、5# 和 6# 探井的深度分别为 9、29、25、25m。6 个探井共埋设 50 个水分计，沿轴 1 埋设位置如图 2.17 所示。预浸水试验实景图见图 2.18。

（3）预浸水试验结果分析

1）体积含水率分析

预试验浸水观测 140d，停水观测 157d。1#～6# 探井 50 个 TDR 水分计（埋设位置详见图 2.16 和图 2.17）测得了大量数据，限于篇幅，以下仅选 1# 探井部分典型点位的体积含水率变化情况，从地基处理的角度进行分析，其余类同。

探井 2.5m、12.5m 深处测得体积含水率变化曲线类似，如图 2.19 所示。在此以

2.5m 处体积含水率变化曲线为例进行分析。由图 2.19（a）可知，浸水第 7d，体积含水率骤增，到第 18d 体积含水率渐增到峰值 43.1％，说明水分从第 7d 到达坑底 2.5m 处，第 17d 基本达到饱和状态。随后体积含水率快速下降，并在浸水第 30d 时达到一个平稳状态，维持在 30％左右，体积含水率快速下降意味着该点土体的湿陷，孔隙变小，颗粒之间的水分被挤出。直到浸水第 103d，土体含水率再次发生突降，说明该点处土体再次发生湿陷，由此可以看出黄土湿陷性的充分发挥需要多次完成。

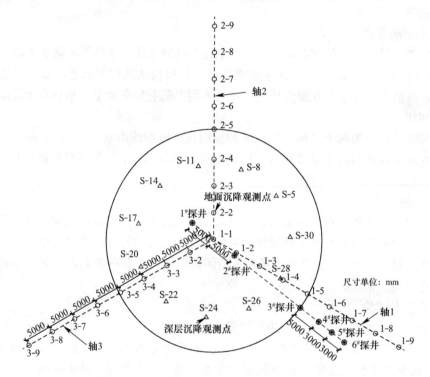

图 2.16 预浸水试验区平面布置图（单位 mm）

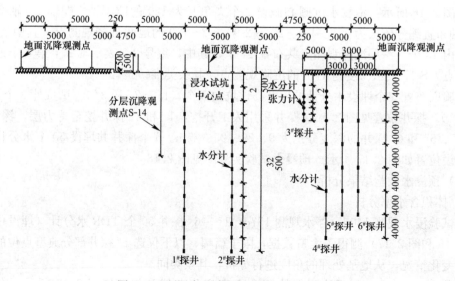

图 2.17 预浸水试验区剖面图（单位：mm）

图 2.18　预浸水试验区实景图

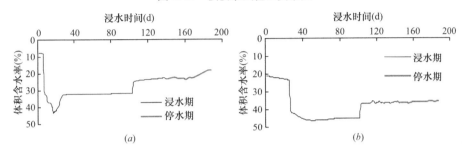

图 2.19　探井 2.5m、12.5m 深处体积含水率变化
(a) 2.5m；(b) 12.5m

探井 15.0m、17.5m 和 20.0m 处体积含水率变化曲线与图 2.20 (a) 的变化趋势类似。由此可以看出，浅层土体的体积含水率变化曲线约有 2 个速降阶段，且随着土体深度的增大，第一个速降阶段逐渐消失。究其原因为，随着湿陷性土层厚度增大，湿陷发生的时间滞后于水分入渗时间，上部已湿陷土体使下部土体相对密实，孔隙比减小，结构趋于稳定，形成相对隔水层，且水头压力降低，因此再次湿陷较前一次湿陷更为困难，这在 20m 以下的土体湿陷特征表现更为明显。

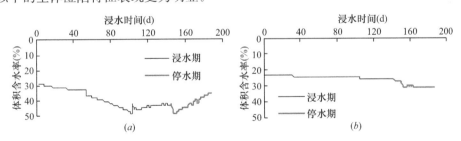

图 2.20　探井 20m、32.5m 深处体积含水率变化
(a) 20m；(b) 32.5m

探井 22.5～32.5m 段测点的体积含水率变化也基本一致，均与探井 32.5m 处体积含水率变化情况（图 2.20b）相同。由图 2.20 (b) 知，在浸水试验观测的 200 多天里，22.5m 以下土体均没有出现像探井 2.5～20.0m 处的体积含水率变化曲线的速降或突增现象，其曲线变化均较为平缓，虽然最终土体含水率略微增大，但是远未达到湿陷起始含水率和湿陷起始压力。因此，土体基本不会发生湿陷。综上，可充分认为大厚度自重湿陷性黄土随着土体深度的增加，水分入渗深度有一个临界值，即超过此深度土体湿陷缓慢或基本不再湿陷，通过本试验大量实测数据和以往浸水试验研究经验，建议 22.5～25.0m 作

为大厚度自重湿陷性黄土地基处理和湿陷性评价的临界深度。

2）地表沉降和深层沉降分析

数据处理发现，25个地面沉降观测点的沉降量均较大，此处仅以1轴部分典型点位，从地基处理角度进行分析，其余类同。

由图2.21可知，地面沉降观测点（不论试坑内、外）的沉降均主要发生在浸水期，约占总沉降量的80%，且沿1轴随着离坑心距离的增大，发生大量沉降的时间也随之推后。与浸水期相比，停水期的沉降量较小且逐渐趋于稳定，沉降量约占总沉降量的20%，大于廖盛修停水期发生的湿陷量占总湿陷量5%~10%的研究结论。究其原因为，与晋西地区相比，本试验场地处于陇西地区，湿陷性土层厚度大，湿陷性与自重湿陷性强烈，自重湿陷迅速，湿陷等级高，湿陷敏感性大。

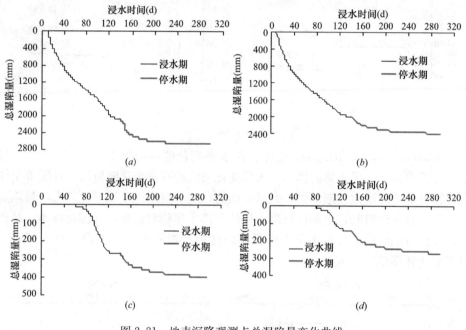

图2.21　地表沉降观测点总湿陷量变化曲线
(a) A1-1；(b) A1-5；(c) A1-8；(d) A1-9

11个深层沉降观测点测得的沉降变化曲线与图2.21的曲线变化趋势基本一致。分析原因为，深层土体沉降发生与否和发生大小均与水分入渗有关，即深层土体处水分入渗困难且缓慢，测点周围的土体遇水只产生了微量沉降；且随着土体深度的增加，沉降量大幅衰减。如深层沉降观测点S-5处总沉降为2070mm；S-8处总沉降为2021mm；S-22处总沉降却仅有191mm，且该点以下测点处的沉降量也不大于200mm，验证了前文22.5m以下的土体基本不会发生湿陷的观点。因此，22.5~25.0m可作为大厚度自重湿陷性黄土地区地基处理的下限深度。

3）自重湿陷量的室内试验与现场实测值差异分析

在浸水坑的25个地面沉降观测中，位于坑心的1-1测点的沉降量最大为2661mm，试坑内的13个地面沉降观测点的沉降量平均值为2315mm。根据室内压缩试验得到6个探井的平均计算自重湿陷量为1228mm，可求得实测地区土质差异修正系数β_0为1.89，大于黄土规范中陇西地区取 1.50 的规定。

对国内部分现场浸水试验进行统计发现，计算自重湿陷量与现场实测自重湿陷量有较大的差异，见表 2.11。自重湿陷强烈的地区，计算值低于实测值；自重湿陷性低的地区，两者接近；非自重湿陷区计算值高于实测值。可见若严格按黄土规范计算自重湿陷量来进行湿陷性评价，则很可能造成误判，导致大量地基处理费用浪费。

自重湿陷量的差异性统计　　　　　　　　　　　　表 2.11

试验场地	自重湿陷性土层厚度（m）	浸水试坑尺寸（m）	实测自重湿陷量（mm）	计算自重湿陷量（mm）	β_0
宁黄 11 号泵站	36.5	110×70	2611	1405	1.86
宁夏固原	30.0	$\phi15$	1288	1034	1.25
兰州东岗	10.5	$\phi12$	915	501	1.83
兰州连城铝厂	18.0	34×17	1075	540	1.99
天水二十里铺	14.5	28×16	586	405	1.45
西宁大通	15.0	15×15	400	243	1.65
延安丝绸厂	10.0	9×9	357	229	1.56
陕西合阳	14.5	10×10	477	347	1.37
西安韩森寨	12.0	12×12	364	290	1.25
陕西张桥	9.4	10×10	207	212	0.98
西安北郊	8.5	$\phi12$	90	137	0.66
西安冶院	8.0	10×10	5	17	0.29
山西铝厂	11.0	12×12	57	96	0.59
山西太原	12.0	$\phi10$	36	186	0.19

基于上述试验研究，建议不同地区、不同微结构类型土的湿陷性应当采用不同的湿陷系数来替代 β_0 修正系数，这样可更好地反映湿陷性评价的特色。即湿陷系数 δ_s 随地区变化为：陇西地区 0.010，陇东—陕北—晋西地区 0.012，关中地区 0.015，其他地区 0.020。考虑黄土规范在计算湿陷量计算值（Δ_s）或自重湿陷量计算值（Δ_{zs}）时，规定了湿陷系数（δ_s）或自重湿陷系数（δ_{zs}）小于 0.015 的土层不累计。综上，建议 0.015 这个判定标准在自基础底面至基底下 15m 的范围内结合规范可继续使用；15m 以下可适当放宽，按不同深度对 δ_{zs} 进行修正，即土层每加深 5m，δ_{zs} 放宽 0.005，δ_{zs} ＝0.015～0.030；针对有夹层（不连续）的土层，不必一味注重其湿陷系数的影响。

2.2.6　轻型荷载作用下地基处理及工后浸水试验

（1）试验目的

本试验以兰州新区城市地下综合管廊项目为依托工程，选择路段为挖方区，分布有大厚度湿陷性黄土，勘察钻孔深度 38m 尚未打穿湿陷性黄土。综合管廊设计使用年限为 100 年，应视为乙类建筑物对待，根据现行规范的相关规定：在自重湿陷性黄土场地，乙类建筑消除地基部分湿陷量的最小处理厚度，不应小于湿陷性土层深度的 2/3，且下部未处理湿陷性黄土层的剩余湿陷量不应大于 150mm。因此，该大厚度湿陷性黄土场地区段的综合管廊地基处理深度超过 38m 的 2/3，宽度超过管廊宽度的 3 倍，地基处理费用很高。

为减小地基处理的深度和宽度，通过在挤密桩桩径和桩心距确定的前提下进行不同处理深度的灰（素）土挤密桩地基处理与埋设 TDR 水分计和分层沉降仪的工后浸水试验，重点研究：①地基处理深度和宽度、桩孔填料以及场地土不同增湿情况等对挤密桩处理轻型荷载作用下大厚度自重湿陷性黄土地基的处理效果的影响；②复合地基在地基浸水后的入渗规律。得到挤密桩处理轻型荷载作用下大厚度自重湿陷性黄土地基的合理处理深度和宽度，并结合对复合地基在地基浸水后的入渗规律的研究，进一步检验了挤密桩处理地基的效果，并给出关于城市地下综合管廊及类似轻型构筑物在大厚度自重湿陷性黄土地区的合理地基处理深度的具有工程实用价值的结论和建议。

（2）试验场地

试验场地选择在兰州新区地下综合管廊项目科体路管廊工程施工场地内，位于皋兰县西岔镇山字墩村附近。试验场地属剥蚀堆积黄土丘陵地貌，地貌单元属黄土梁（峁）。黄土梁（峁）上分布有第四系上更新统马兰黄土，下覆冲洪积圆砾，圆砾磨圆度较好。现状地面标高介于 1954.35～1966.83m（依孔口标高计），高差约 12.48m。勘探深度内土层主要为第四系上更新统（Q_3）风坡积马兰黄土：①层素填土（Q_4^{ml}），平均厚度 2.96m；②1层黄土状粉土（Q_4^{al+pl}），平均厚度 7.45m；③1 层马兰黄土（Q_3^{eol}），该层埋深 0.00～13.00m，平均厚度 26.00m；③2 层圆砾（Q_3^{al+pl}），该层埋深 28.00～50.00m，揭露深度大于 5.00m。地勘报告评价黄土层具有Ⅳ级自重湿陷性（很严重），勘察期间，科体路管廊沿线钻探深度范围内未测得地下水位，可以不考虑地下水对本工程的影响。

计算得满载管廊对地基产生的荷载为 109kPa，小于地基原上覆土层的饱和自重压力 118kPa，所以在采取有效的防水措施的情况下，只需消除一定范围内地基土的自重湿陷性即可满足管廊工程的实际安全使用需要。

（3）试验方案

1）天然地基土的物性指标测试

试验场地整平处理后，施工机械进场，在各试验区按照管廊工程设计标准进行基坑开挖。在 5 个试验区各开挖 1 个探井（4 个灰土桩区探井深度分别为 8，10，12，14m；1 个素土桩区探井深度为 14m），取原状样 96 个，测试天然地基的物理力学性质指标。因为挤密桩处理的最大深度为 12m，所以表 2.12 为基底以下 12m 深度范围内的地层土的物理力学性质指标。

地层土的物理力学性质表　　　　　　表 2.12

取样深度（m）	含水量（%）	天然密度（g/cm³）	干密度（g/cm³）	天然孔隙比	饱和度（%）	含水比	饱水自重湿陷系数	起始压力（kPa）
−7	7.3	1.35	1.26	1.143	17.1	0.30	0.080	75
−8	8.6	1.37	1.26	1.143	20.3	0.36	0.077	73
−9	6.8	1.40	1.31	1.061	17.4	0.27	0.071	76
−10	9.3	1.38	1.26	1.143	22.0	0.36	0.080	80
−11	7.8	1.38	1.28	1.109	19.0	0.29	0.077	73
−12	6.2	1.36	1.28	1.109	15.1	0.22	0.083	70
−13	7.9	1.40	1.30	1.077	19.9	0.31	0.076	76
−14	8.6	1.43	1.32	1.045	22.2	0.33	0.070	84
−15	6.3	1.41	1.33	1.030	16.4	0.24	0.071	72
−16	6.3	1.46	1.37	0.971	17.4	0.23	0.067	87
−17	7.5	1.45	1.35	1.000	20.3	0.30	0.069	84
−18	5.7	1.51	1.43	0.888	17.3	0.23	0.055	107

2）地基土增湿处理

由于该地区土体的含水率过低（低于 12%），所以为了达到对地基土的最佳挤密效果，应根据室内击实试验确定试验场地土体的最优含水量指标对各试验区地基土进行增湿处理（4 个灰土桩区增湿孔深度分别为 7m，9m，11m，13m；1 个素土桩区增湿孔深度为 13m），直径为 0.15m，间距为 1m，等边三角形布置。4 个灰土挤密桩试验区，采用轻型击实试验所得的最优含水量指标进行增湿，1 个素土挤密桩试验区，采用重型击实试验所得的最优含水量指标进行增湿。

3）挤密桩处理地基

在增湿后的场地进行挤密桩试验，挤密桩试验包括 4 个灰土桩区（孔内填料为 3∶7 灰土，桩长分别为 6m，8m，10m，12m），和一个素土区（桩长为 12m）每个试验区基坑底部的面积均为 10m×25m。桩径为 0.4m，桩间距为 1.0m，等边三角形布置，现场施工严格按照相关规范进行。挤密桩施工完成后，清除 0.5m 厚预留松动土层。在 5 个试验区基坑内各开挖 3 个深度相同的探井（4 个灰土桩区探井深度分别为 8m，10m，12m，14m；1 个素土桩区探井深度为 14m），自桩顶设计标高向下 1m 起至桩底，每延米取桩身和桩间土样（桩身和桩间土取样点如图 2.22 所示），进行室内试验，测试挤密桩桩体压实度和桩间土挤密系数及湿陷系数等物理力学性质指标。

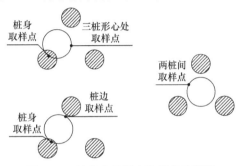

图 2.22 桩身和桩间土取样点示意图

4）现场监测仪器布置

各试验区均布置 3 个埋设相同数量水分计的探井，直径 0.6m，基坑内 2 个（探井 1 和探井 2），基坑外 1 个（探井 3）。以挤密桩长 12m 区为例，探井采用机械洛阳铲成孔，探井 1 和探井 2 自基底开挖，深 14m；探井 3 自基坑顶部开挖，深 20m。自桩顶设计标高向下 1m 起至桩底向上 1m 止，每隔 2m 安装 1 个水分计，本次试验共埋设 72 个水分计。各试验区基坑底部均布置分层沉降孔 1 个（4 个灰土桩区分层沉降孔深度分别为 8m，10m，12m，14m；1 个素土桩区分层沉降孔深度为 14m），以挤密桩长 12m 区为例，分层沉降孔直径 90mm，采用机械钻孔，孔深 14m。自孔顶向下 1m 起至孔底向上 1m 止，每隔 2m 安装 1 个分层沉降仪，本次试验共埋设 29 个分层沉降仪。以最具代表性的挤密桩长 12m 区为例，水分计埋设探井和分层沉降孔位置如图 2.23 所示；水分计和分层沉降仪埋设位置如图 2.24 所示。监测仪器安装完成后，在桩顶铺设 0.5m 厚的灰土垫层，现场施工严格按照相关规范进行。

5）工后浸水试坑布置

为了探索复合地基在地基浸水后的入渗规律，且结合工后浸水试验，进一步检验挤密桩处理地基效果，在各试验区按管廊底部设计宽度均布置 1 个工后浸水区，面积 4m×20m，水头高度 0.5m，浸水时长 31 天，施工现场见图 2.25。

（4）挤密桩试验结果分析

1）桩间土挤密系数和湿陷系数分析

① 桩间土挤密系数分析

图 2.26 给出了各试验区灰土挤密桩桩长范围内单桩边、两桩间和三桩间土体最小挤

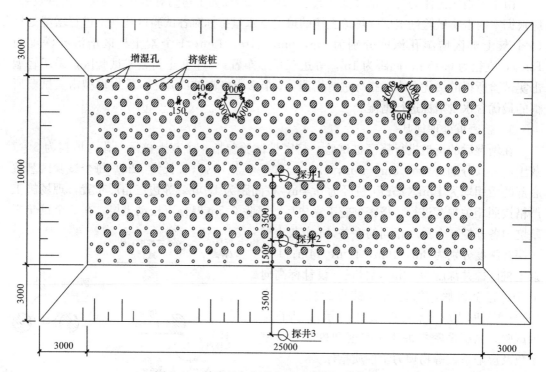

图 2.23　挤密桩与探井布置示意图（单位 mm）

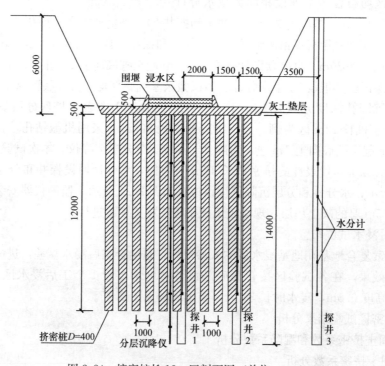

图 2.24　挤密桩长 12m 区剖面图（单位：mm）

图 2.25　试验施工现场

密系数与桩长的关系。从图中可以看出，在三角形处理单元内，随着桩长的增加，各试验区桩间土挤密系数均呈增大趋势。三桩形心处土体随桩长的增加，其挤密系数增加最快，其次是两桩间土体，靠近桩体处的土体挤密系数增幅最小。靠近桩体处的土体，挤密效果最好，挤密系数均不小于 0.98，桩长 12m 区单桩边土体的最小挤密系数为 1.02，呈现出超百现象。这是因为，随着桩长的增加，在挤密桩长度范围内，桩间土受到的挤密能不断增加，当桩长增大到 12m 时，靠近桩体的土体受到的挤密能对土体的加密效果已经达到甚至超越轻型击实能对土体的加密效果。

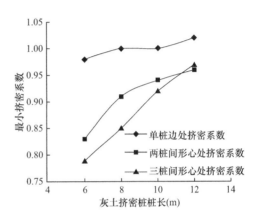

图 2.26　处理单元内最小挤密系数与桩长的关系

表 2.13 列出了各试验区挤密桩桩长范围内单桩边、两桩间和三桩间土体最小挤密系数。由表中数据可知，灰土桩长 10m 和 12m 区，η_{dmin} 均大于 0.88，$\bar{\eta}_c$ 均大于 0.93，满足规范要求，而其他各试验区桩间土体挤密系数均不满足规范要求。

三角形处理单元内不同位置处的最小挤密系数　　　　　　　　表 2.13

取样点位置	灰土挤密桩桩长				素土挤密桩桩长
	6m	8m	10m	12m	12m
三桩间	0.79	0.85	0.92	0.97	0.85
两桩间	0.83	0.91	0.94	0.96	0.92
单桩边	0.98	1.00	1.00	1.02	1.00
平均值	0.87	0.92	0.95	0.98	0.92

图 2.27 给出了 5 个试验区三角形处理单元形心处土体挤密系数在桩长范围内沿纵向的变化。从图中可以看出，在桩长范围内，随土层深度的增加，桩间土挤密系数整体呈增大趋势，且随着桩长的增加，挤密系数受土层变化的影响逐渐减小，桩长范围内的桩间土挤密效果趋于均匀。灰土桩长 12m 区，土体挤密系数沿纵向先逐渐增大，再趋于稳定，桩间土体最小挤密系数为 0.97，最大挤密系数为 1.01，挤密系数沿纵向变化很小，桩体中下部范围内桩间土挤密系数均趋于 1.00。这说明，当灰土挤密桩长增大到 12m 时，整

个三角形处理单元内的土体受到的挤密能对土体的加密效果已经达到甚至超越轻型击实能对土体的加密效果。

②桩间土湿陷系数分析

图 2.28 给出了各试验区地基处理后三角形处理单元内的土体和最具代表性的天然地基土体自重湿陷系数随土层深度的变化曲线（为了给管廊建设预留一定的安全储备，本文中所测土样的上覆土饱和自重压力，均为自基坑顶面算起，至该土样顶面为止）。

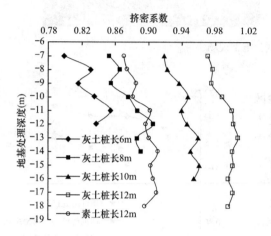 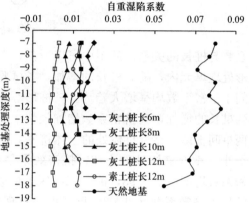

图 2.27　各试验区挤密系数变化曲线图　　图 2.28　各试验区自重湿陷系数变化曲线图

比较灰土挤密桩 12m 区和素土挤密桩 12m 区的自重湿陷系数随深度的变化情况：灰土挤密桩 12m 区，处理范围内地基土自重湿陷性已完全消除，且灰土挤密桩长度范围内地基土处理效果均匀。素土挤密桩 12m 区，处理范围内地基土最大自重湿陷系数为 0.014，小于 0.015，自重湿陷性消除，但处理范围内地基土处理效果受土层变化影响较大，地基土自重湿陷系数波动较大。这是因为素土挤密桩 12m 区，是采用重型击实试验所得的最优含水量指标（13.2%）控制地基土增湿处理的，造成素土挤密桩区较灰土挤密桩区土体含水量低。通过以往的研究可知，在同等设计参数的情况下，灰土挤密桩与素土挤密桩地基处理效果相差并不会如此大。可知，对场地土体的增湿处理充分与否直接决定着挤密桩的挤密效果。相关规范规定的增湿处理偏差在 ±3% 以内的规定比较宽泛，在施工过程中，应加强对地基土体增湿处理环节的质量控制，以达到最理想的地基处理效果。在本次试验的挤密桩设计参数和地基处理施工技术条件下，挤密桩对桩间土的挤密效果远达不到重型击实试验的击实能对土体的加密效果。

从图 2.28 中还可以看出，随着挤密桩桩长的增加，各试验区三桩间土体自重湿陷系数呈减小趋势。以不同地基处理深度的灰土挤密桩区为例：灰土桩 6m 区，三桩间土体最大自重湿陷系数为 0.020，大于 0.015，自重湿陷性尚未完全消除；灰土桩 8m、10m 和 12m 区，三桩间土体最大自重湿陷系数分别为 0.014、0.008 和 0.003，小于 0.015，自重湿陷性消除。还可以看出，随着挤密桩长度的增加，在各试验区挤密桩长度范围内，地基土自重湿陷系数受土层变化引起的波动逐渐趋于稳定。当灰土挤密桩长度为 12m 时，在挤密桩长度范围内，桩间土自重湿陷系数变化很小，趋于稳定，在桩体的中下部范围内，有一小部分桩间土体呈现轻微的膨胀性。

2) 桩间土干密度增加系数分析

本书引入了干密度增加系数的概念,干密度增加系数为所测点干密度与该深度处原状土干密度平均值的比值百分数形式。各试验区地基处理孔位及取样点布置如图 2.22 所示,现以三角形处理单元形心处的土样为研究对象,测试用不同桩长的挤密桩对地基进行挤密处理后,地基土干密度的变化情况,4 个灰土挤密桩桩间土干密度变化曲线见图 2.29,所测数据列于表 2.14。

由图 2.29 可以看出,灰土挤密桩 12m 区,三角形处理单元形心处土体干密度的增长均已超过 30%,而在其他试验区的增长程度随桩长的减小而减小,变化非常明显。

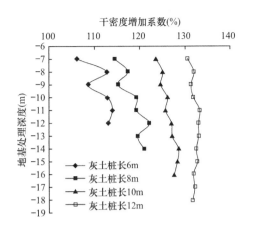

图 2.29 各试验区密实度变化曲线图

三角形处理单元形心处土样的干密度及干密度增加系数　　　　　表 2.14

取样深度(m)	挤密桩桩长											
	6m			8m			10m			12m		
	ρ_d	$\bar{\rho}_d$	增加系数	ρ_d	$\bar{\rho}_d$	增加系数	ρ_d	$\bar{\rho}_d$	增加系数	ρ_d	$\bar{\rho}_d$	增加系数
−7	1.39	1.31	1.06	1.50	1.32	1.14	1.62	1.32	1.23	1.70	1.31	1.30
−8	1.46	1.29	1.13	1.53	1.31	1.17	1.62	1.30	1.25	1.71	1.30	1.32
−9	1.44	1.33	1.08	1.50	1.30	1.15	1.65	1.33	1.24	1.71	1.33	1.31
−10	1.46	1.29	1.13	1.55	1.30	1.19	1.67	1.33	1.26	1.74	1.29	1.32
−11	1.49	1.31	1.14	1.57	1.32	1.19	1.65	1.31	1.26	1.76	1.31	1.33
−12	1.48	1.31	1.13	1.60	1.31	1.22	1.67	1.31	1.27	1.78	1.31	1.33
−13				1.55	1.30	1.19	1.69	1.33	1.27	1.77	1.33	1.33
−14				1.57	1.30	1.21	1.67	1.31	1.28	1.74	1.31	1.33
−15							1.69	1.32	1.28	1.78	1.34	1.33
−16							1.67	1.33	1.27	1.74	1.32	1.33
−17										1.77	1.34	1.32
−18										1.75	1.33	1.32

注: ρ_d 为干密度, $\bar{\rho}_d$ 为原状土的平均干密度,单位为 g/cm³。

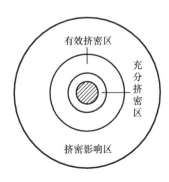

图 2.30 单桩桩周土不同挤密程度区域图

根据桩间土干密度增长的程度,将桩间土划分为充分挤密区(挤密处理后干密度增长超过 30%)、有效挤密区(挤密处理后干密度增长在 10%～30% 之间)和挤密影响区(挤密处理后干密度增长在 10% 以下),各挤密区的挤密影响范围大致如图 2.30 所示,充分挤密区、有效挤密区和挤密影响区均呈以桩心为圆心的圆环状。由表 2.14 可以看出,当桩长为 6m 时,处理单元内为挤密影响区、有效挤密区和充分挤密区,挤密影响区或有效挤密区主要集中在三角形处理单元的中心处;当桩长分别为 8m 和 10m 时,处理单元内为有效挤密区和充分挤密区,有效挤密区主要集中在三角形处理单元的中心处；当挤密桩长为 12m 时，处理单元内全部为充分挤密区。

从本次试验资料看，当整个三角形处理单元内全部为充分挤密区后，在挤密桩长度范围内，随着土层深度的增加，三角形处理单元内土体的干密度增加系数变化趋于稳定，几乎不再增大。这是因为，在挤密桩长度范围内，随着土层深度的增加，桩间土受到的挤密能不断增大，对桩间土的加密效果逐渐接近甚至超越轻型击实试验的击实能对土体的加密效果。而地基土体是以轻型击实试验所得的最优含水量指标（15.5%）进行增湿处理的，因为随着击实能的增加，土体最优含水量呈减小趋势，且当土体含水量高于最优含水量时，干密度将迅速减小，其减小的趋势较含水量低于最优含水量时更加明显。相对较高的增湿后地基土含水量，在挤密桩长度范围内，将影响随着土层深度的增加而不断增大的挤密能的完全发挥。因此，当灰土挤密桩桩径为 0.4m，桩心距为 1m，且以轻型击实试验所得的最优含水量指标控制地基土增湿时，建议桩长 12m 为灰土挤密桩的临界桩长。

（5）工后浸水试验结果分析

工后浸水试验，浸水监测 31d。各试验区监测仪器埋设位置以挤密桩长 12m 区为例（详见图 2.24），测得了大量数据，监测数据因各试验区挤密桩长的不同，呈现出较大变化，限于篇幅，以下仅选灰土挤密桩 10m 区的探井 1、探井 2 和探井 3 及基坑中心处分层沉降孔内的各监测点位的体积含水率和总沉降量的变化情况，从验证地基处理效果的角度进行分析，其余类同。探井 1 和探井 2 的深度均为 12m，探井 3 的深度为 18m。3 个探井内各点位体积含水率变化曲线如图 2.31 所示，分层沉降孔内各监测点位总沉降量变化如图 2.32 所示。

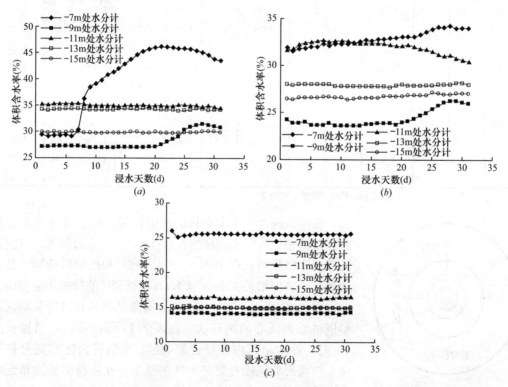

图 2.31　各探井体积含水率变化曲线

（a）探井 1 体积含水率变化曲线；（b）探井 2 体积含水率变化曲线；（c）探井 3 体积含水率变化曲线

① 体积含水率分析

由图2.31（a）可知，基底下1m处，在浸水第8d，体积含水率骤增，到第21d渐增到峰值（46.1%），说明水分第8d到达浸水试坑中心处基底下1m处，第21d基本达到饱和状态。随后体积含水率趋于平稳状态，但呈轻微减小趋势，逐渐稳定在44%左右。基底下3m处，在浸水第21d，体积含水率骤增，到第28d渐增到峰值（31.5%），说明水分第21d到达浸水试坑中心处基底下3m处，第21d达到峰值，但未达到饱和状态。随后体积含水率趋于平稳状态，逐渐稳定在31%左右。

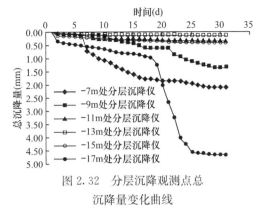

图2.32 分层沉降观测点总沉降量变化曲线

由图2.31（b）可知，水分第14d到达距浸水试坑边缘1.5m处的基底下1m处，第28d基本达到峰值（34.3%），但未达到饱和状态。随后体积含水率趋于平稳状态，逐渐稳定在34%左右。水分第22d到达距浸水试坑边缘1.5m处基底下3m处，第28d基本达到峰值（26.3%），但未达到饱和状态。随后体积含水率趋于平稳状态，逐渐稳定在26%左右。探井2内基底下5m处监测点位体积含水率在浸水第21天开始呈逐渐减小趋势，这是因为地基处理前对地基土进行增湿处理时，由于地基各土层性质的差异，造成地基各土层增湿效果呈现差异，因为该土层增湿处理后含水量相对较高，且处理后地基土抗渗性能大大提高，在浸水期内外界水分无法到达该土层，所以该土层内水分随时间缓缓消散。探井1内基底下5m、7m和9m处及探井2内基底下7m和9m处各监测点位体积含水率一直处于平稳状态，说明工后浸水在竖向对灰土挤密桩10m区的处理后地基的影响深度为3m，外界水分无法到达基底3m以下土层。

由图2.31（c）可知，距浸水试坑边缘6.5m处的探井3内全部观测点位体积含水率均处于平稳状态。说明工后浸水在水平向对灰土挤密桩10m区的处理后地基的影响范围为1.5m左右，外界水分无法到达距浸水试坑边缘1.5m以外的土层。

结合图2.31可知，复合地基中竖向渗透比径向渗透快，这与挤密桩处理地基为水平向加密地基土体有关；地基处理深度不小于10m，处理宽度为管廊每边延伸2m时，在浸水期内，水平渗透范围在1.5m以内，竖向渗透深度在3m以内。

② 分层沉降分析

由图2.32可知，在浸水期内，基坑中心处分层沉降孔内的各监测点位只产生了极微量的沉降，最大为4.65mm。在监测期内，基底下1m处总沉降量在浸水第8d陡增0.61mm，随后呈增大趋势，渐增到2.09mm后，达到稳定状态；基底下3m处总沉降量先呈平稳状态，然后呈缓慢增大趋势，渐增到1.36mm后，达到稳定状态。这是因为水分分别在第8d和第21d时到达基底下1m和3m处，在浸水期内随着土层含水量的增加，土颗粒间水膜增厚，起到一定的润滑作用，小土颗粒在加密后土层自重和浸水荷载作用下滑入较大颗粒间的孔隙内，产生土粒间微小的孔隙变化。

在监测期内，基底下11m处总沉降量先呈缓慢增大趋势，自浸水第18d开始陡增，持续7d，增加3.66mm，达峰值4.65mm后，达到稳定状态。这是因为对试验场地进行增湿处理时，增湿孔深度比挤密桩长度长1m，所以地基处理深度以下1m左右范围内土体也被增湿但未被挤密处理，这部分土体内水分随时间缓慢消散，造成土体内孔隙水压力不断减小，当减小到一定程度时，在上部加密土层荷载作用下，土体内由于水分消散而产生的空隙被压缩，致使该土层短期内产生连续的沉降变化。

通过对监测数据的分析，充分证明，灰土挤密桩 10m 区的地基处理效果非常好，处理范围内地基土自重湿陷性完全消除，抗渗性能大大提高，在浸水期内，分层沉降仪监测范围内各土层总沉降量之和为 8.99mm，地基沉降基本可以忽略。所以地基处理深度为10m，处理宽度为管廊每边延伸控制在 2m，即可在满足规范的要求下，大大减小地基处理深度，节省大量地基处理费用。目前该试验成果已在兰州新区综合管廊建设中大面积推广使用，展现了显著的实用价值。

2.3 填筑土体压实

高填方地基地质条件、填料性质等一般较为复杂，且各地情况差异较大。由于高填方工程土石方填筑通常就地取材，主要利用场内挖方区开挖的天然土、石材料作为填方区的填料，如何合理的利用好场内填料，同时满足工程场地分区的指标要求，是土石方填筑工程需要解决的基本问题。在机场高填方工程中，普遍采用的压实工法有强夯、冲击碾压、振动碾压以及组合工法等，各种工法的场地适宜性以及与填料性质的匹配，需要有经验的设计者在技术经济分析的基础上合理选择。实践证明，高填方工程大面积施工前进行的试验，效果较为显著，可为全场的设计和施工提供很好的支持和借鉴。

2.3.1 填料的级配特性

（1）部分机场典型颗分曲线分析

众所周知，颗分曲线在岩土工程中应用较广，一般工程人员均可通过其整体趋势综合识别土料多种信息，包括土体的物理力学性质，尤其对于粒径大小不一的土石混合料，级配好坏直接关乎填筑体的稳定性能。肖建章[8]整理了重庆、九寨黄龙、攀枝花、康定、龙洞堡、福建三明、昆明新机场、巴中、稻城亚丁、甘孜、澜沧、仁怀、遂宁等 13 个机场 31 个场料 145 条填筑料颗分曲线和 319 条场地地基土料，共计 464 条颗分曲线，典型土料颗分曲线（图 2.33）。

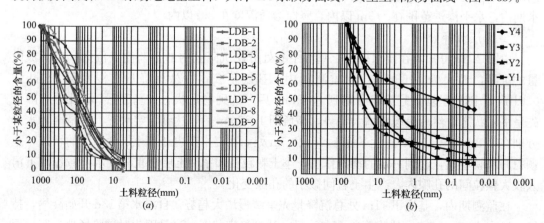

图 2.33 部分机场典型颗分曲线（一）

（a）贵阳龙洞堡机场石灰岩碎石土典型颗分曲线；（b）九寨机场灰岩砂砾石料典型颗分曲线

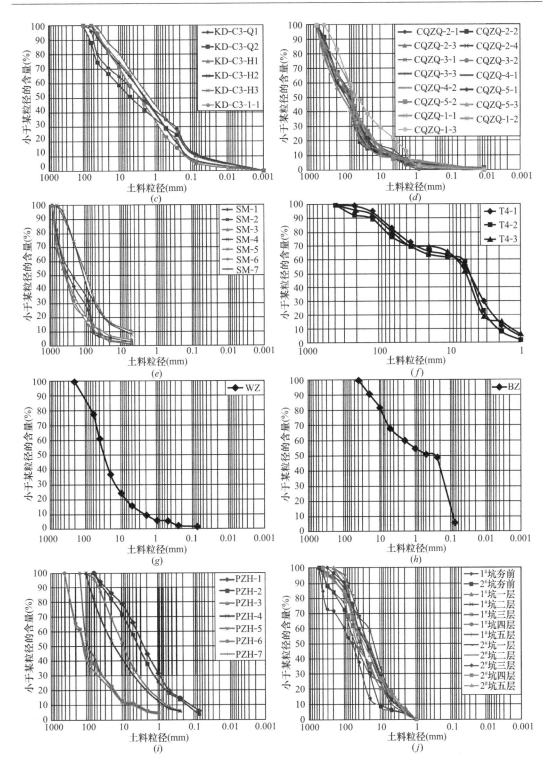

图 2.33　部分机场典型颗分曲线（二）

（c）康定机场冰碛粗粒土典型颗分曲线；（d）重庆机场 1-5 标典型填料颗分曲线；（e）福建三明机场典型填料颗分曲线；

（f）云南昆明新机场典型填料颗分曲线；（g）万州机场泥砂岩典型颗分曲线；（h）巴中机场砂岩碎块石填料颗分曲线；

（i）攀枝花机场砂泥岩碎块石填料颗分曲线；（j）承德机场安山岩碎石土典型颗分曲线

从机场高填方土石混合料颗分曲线可以看出，填筑料涵盖了砂砾石、碎石土、巨粒土等，机场地基土料涵盖了粉砂、粉土、粉质黏土、黏土、砂土、变质砂岩及角砾岩等多种土料。典型填筑料中的黏粒和粉粒含量普遍很低，甚至小于 3%；填筑料颗粒粒度普遍变化大，最大粒径达 1000mm。在山区机场高填方填料中，岩性类土石混合料占比例为 80%，是工程填料的主体；另外，砂土类土石混合料占比例为 8%，粉质黏土类的填料占比例为 12%，作为工程填料的比例总体偏低。

总体而言，在统计的 13 个机场土石混合料中：①填料最大粒径均不大于 1000mm，最小粒径可小于 0.001mm，但所占比例很小；②填料粒径分布范围多在 0.25～600mm 之间，尤以 60～200mm 的粗颗粒含量最多；③以控制粒径 d_{60} 来统计 145 条颗分曲线，d_{60} 约在 0.25～100mm 之间，也表明该粒径区间为土石混合料的主体；④目前机场高填方填筑料中，粒径范围基本介于 0.001～1000mm 之间，以 60～200mm 之间的粒组含量为最多。

对比统计结果还可知，各机场填筑料的最大粒径相差悬殊，龙洞堡机场最大粒径达 1000mm，巴中机场最大粒径仅 40mm，不均匀系数 C_u 介于 4.17～220 之间，变化范围较大，说明机场高填方填筑料带有较强的地域性。有 35 条级配不连续，曲线中缺失中间粒径，占总数 24%；三明、重庆及龙洞堡机场有 37 条颗分曲线的最大粒径达到了 800mm 以上，占总数 25.5%，除巴中机场外，其余土石混合料颗分曲线的最大粒径都超过了 60mm。

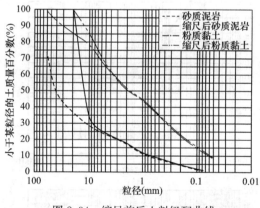

图 2.34　缩尺前后土料级配曲线

（2）陇南成州机场填料级配特征

郭庆国[46]等建议以 5mm 作为粗细颗粒的分界粒径，即粒径大于 5mm 的颗粒称为粗颗粒，反之称为细颗粒；沿用 P 来表示材料中大于某粒径的颗粒含量，故可用 P_5（粒径大于 5mm 的颗粒含量）的大小来表示土石混填体中含石量的多少。对填筑现场的粉质黏土和砂质泥岩进行颗粒分析，典型级配曲线见图 2.34。

根据图 2.34，可以求得不同填料对应的不均匀系数 C_u 和曲率系数 C_c，粉质黏土 $C_u=6.3$、$C_c=0.7$，砂质泥岩 $C_u=49.5$、$C_c=2.75$，两种填筑原料 C_u 均大于 5，属于级配良好的岩土体，砂质泥岩不均匀系数较粉质黏土大得多，即砂质泥岩填料颗粒较不均匀，特别是粒径大于 60mm 的颗粒含量质量百分数为 26%，而粉质黏土粒径大于 60mm 的颗粒含量质量百分数仅为 2%。

混合填料的压实过程实质上是粒径大小不一的土石料在外荷载作用下粉质黏土细颗粒进入砂质泥岩粗颗粒缝隙的物理变化过程。良好级配的填料，在压实过程中，大小土石颗粒快速或相对容易地互相嵌入密实，孔隙体积减小，单位体积的重度增大，呈现较好的压实特性，反之，级配不良的填料压实特性较差。如兴义机场某标段，通过试验发现同样是采用振动碾压，填料级配较好情况下的碾压遍数比级配不良时少碾 3～5 遍仍然可以满足设计要求，取得了良好经济效益。然而万州机场某标段，填料级配不良导致碾压遍数增大 5 遍也很难满足压实度设计要求，二者差异足以证明大面积土石混合料填方施工时应严格控制填料级配。由于不均匀系数 C_u 和曲率系数 C_c 不能完整表述级配，目前尚且不能准确量化描述土体级配与物理力学性质之间的定量关系[108]，但是根据填料级配曲线，机场道槽区等重要部位填料应优先选用性质较好的砂质泥岩，具体配比下文讨论。

2.3.2　填料击实试验

挖方现场机械开挖或爆破所产生的粗粒料粒径一般较大且不均匀，最大粒径可达到 600mm，超过试样允许的最大颗粒粒径（本机场设计要求填料直径小于 10cm，击实试验的土料最大粒径取为 20mm），室内试验须根据现场典型级配进行缩尺。常用的超粒径处理方法主要有相似模拟、剔除法、等质量替代法、混合法 4 种[50]。由于本机场填筑料超粒径含量小于 50%，为保持原来的粗料含量不变，细粒含量和性质不变，室内试验采用等质量替代法对超粒径料进行处理。考虑室内试验土料粒径的统一性，大于 10cm 的土料剔除，保持小于 5mm 的细粒含量不变，以 5～20mm 粒径的土料按比例替换大于 20mm 的土料，缩尺后的粉质黏土和砂质泥岩的颗粒级配曲线见图 2.34。

郭庆国认为粗粒料含量 30% 和 70% 是两个影响工程特性变化的特征点，可将粗粒土分为三大类：一类是粗粒料含量 $P_5 \leqslant 30\%$，工程特性主要取决于细粒料的性质；二类是 $P_5 = 30\% \sim 70\%$，工程特性取决于粗细料的联合作用；三类是 $P_5 > 70\%$，工程特性主要取决于粗料性质。因此，为了探寻粗粒料含量对最大压实度的影响，按《土工试验方法标准》GB/T 50123 进行 5 组不同土石比的重型击实试验。

粉质黏土和强风化砂质泥岩混合料中粉质黏土的含量（质量分数）分别为 0%、20%、40%、70% 和 100%，即土石比 m 分别为 0∶1、2∶8、4∶6、7∶3 和 1∶0；每种混合比配 5 个试样，将缩尺后的粉质黏土和砂质泥岩风干，按设计土石比分别称重、拌和；控制 5 个击实样的含水率相差约 1.5%～2.5%，中间样含水率接近预估最优含水率。击实筒直径为 152mm、高为 116mm，分 5 层击实，每层 56 击。击实完成后，称重计算试样密度、测定其含水率，

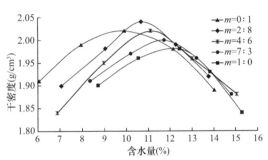

图 2.35　不同土石比土样的击实曲线

求得试样的干密度，试验结果见图 2.35，最大干密度、最优含水量与粉质黏土含量关系曲线见图 2.36。

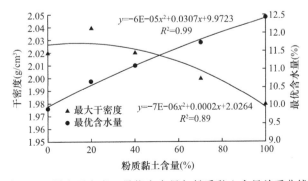

图 2.36　最大干密度、最优含水量与粉质黏土含量关系曲线

由图 2.35 可知，当土石比一定时，干密度与含水量二者变化关系呈近似抛物线形分布，最大干密度和最优含水量分别一一对应；土石比不同时，相应的最大干密度和最优含水量不同，最大干密度随粉质黏土含量的变化关系见图 2.36；含水量大的一侧曲线变化相对含水量小的一侧较陡，含水量较小一侧当含水量相同时，土石比越大干密度越大，含水量较大一侧当含水量相同时，土石比越小干密度越大，表明不同土石比土样中粉质黏土对含水量比较敏感。总体而言，当土石比 m 介于 2：8 和 7：3 之间时，土样最大干密度为 $2.0\sim2.04\text{g/cm}^3$，最优含水量为 $10.67\%\sim11.73\%$。

由图 2.36 可知，最大干密度随粉质黏土含量的增大而呈先增大后减小的趋势，二者关系可用二次多项式拟合。其原因主要是同样体积的粉质黏土比砂质泥岩比表面积和孔隙率大而干密度小，当土石比 m 介于 2：8 至 7：3 之间时，理论上粉质黏土颗粒填满砂质泥岩形成的骨架孔隙，干密度取得最大值；粉质黏土含量过少时，砂质泥岩颗粒孔隙中间无法填满，部分呈架空体系，同时，泥岩颗粒骨架承担大部分的碾压荷载，其颗粒间隙中的粉质黏土等细颗料无法充分压实；部分粉质黏土含量偏大，干密度较大的粗料减少导致整体干密度降低。试验表明，土的最优含水量接近塑限。混合料中含水量较小时，颗粒比表面积小，吸水率低，其表面形成的水化膜较厚且具有较大的结合力且颗粒间摩擦力较大，土颗粒重新排列时需要克服这两种力，土体不易压实而出现表面松散的现象；含水量接近最优含水量时，水膜加厚，水分子的结合力减弱且起到一定的润滑作用，使不同颗粒间的摩擦力降低易于移动，土体被有效压实；含水量过大，水膜继续增厚导致混合料中的孔隙被水填充（颗粒间气相较小），相对处于封闭状态，润滑作用减弱，部分击实功被不可压缩的水分消耗，同样不能有效压实。因此，现场土体压实过程中，应严格控制土石比 2：8 $\leqslant$ $m\leqslant$ 4：6，含水量界于 $10.5\%\sim11.5\%$ 之间，同时保持填料级配良好。

2.3.3 现场压实试验

混合料压实的过程需要满足两个基本条件：一是足够的外荷载，二是混合料自身具有可压实性（即受荷后趋于密实）。影响压实的因素可分为内因和外因两种，内因主要指填料的可压实性，包括填料级配、含水量等因素；外因主要指压实工艺参数，包括虚铺厚度、压实遍数、激振力大小及行走速度等。根据机场地表主要功能分区的不同，填筑体一般可划分为道槽区、土面区和边坡区，不同分区土石方填筑体密实度控制标准不同（本机场土石方填筑密实度控制标准分区示意图见图 2.37），如何有效地进行填筑体压实，成为山区高填方机场质量控制的关键问题之一。

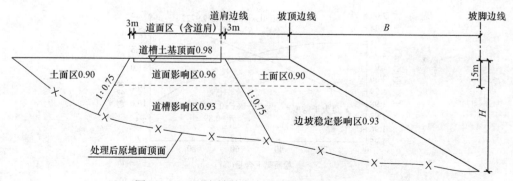

图 2.37　土石方填筑密实度控制标准分区示意图

（1）振动碾压试验

在试验区采用 300kN 振动压路机（工作重量 20T、行驶速度 1～2km/h）对填筑体进行压实试验，试验区虚铺厚度分为 30cm、40cm、50cm 和 60cm，不同厚度试验区碾压 4、6、8、10 遍后，根据压实后填料粒径与破碎程度采用灌砂法或环刀法进行检测，最大干密度按 2.04g/cm³ 计，检测位置为面层下 10cm 左右，每次检测点数不少于 3 个。试验结果平均值见图 2.38。

由图 2.38 可见，压实系数整体随碾压遍数增多而增大，同一虚铺厚度填筑料初期压实快，后期缓慢增长或不变；碾压遍数相同时，虚铺厚度越大，压实系数越小。虚铺 30cm 厚的土体在 300kN 振动碾压作用下，碾压 6 遍压实系数可达到 0.91，大于 8 遍以后，压实系数基本不变；虚铺 40cm 厚，碾压 6 遍压实系数才可达到 0.90；虚铺 50cm 厚，碾压 8 遍压实系数方大于 0.90；虚铺 60cm 厚，碾压 10 遍压实系数才达到 0.92。由此说明，虚铺厚度较大时，光靠增加碾压遍数，压实系数提高困难。因此，本机场采用振动碾压时，最佳虚铺厚度 40～50cm，碾压遍数 7～8 遍压实系数可大于 0.90，每层沉降量约为 7～10cm。

（2）冲击碾压试验

采用 32kJ 三边形冲击压路机（工作重量 18T、行驶速度不小于 10km/h）对填筑体进行压实试验，试验区虚铺厚度分为 80cm、90cm、100cm 和 110cm，不同厚度试验区碾压 12、16、20、24 遍后，同振动碾压试验对压实后填料进行检测，试验结果平均值见图 2.39。

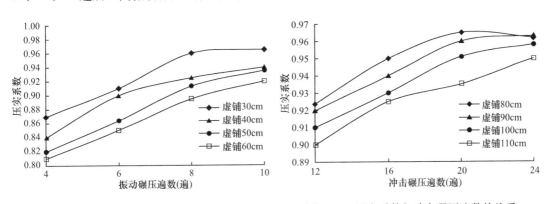

图 2.38 压实系数与振动碾压遍数的关系　　图 2.39 压实系数与冲击碾压遍数的关系

由图 2.39 可见，显然随着碾压遍数增多，压实系数整体增大，同一虚铺厚度填筑料初期压实快，后期缓慢增长或降低。当碾压 12 遍以上时，压实系数均不小于 0.90，同振动碾压，碾压遍数相同时，虚铺厚度越大，压实系数越小；碾压 20 遍以上，土体已基本被压实，再靠增加碾压遍数，压实系数提高困难。本机场采用冲击碾压时，最佳虚铺厚度 90～100cm，碾压遍数不小于 16 遍压实系数可大于 0.93，每层沉降量约为 9～12cm。但由于山区施工场地限制，一般冲击碾压工效会受到干扰，且为保证压实质量分层填筑高度不可能太厚，这样势必会影响到填筑体施工工期。因此，在大面积施工含水量控制困难的情况下，为解决压实厚度和压实质量及工期之间的矛盾，若先采用振动压实进行碾压填筑，再采用强夯进行补强，则可以在保证压实质量的前提下，提高施工速度，最大程度的减小工后沉降。

（3）振动碾压＋强夯组合试验

将填筑料含水率控制在 10％～12％，采用振动压路机填筑 20 层，每层虚铺厚度为 40cm，碾压 8～10 遍，填筑体压实系数按 0.93 控制（按每层压实后厚度为 30cm 计，则填筑 20 层厚实际高度基本为 6.0m）；填筑完毕后，分别采用 2000kN·m 和 3000kN·m 能级强夯进行补夯，点夯按梅花形布置（中心距为 4.0m），点夯完毕后采用 1000kN·m 能级强夯进行满夯（$D/4$ 锤印搭接），停夯标准为最后两击平均夯沉量不大于 5cm。

为检验此组合工艺的压实效果，振动碾压填筑完毕和补夯结束（强夯 14 天）后，分别在 2000kN·m 和 3000kN·m 能级试验区钻孔检测压实效果，最大干密度按 2.04g/cm³ 计，主要有干密度检测、重型动力触探和载荷试验（2000kN·m 区进行 2 个点试验和 3000kN·m 区进行 1 个点试验，圆形承压板直径 d 为 0.8m），试验结果见图 2.40 和图 2.41。

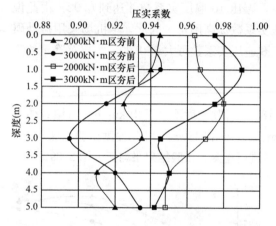

图 2.40　补夯前后压实系数与深度的关系

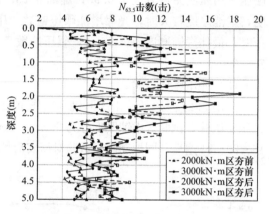

图 2.41　补夯前后重力触探击数与深度的关系

由图 2.40 可知，补夯前后压实效果明显增高，提高幅度随深度减小，3.5m 以上压实系数整体提高约 0.04～0.05，3.5m 以下压实系数整体提高约 0.02～0.03；现场实测强夯前后填筑体夯沉量为 15～20cm（9～12 击），按夯沉量全部发生在 6.0m 范围内，则相当于压实系数提高 0.025～0.034，与压实系数检测结果一致，但是 2000kN·m 区和 3000kN·m 区压实系数差异不再像原地基强夯那么明显，说明补夯时强夯能级宜选用 2000kN·m。必须指出的是，振动碾压完成后（补夯前）的填筑体虽然是逐层碾压合格的，但是部分碾压层压实系数大小分布明显不均匀，甚至部分层压实系数小于 0.93，分析原因认为，大面积回填过程中，填料粒径大小无法保证按照室内试验指标控制，如可能存在粗颗粒空隙中的细颗粒无法压实，现行的压实度检测方法（灌砂法、灌水法或环刀法）随机性较大；其次，填料含水量不易控制、填筑体内部部分土层含水量偏大，共同导致填筑体压实质量不均匀，土体参数相应也存在差异，这也正是当前高填方工程公认的难题之一。

图 2.41 表明，补夯前重型动力触探击数随深度的变化与压实度检测结果基本一致，每进深 10cm 需要 5～9 击，击数由上至下整体呈降低趋势。补夯完成后，地基土浅部 3.5m 范围内动探击数明显增多，每进深 10cm 需要 10～15 击，相当于一层硬壳层；3.5m 以下动力触探击数相比补夯前，每进深 10cm 增大 3～5 击、需要 7～9 击，整体而言，补夯之后，填筑体密实度达到了中密—密实，均匀性显著提高，根据经验[71]，$N_{63.5}$ 击数大于 6 击时，地基承载力大于 240kPa，满足设计要求。

根据图 2.42 可知，加载增大至 600kPa 时，填筑体的 P-s 曲线仍未出现明显拐点，依据《建筑地基基础设计规范》，该点的地基承载力没有达到极限荷载，承载力特征值可取为 300kPa，3 个点对应沉降量分别为 6.58mm、6.8mm、6.04mm，计算相应的变形模量分别为 26.1MPa、25.2MPa、28.4MPa，说明振动碾压＋强夯组合压实效果较好，比较适合山区高填方填筑体施工。

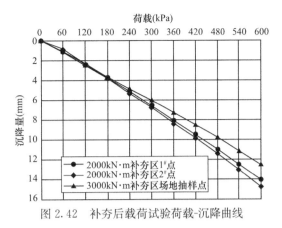

图 2.42　补夯后载荷试验荷载-沉降曲线

2.3.4　压实度连续检测与监控系统

压实度作为目前山区高填方地基填筑施工质量检测的关键性指标之一，常用场地抽样点检测，具体方法主要有灌砂法（粗颗粒）、环刀法（细颗粒）、灌水法、核子湿度密度仪法等。不论具体哪种检测方法，单就这一抽样检测的手段就存在以下几点不足：①现场压实度检测一般在碾压结束后进行，属于一种事后检测控制手段，事后检测发现的问题很难在碾压过程中及时进行处理；②现场压实度抽样检测试验对填筑施工干扰较大，耗时长；③由于所选取的抽样点具有一定的随机性和局限性，检测试验结果无法准确评价全区域的压实质量，当个别检验点的数据不满足压实度控制要求时，很难界定需要重新碾压的区域范围；④受现场压实度检测试验过程和时间的影响，试验结果的信息反馈速度较慢，施工人员难以实时处理。因此，探索一种高填方地基土压实度连续检测与监控系统具有重要的现实意义[109]。

压实机器在地基填筑压实作业过程中，振动压路机可看作是一个动态加载设备，通过压路机振动轮施加给填筑体压实力，振动轮存在自身振动频率，该振动频率可通过振动轮上的振动传感器采集；同时填筑体给振动轮一个抵抗力并引起振动轮的动态响应，即振动轮碾压经过填筑土时存在一个反馈振动频率，该反馈振动频率也可通过安置在反馈滚轮上的振动传感器采集，两个振动传感器所采集的振动频率和反馈振动频率之间存在一种稳定关系，将两个振动传感器所采集的振动频率数据通过无线传输芯片传输到压实度数据处理服务器，经其处理后，该稳定关系可以用实时压实度波形图的方式表示，这样不同的压实度波形图实时反映了填筑土体的不同压实度，从而进行相应的压实质量控制（过程控制＋验收检验），见图 2.43。

基于现场大量压实度检测试验，首先采集不同填筑土体和压实参数的标准压实度波形数据库，压实度数据处理服务器通过对比实时压实度波形图与标准压实度波形数据库的波形图，进而判断出不合格的压实区域并自动记录，其结果一方面表现在液晶显示屏的上半屏幕区和下半屏幕区上，其中上半屏幕显示在同一坐标轴下的实时压实度波形图和标准压实度波形数据库中所对应的波形图，液晶显示屏下半屏幕区显示已压实作业范围内的不合格压实区域的坐标范围，以跳跃的红色符号表示，此符号直至不合格的压实区域重新压实到达合格标准后方可消失，另一方面，结果将传送到语音提示器并以语音播报的方式告知压实机器的操作人员，该语音提示器主要是作为液晶显示屏的一个辅助工具，操作人员

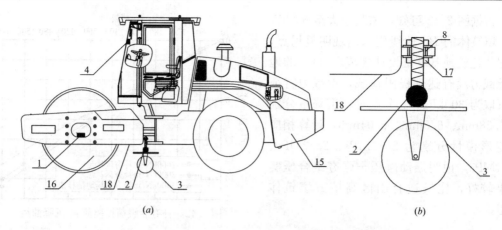

图 2.43　压实度连续检测与监控系统功能和构造示意图

(a) 功能分区示意图；(b) 反馈频率监测构造示意图

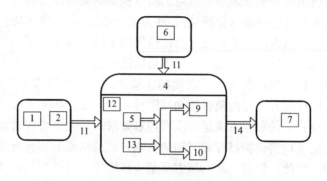

图 2.44　压实度连续检测与监控系统工作原理图

1—振动传感器 A；2—振动传感器 B；3—反馈滚轮；4—压实度数据处理服务器；5—标准压实度波形数据库；
6—GPS 定位设备；7—用户电脑；8—隔振橡胶垫片；9—液晶显示屏；10—语音提示器；11—无线传输芯片；
12—USB 插口；13—GPS 行驶记录芯片；14—电信无线终端；15—压实机器；16—振动轮；17—卡具；18—结构梁

　　在压实施工过程中，只需要听到语音提示器提示存在不合格压实区的语音后再观察液晶显示屏记录的不合格压实区域的坐标范围，若无语音提示，可不用时常关注液晶显示屏，从而既减轻了操作人员的工作强度又避免了潜在的安全风险。与此同时处理的数据通过压实度数据处理服务器内置的电信无线终端可传送到后方监理或检验单位的用户电脑上，后方监理或检验单位以此可对高填方地基压实作业全过程进行监控和信息的收集存储。其中实时采集数据所呈现的压实度波形图所对应的具体地理位置坐标由安装在压实度数据处理服务器内的 GPS 行驶记录芯片和安装固定在填方区域角落位置的 GPS 定位设备共同确定，工作原理见图 2.44。

　　本高填方地基土压实度连续检测与监控系统，可以对全区域的填筑土体在压实施工作业过程进行填筑压实度的连续检测与监控，与传统压实度检测试验方法相比，具有以下有益效果：①基于振动轮的振动频率和压实土壤的反馈振动频率之间的稳定关系，建立了标准的压实度波形数据库，通过压实过程中所反馈的实时压实度波形图与标准压实度波形数据库进行比较，进而判断压实是否达到合格标准，具有一次搭建系统，长期受益的特点；②既实现了对填筑压实土壤的连续检测与监控，又不存在传统压实度检测试验方法耽误和影响压实作业施工的缺点；③压实度数据处理服务器具备人性化的语音提示功能，减轻了施工人员的工作强度，并且保障了压实施工的安全；④压实度数据处理服务器所处理的结果既可以实时的反馈给压实机器操作人员，以方便其进行后期复压，又可以远程无线传输给后方监理或检验单位的用户电脑，便于存储和备案，同时有助于压实质量的信息化管理。监测系统具有便捷化、智能化、经济性等突出优点，值得推广和应用。

2.4　挖填交界面处理

经验表明，若高填方地基不重视填挖交接面的处理，容易造成上部建（构）筑物的损坏。因此，高填方地基除控制沉降变形外，尚需注意填筑体与原地基坡面交接处的处理，该处经常是导致高填方地基出现问题的薄弱环节，特别是挖方区地基为岩石时。对此类场地，除了采用传统的处理方法将挖方区超挖 300～600mm，换填中粗砂或碎石等作为褥垫层，以消除或减小因上部荷载对交接处地基产生的应力集中，达到调整地基差异沉降的目的外，尚应注意在交接处采用较小的搭接坡比，以减少填挖过渡处的沉降差[3,5]。陇南成州机场填方施工主要采用振动压路机分层压实和强夯补夯等填至设计标高，坡脚及其外侧 3m 范围采用 4 排 1500kN·m 强夯进行处理；自然地面坡比大于 1：5 时，结合其实际地形清表后修建 1～4m 高台阶，每填筑 4m 高在挖填交界面处采用 3 排 1000kN·m 强夯补强，见图 2.45[5]。

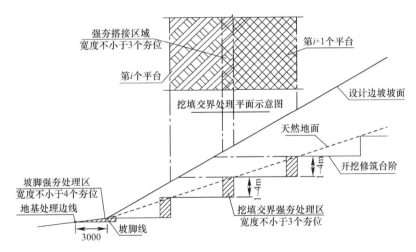

图 2.45　高填方挖填交界面处理示意图（单位：m）

在贵阳龙洞堡机场[3,12]中填方区和挖方区按类似方法处理后，经地基沉降长期（1412d）观测，地基差异沉降量为 0.27mm，相对沉降差为 0.0054%。道面最大沉降量为 3.5mm，沉降差为 0.20mm；由此表明，山区高填方对填挖交界面的挖方界面，采用斜坡开挖搭接填方区，这种处理方法是成功的。也就是说挖填交界面处采用斜坡搭接处理不但可以减少填料厚度变化较大处产生的差异沉降，同时可将沉降曲线的角点突变转化为平稳过渡；另外，采取斜坡搭接处理还可以有效地减少交界面处土体内部的应力集中，从而可以减少交界面处地基发生剪切破坏的概率。

2.5 本章小结

基于国内典型高填方调研经验，综合分析依托机场的岩土条件、特点难点后，选定填方高度最大的试验段，进行高填方地基处理试验研究，获得主要结论如下：

（1）高填方原地基中的粉质黏土层是地基中相对软弱层，对高填方地基沉降与差异沉降及地基稳定性控制起着决定性作用，填方施工前必须严格处理。第三系泥岩物理力学特性较好，可考虑直接作为持力层。

（2）综合试夯结果，粉质黏土层属于中等压缩性土，低能级强夯即可有效加固，加固后地基承载力高，稳定性好。对于类似不同厚度的粉质黏土层，可参考文中试验结果选择相应的强夯工艺参数进行处理。

（3）依据加固压实区和加固影响区为椭球体形状假设，利用各夯击后的夯坑深度监测结果，给出了第 i 次强夯夯击后有效加固范围和加固影响范围计算方法，可用于不同能级强夯有效加固区和加固影响区范围计算。

（4）大厚度自重湿陷性黄土地基处理 6～12m 进行深层浸水时，发生显著地基下沉；处理 15～20m 时（剩余湿陷量远大于 300mm），地基沉降较小；处理深度大于 20m 时，地基沉降可忽略。

（5）在试坑浸水时，深度大于 22.5～25.0m 以上土体含水率增加较快甚至达到饱和状态，以下土体含水率增加缓慢，根本达不到湿陷起始含水率和湿陷起始压力，基本没有发生湿陷。建议 22.5～25.0m 作为大厚度自重湿陷性黄土地基处理和湿陷性评价的临界深度。

（6）不同地区、不同微结构类型土的湿陷性应当采用不同的湿陷系数来判定。0.015 这个判定标准在自基础底面至基底下 15m 的范围内可结合规范继续使用；15m 以下随不同深度适当放宽，土层每加深 5m、放宽 0.005，可使大厚度自重湿陷性黄土湿陷性评价趋于合理，有效节约大量地基处理费用。

（7）在挤密桩桩长范围内，随土层深度的增加，桩间土挤密效果整体呈增强趋势；随着挤密桩桩长的增加，各试验区桩间土挤密效果呈增强趋势，桩间土挤密效果受土层变化的影响逐渐减小，挤密桩桩长范围内的桩间土挤密效果变化趋于稳定。

桩间土的干密度增长程度随地基处理深度的增大而增大，当地基处理深度为 12m 时，桩间土的干密度增长均超过 30%；当灰土挤密桩桩径为 0.4m，桩心距为 1m，且以轻型击实试验所得的最优含水量指标控制地基土增湿时，建议桩长 12m 为灰土挤密桩的临界桩长。

（8）复合地基中竖向渗透比径向渗透快，这与挤密桩处理地基为水平向加密地基土体有关；地基处理深度为 10m，处理宽度为管廊每边延伸 2m 时，在浸水期内，水平渗透范围在 1.5m 以内，竖向渗透深度在 3m 以内。

（9）在浸水期内，灰土挤密桩 10m 区分层沉降仪监测范围内各土层总沉降量之和在 10mm 以内，地基沉降基本可以忽略。在采取有效的防水措施的情况下，建议将 9～12m 作为大厚度自重湿陷性黄土地区城市地下综合管廊及类似轻型构筑物的合理地基处理深度，使地基处理深度减小了超过一倍，有效节约了大量地基处理费用。

（10）目前机场高填方工程填筑料粒径范围基本介于 $0.001\sim1000$mm 之间，以 $60\sim200$mm 之间的粒组含量为最多；当土石比 $2:8\leqslant m\leqslant4:6$，土样最大干密度为 $2.0\sim2.04$g/cm³，最优含水量为 $10.67\%\sim11.73\%$。道槽区填料应优先选用性质较好的岩性料，同时严格控制土石比 $2:8\leqslant m\leqslant4:6$，含水量界于 $10.5\%\sim11.5\%$ 之间，保持填料级配良好。

（11）挖填交界面处应修建 $1\sim4$m 高台阶，每填筑 4m 在高挖填交界面处采用 3 排低能级强夯补强；坡脚及其外侧 3m 范围也应采用低能级强夯补强；道槽区大面积填土施工时，可优先采用振动压实＋强夯补强的工艺。这些措施可以减小山区沟谷地形影响，最大限度地降低地基沉降或差异沉降。

（12）提出了一种高填方地基填土压实度连续检测与监控系统，可用于类似高填方工程的压实度连续检测与监控。山区高填方地基填筑是个复杂的加载过程，实践表明优先进行试验段试验施工效果明显，大面积高填方施工应依据试验结果同时采取动态信息化设计和施工。

第3章 填料力学性能试验研究

经人工碾压或夯实的压实土体属于典型的非饱和土，需要研究解决的问题包括土材料的特性和土体的稳定两大方面的问题。对于第一个问题，重点是土材料的特性规律与其相关特性参数的量测，需要揭示非饱和土的相态特性、吸力特性、应力特性、强度特性、变形特性以及持水特性等；对于第二个问题，重点是土体稳定分析的基本理论与工程应用[11]。具体而言，山区机场工程建设的范围大，通常跨越多个地形地质单元，土石方量大且填料种类多、性质复杂，同一场地岩土的物理力学指标离散性一般较大，即便采用相同的施工参数，填筑效果也会因填料级配、配比、压实度等差异而不同；鉴于深挖高填工程的核心难题是高填方地基的变形和高填方边坡的稳定问题，解决这些问题必须通过计算分析。因此，对原地基土体和填筑体的强度、变形及持水三大特性的深入研究是分析高填方地基变形和高填方边坡稳定的出发点和切入点，具有重要的理论研究价值和工程实践意义。

3.1 现场直接剪切试验

3.1.1 试验方案

由于土石混合料的特殊性与高度非均匀性，加之大多情况下限于试验条件等影响，进行土石混合体的室内试验时通常采用相似模拟、剔除法、等质量替代法、混合法等方式处理超粒径；另外，当前室内试验研究普遍关注的是宏观力学特性，对于土石混合体的细观机制探索有待重视[110,111]。数值方法的优越性逐步被认可，但是必须指出建模合理性、本构关系选取、计算参数测定等仍是制约其发展的瓶颈。现场试验简单易行、结果可靠，在一定程度上能够真实反映其强度变形破坏特性，不过由于土石混合体本身的复杂性和样本数量有限，尚难以进行复杂的力学试验研究。目前对大面积高填方土石混合填筑体变形破坏的研究较少，特别是对其破坏机理以及定量描述方法等缺乏深入研究。

为揭示大面积高填方填筑体和挖填交界处力学特性，同时为高填方边坡稳定性的准确评价计算提供参数，在现场填方区和挖填交界处分别进行一组（6个试样）不同应力状态下的原位剪切试验。为减少对土样的扰动，试样开挖与修整均由人工完成，长宽高为 $60cm \times 60cm \times 35cm$，复核尺寸后在其上浇筑 $70cm \times 70cm \times 40cm$ 的钢筋混凝土保护套，浇筑时在试样底部预留 2～3cm 高的剪切缝；为防止土样水分变化，切削合格后浇筑前采用塑料薄膜缠裹试样一周，养护 2 周后开始试验。现场试验见图 3.1。试验加载采用自行改进加工的原位直剪试验设备[112]，相关仪器安装调试正常后，首先逐级施加竖向荷载至目标值（6 个试样的竖向压力分别为 80kPa、135kPa、210kPa、250kPa、320kPa 和 365kPa），水平剪切力参考《岩土体现场剪切试验规程》HG/T 20693—2006 逐级施加，当达到剪应力峰值或剪切变形大于试样边长的 1/10 时（7mm），即认为试样已剪切破坏，方向与土样在工程实际中受力方向一致。竖向变形与水平变形由百分表测定，试样的四个角点分别安装 4 个百分表（分别测量竖向和水平变形）。

图 3.1　填方区原位直剪试验图
(*a*) 切削土样；(*b*) 浇筑养护试样；(*c*) 现场剪切

3.1.2　试验结果与分析

除填方区 1-1 号试样在加载过程中损坏外，填方区其余 5 个试样和挖填交界处 6 个试样在剪切过程中剪应力-水平位移关系曲线见图 3.2，剪应力-竖向累计位移关系见图 3.3，典型剪切面见图 3.4。

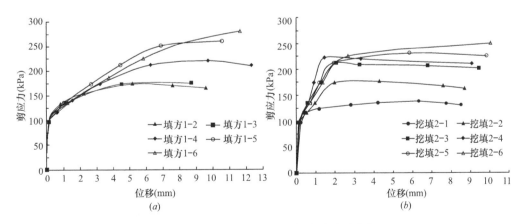

图 3.2　原位直剪试验剪应力-位移关系曲线
(*a*) 填方区试样；(*b*) 挖填交界区试样

分析图 3.2 可知，剪切过程中试样均呈现明显的应力屈服和塑性变形特征，整个曲线的发展基本可分为：①加载初期弹性变形阶段，试样的剪应力-位移关系近似于直线发展。但是相同荷载作用下，挖填交界区试样变形略大于填方区试样；②随着荷载增大，应力由快速增长趋于减缓，试样进入弹塑性变形阶段，曲线斜率由大逐渐变小，试样变形明显增大。试验现场观察试样底部及地面开始产生变形，挖填交界处试样最先达到破坏，抗剪能力小于填方区试样；③试样剪应力-位移曲线达到破坏点后，整体结构开始破坏，低应力状态下，试样呈理想塑性变化（如填方 1-2、1-3 试样，挖填交界处 2-1、2-2 试样），较高应力状态下，随应力增大，应变速度明显增大而应力缓慢下降的现象，强度残余值与峰值强度略有差异，直到到破坏，填方区 1-6 试样和挖填交界处 2-6 试样剪应力没有明显峰值现象，近似呈塑性破坏的特征。分析原因认为，在较高应力状态下颗粒重排，大小土石颗粒发生应力重分布，粒径较小的粉质黏土颗粒逐步进入粒径较大的泥岩颗粒缝隙中，孔隙比减小，密实度增高，颗粒间的有效剪切面积增加，一定时间内随着剪切位移的增加抗剪强度增大。

将各试样的竖向应力和水平剪切应力进行拟合汇总，可得强度参数见表 3.1。压实合格的填方试样虽然个别强度参数有些离散，但平均黏聚力相差 5.2kPa，平均内摩擦角差值仅有 0.5°。由此说明相同荷载作用下，挖填交界区土体整体抗剪强度比填方区低，高填方工程中挖填交界处的边坡比大面积填筑体边坡更容易发生剪切破坏，施工过程中应加强处理。

原位直剪试验强度参数统计   表 3.1

试样	破坏剪应力（kPa）	竖向应力（kPa）	黏聚力（kPa）	平均黏聚力（kPa）	内摩擦角（°）	平均内摩擦角（°）
填方 1-2	165.5	137.1	86.8		33.6	
填方 1-3	175.8	213.3	66.3		26.9	
填方 1-4	220.3	251.3	69.1	74.3	21.0	25.6
填方 1-5	260.8	327.5	84.3		17.6	
填方 1-6	280.9	365.6	65.2		28.5	
挖填交界 2-1	138.8	80.0	72.6		30.1	
挖填交界 2-2	176.5	137.1	78.2		31.4	
挖填交界 2-3	212.8	213.3	80.1	69.1	16.7	26.1
挖填交界 2-4	222.7	251.3	54.2		31.9	
挖填交界 2-5	231.4	327.5	63.6		18.7	
挖填交界 2-6	250.4	365.6	65.6		27.5	

分析图 3.3 发现，直剪试验过程中试样的竖向累计位移变化形式基本有两种，第一种是在较小竖向压力作用下，剪切过程中竖向累计位移持续增大，直至破坏，如填方区 1-2 试样和挖填交界区 2-2 试样；另一种是随着压力的增大，试样竖向累计位移先持续增大到一定程度后，位移突然下降，剪应力达到试样破坏的极限值，但是尚难以给出定量关系。分析认为，试样在初始剪切试验中竖向力作用后，抗剪强度得到一定的提高，但是由于土石混合料的非均匀特性，导致了试样应力-应变曲线产生明显不规则变化，这在室内试验（土样、试验方法差异）中一般很少发现。究其原因填筑体受力时泥岩不易发生破坏，根据潘家铮剪切弱面原理，泥岩与粉质黏土颗粒之间的接触面是薄弱区域，块石可能最先在此发生滑移或转动，诱发土石混合体破坏，破裂面位置与形状受泥岩粒径大小与分布的影响较大，试样剪切面见图 3.4。

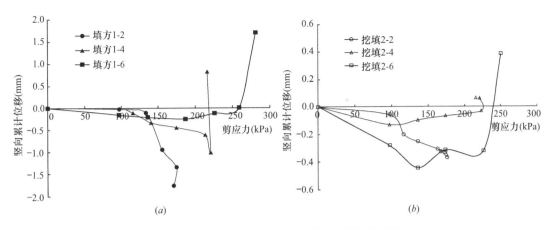

图 3.3　原位直剪试验试样的剪胀-剪缩特性图
（a）填方区试样；（b）挖填交界区试样

图 3.4　原位直剪试验试样剪切面
（a）填方区 1-5 试样；（b）填方区 1-6 试样；（c）挖填交界区 2-4 试样

综合分析图 3.3 和图 3.4 及试验过程中位移变化可知，土石混合料块石强度及其所占比例、级配组成等因素在很大程度上影响着其力学性质，且决定土石混合料抗剪强度的主要因素是咬合力和摩擦力（李广信分析土骨架强度时称为黏聚力和摩擦力[113]）。剪切开始前，土石混合料的颗粒组成及理论剪切面见图 3.5（a），垂直应力较小工况下，理论上剪切应该沿着 A—A 直面发生，但实际剪切面上的土体不是或不全是剪切破坏，即其中部分孤石发生旋转或发生相对平移，整体呈剪切摩擦破坏；剪切面凹凸起伏差值与土石比有关[9]，含石量大的试样，块石在剪切平面上留下凹坑，部分剪切面近似呈弧形，凹凸起伏差值明显增大。垂直应力较大的工况下，随着剪应力的增大，与剪切方向（潜在滑移面）相交的泥岩块体产生翻滚绕石，逐步被剪断，最后趋于整体滑移，滑移面宏观上呈现为类似锯齿状（A′—A′曲面）。试样远离加载面的一侧，与潜在滑移面相交的土体内产生拉应力，导致试样局部屈服并产生塑性区，最终试样底面下的某个塑性区贯通，产生剪切破坏。因此，土石混合体的破坏特征呈现压裂面与剪切面共存的现象，如图 3.5（b）所示。究其原因应当为：高填方填筑施工过程中，土石混合体既是荷载也是受荷体，其自身结构缺陷易使得潜在微裂隙容易沿某一方向贯通；随着荷载增大，当整体填筑体稳定性改变时，潜在滑移面演化为剪切破坏面。

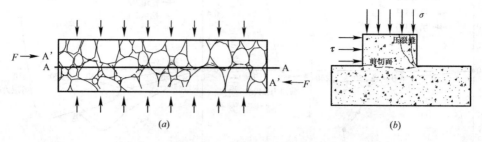

图 3.5 原位直剪试验土体滑动前后示意图
(a) 理论剪切面与实际剪切面示意图；(b) 试样剪切面分布示意图

3.2 室内直接剪切试验研究

3.2.1 试验方案

目前被岩土界认可的非饱和土强度理论中，受试验条件或理论水平影响，吸力测试的复杂性恰恰限制了其推广应用。实际工程中，土的基本物理指标较容易测定，且对于大面积高填方而言，目前压实度（干密度）和含水量仍作为填土施工质量评价的主要依据，若将这两个评价参数直接与其强度参数建立关系，由此给出计算填土强度的修正公式，则明显比只考虑含水量影响的强度计算更为合理，这种方法虽然是经验性的，但借助测定土体含水量和干密度就可近似确定其强度，无疑非常简单实用。

分别对不同深度不同方位原状土样、不同土石比不同压实度不同含水量的重塑土样进行直剪试验。原状土直剪试验土样取自试验段冲沟，分别位于冲沟两侧梁峁区和冲沟底。取土前先清理表层耕植土，然后分别在地面下 1.5m、3m、6m 和 8m 深度处按 3 种不同剪切方位取土样，每个剪切方位均取 2 组土样进行平行试验。剪切方位以取土时环刀刀口方向与重力方向（垂直地面竖直向下）之间的夹角 θ 表示，分别为竖向（0°）、斜向（45°）、横向（90°）；每组 6 个样，其中 4 个用于直剪试验，2 个用于密度、含水量测试。试验采用四联应变控制式直剪仪，按规范分别施加 100kPa、200kPa、300kPa 和 400kPa 的法向力进行快剪试验，剪切速率为 0.8mm/min，试样在 3～5min 内剪损。

重塑土直剪试验将填方现场取得的粉质黏土和强风化砂质泥岩风干碾碎，采用等质量替代法进行超粒径处理，按土石重量比为 2∶8 和 4∶6 配置土石混合料。根据规范采用干法将土石混合料含水量分别配为 11%、14% 和 18%，分组编号后装入两层塑料袋静置于保湿桶中不少于 3 天；采用重型击实仪制作压实单数分别为 0.88、0.90、0.93、0.95 和 0.98 的击实样。击实筒内径为 152mm，高为 116mm，容积为 2103.9cm³，击实成型按 5 层加料法，每层 56 击，两层交界处用拉毛器拉毛，以促使层间土粒均匀联结。脱模制样，每组 6 个样，其中 4 个用于直剪试验，2 个用于密度、含水量测试，当实测含水量与预估含水量误差大于 1% 时，重新配土制样。试样依次装入剪切盒，同原状土直剪试验，采用四联应变控制式直剪仪进行直剪快剪试验。

3.2.2 试验结果与分析

（1）直剪试验结果

将平行试验测得结果均取平均值后给出，冲沟两侧梁峁区、冲沟底原状土试样干密度和含水量与抗剪强度参数测试结果见表 3.2，不同土石比不同压实度不同含水量的重塑土样直剪试验结果见表 3.3，部分土样照片见图 3.6。

原状土样直剪试验结果　　　　　　　　　　　　　表 3.2

深度 （m）	方位角 φ（°）	冲沟两侧梁峁区试样				冲沟底试样			
		干密度 ρ （g·cm^{-3}）	含水量 w（%）	黏聚力 c（kPa）	内摩擦角 φ（°）	干密度 ρ （g·cm^{-3}）	含水量 w（%）	黏聚力 c （kPa）	内摩擦角 φ（°）
1.5	0	1.47	16.96	16.45	29.29	1.48	17.31	20.60	31.39
	45			25.70	28.93			22.50	30.93
	90			28.20	29.20			24.55	31.15
3	0	1.49	17.32	30.50	29.49	1.50	18.19	28.65	28.07
	45			34.40	28.59			31.95	27.85
	90			35.45	29.20			38.70	25.87
6	0	1.50	17.49	34.55	30.26	1.51	20.12	41.25	24.13
	45			35.10	31.58			38.65	25.54
	90			36.15	31.06			45.30	24.99
8	0	1.51	19.10	33.90	30.75	1.52	22.17	39.55	24.83
	45			35.20	31.00			32.15	26.83
	90			34.90	30.53			34.30	25.94

不同配比土样直剪试验结果　　　　　　　　　　　表 3.3

含水量	压实 系数	土石比 2：8 试样				土石比 4：6 试样			
		干密度 ρ （g·cm^{-3}）	含水量 w（%）	黏聚力 c （kPa）	内摩擦角 φ（°）	干密度 ρ （g·cm^{-3}）	含水量 w （%）	黏聚力 c （kPa）	内摩擦角 φ（°）
11%	0.88	1.80	10.30	44.1	30.2	1.78	10.52	29.4	35.8
	0.90	1.84	10.18	50.6	31.2	1.82	10.51	43.3	31.1
	0.93	1.90	10.49	72.3	31.3	1.88	10.64	62.6	32.1
	0.95	1.94	10.55	109.0	32.0	1.91	10.08	91.9	30.8
	0.98	2.00	10.22	119.1	30.6	1.98	11.20	107.8	30.0
14%	0.88	1.79	14.28	21.3	27.6	1.78	14.45	21.8	28.1
	0.90	1.84	14.38	41.2	25.4	1.81	14.50	40.4	24.7
	0.93	1.90	13.91	62.1	30.7	1.88	13.93	55.3	29.8
	0.95	1.94	13.48	84.7	29.0	1.92	13.66	72.9	30.1
	0.98	2.00	13.39	114.1	29.0	1.97	13.86	85.1	28.0
18%	0.88	1.79	18.02	19.0	24.0	1.78	18.09	23.1	21.0
	0.90	1.84	18.05	22.7	23.5	1.81	18.40	24.9	22.6
	0.93	1.89	18.59	23.8	29.1	1.88	17.79	35.0	23.2

图 3.6　部分直剪试验后土样

（2）土体强度变化规律分析

分析图 3.7（兼顾原状样和重塑样，仅选取典型结果进行分析），剪切应力随竖向压力的增大整体呈增大趋势，原状土在低法向应力（小于 200kPa）状态下，受干密度和含水量共同影响，土体强度并不完全随含水量的增大而减小，竖向压力大于 200kPa 后，与重塑土一样，含水量的变化对土体抗剪强度影响均十分显著，即相同竖向压力作用下，随着含水量的增加，土的强度明显降低，且初始含水量越小的试样减小幅度越大，如图 3.7（b）含水量在 14%～18% 的试样剪切强度减小幅度明显小于 11%～14% 的试样。因此，在经验匮乏的高填方工程中解决高填方边坡的稳定问题，采用只考虑含水量影响的强度公式明显不符合实际，计算填料强度时也需考虑干密度的影响。

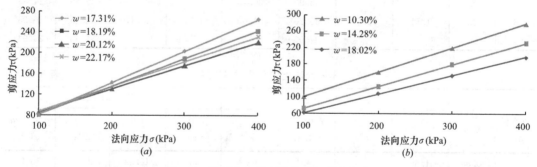

图 3.7　不同含水量土样的剪切强度包线
（a）冲沟底 $\theta=0°$ 不同含水量土样；（b）$m=2:8$，$n=0.88$ 不同含水量土样

（3）黏聚力变化规律分析

由图 3.8 可知，初始压实系数（初始干密度）相同的试样，黏聚力随含水量的增大而减小，减小幅度在初始含水量大于 14% 之后明显增大，这是因为击实试验所得土石比 2∶8～4∶6 混合料的最优含水量为 10.67%～11.1%，试样含水量大于最优含水量 ±2%～3% 后，颗粒物表面水膜继续增厚导致混合料中的孔隙被水填充，相对处于封闭状态，土样不能有效压实，导致黏聚力下降。结合图 3.9 可知，最优含水量状态下，试样受初始含水量变化影响小于初始压实系数变化影响，且黏聚力随着初始压实系数的增大基本呈线性增大；当初始含水量达到 18%（接近塑限状态），黏聚力数值明显小于前二者含水量状态的试样，这正是上述建议评价土体强度时考虑初始含水量和初始干密度共同影响的原因之一。这即佐证了在雨季滑坡多发的现象，在降雨期间，雨水不断渗入土体，使滑带附近的土体含水量增加，而且其重量增加，增大了滑体的下滑力，雨水的入渗导致其抗剪强度

降低。

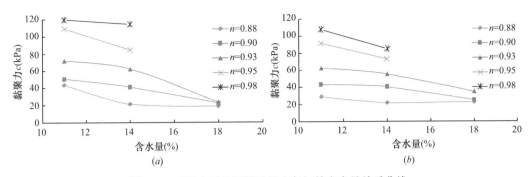

图 3.8　不同土石比试样黏聚力与初始含水量关系曲线

（a）$m=2:8$ 试样；（b）$m=4:6$ 试样

由图 3.9 可知，初始含水量相同的试样，黏聚力随着初始压实系数的增大而增加，相同压实系数的试样，含水量为 11%～14% 的试样的黏聚力增幅大于含水量为 14%～18% 的试样。结合击实试验可知，场区内砂质泥岩为半成岩，泥钙质胶结，岩石呈碎屑结构，块状构造，掺入一定粉质黏土后，可使泥岩微裂隙及风化裂隙更密实；填土含水量增大时，泥岩遇水软化，粉质黏土基质吸力降低，混合料土粒之间的总的斥力大于引力，且土中弱结合水膜的润滑作用增强，导致其咬合作用力减弱、强度降低。因此，现场填筑施工时，砂质泥岩含水量较低、级配并不均匀，粉质黏土含水量稍大，二者合理掺拌，可以使混合料含水量趋于最优状态，严格控制压实系数不小于 0.93 时，可以有效提高土体强度，提高边坡稳定性。

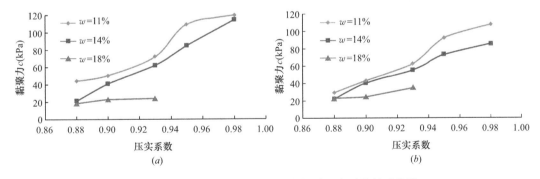

图 3.9　不同土石比试样黏聚力与初始压实系数关系曲线

（a）$m=2:8$ 试样；（b）$m=4:6$ 试样

如图 3.10 所示，为准确评价原地基土黏聚力受含水量和干密度的影响，将二者用深度统一起来分析，结合表 3.2 可知，原状土剪切方位角不变时，随着取样深度的增大，土样含水量、干密度整体呈线性增大，且冲沟区变化大于梁峁区；相应地，冲沟区土样黏聚力变化也较梁峁区大，除表层土的黏聚力较低外，由于含水量、干密度随着深度的增大而增大，黏聚力先增大后基本保持不变或略微减小，与只考虑含水量对强度影响的认识不同。在含水量不变时，黏聚力随着剪切方位角度的增大而增大，因为原状土层呈水平节理，方位角为 0° 时，剪切试验中剪切面与节理平行，此时抗剪强度最低，方位角增大，剪切面与节理面夹角越大，土体强度提高。因此，考虑挖方边坡施工过程和工后稳定，挖土方向或填方坡度与原状土体节理方向夹角越大越好。

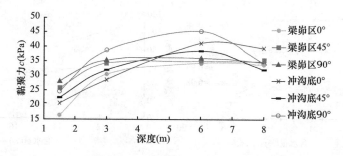

图 3.10　原状土样黏聚力与深度的关系曲线

（4）内摩擦角变化规律分析

由表 3.2 和表 3.3 可知，相对于黏聚力而言，内摩擦角随含水量变化不大，特别是梁峁区的原状土样，其值基本在 $28°\sim32°$ 之间。由此可知，含水量对抗剪强度的影响主要是降低土的黏聚力，随着含水量和干密度的增大，冲沟区内摩擦角先降低至临界值后略微增大（图 3.11）。

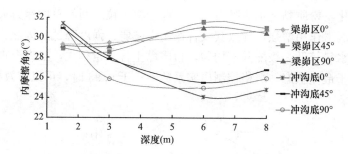

图 3.11　原状土样内摩擦角与深度的关系曲线

初始压实系数相同的试样（图 3.12），内摩擦角随着初始含水量的增大而减小，减小幅度在含水量大于 14% 之后明显增大，且土石比为 $2:8$ 的试样减小幅度小于土石比为 $4:6$ 的试样；初始含水量相同的试样，内摩擦角随着初始压实系数的增大而增加。究其原因，前者粗颗粒含量较多，内摩擦角相应大一些，但随着密实度的提高，粗颗粒间的缝隙逐渐被填充，另一方面，随着初始含水量增大，强风化砂质泥岩逐渐软化，受压实系数和含水

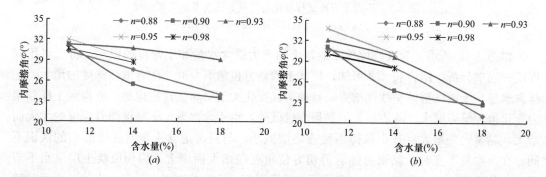

图 3.12　不同土石比试样内摩擦角与初始含水量的关系曲线

（a）$m=2:8$ 试样；（b）$m=4:6$ 试样

量共同作用，当土样含水量处于最优含水量状态时，内摩擦角随着含水量的增大略微增大，大于塑限含水量后其主要受压实系数影响且趋于稳定，介于二者之间时随含水量增大而减小，随着密度的增大而增大。

3.2.3　填筑体强度计算

根据填方施工现场数以万计的压实度检测结果，发现正常工况下现场填方含水量基本为 $10\%\sim18\%$，干密度基本为 $1.78\sim2.04\mathrm{g/cm^3}$（相应压实系数为 $0.88\sim1.0$），针对前文所发现的填土强度与初始含水量和初始干密度（初始压实系数）的关系，将初始含水量和初始干密度分布于上述区间的试验结果重新整理为相同初始干密度不同初始含水量和相同初始含水量不同初始干密度两种形式，初始含水量分布为 10%、12%、14%、16%、18%，初始干密度分布为 $1.8\mathrm{g/cm^3}$、$1.9\mathrm{g/cm^3}$、$2.0\mathrm{g/cm^3}$，前文试验结果中没有的重新按此含水量和干密度制样剪切，统计分析结果如下。

（1）填土黏聚力随初始含水量和初始干密度变化关系拟合

相同初始干密度的试样黏聚力随初始含水量的变化关系见图 3.13，相同初始含水量的试样黏聚力随初始干密度的变化关系见图 3.14，同时分别对图中黏聚力与初始含水量、初始干密度的关系用二次多项式拟合。

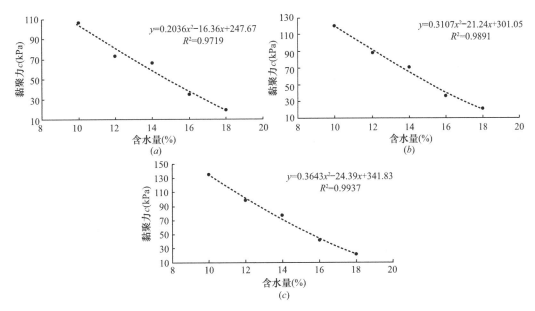

图 3.13　黏聚力随初始含水量变化关系曲线

(a) $\rho_\mathrm{d}=1.8\mathrm{g/cm^3}$；(b) $\rho_\mathrm{d}=1.9\mathrm{g/cm^3}$；(c) $\rho_\mathrm{d}=2.0\mathrm{g/cm^3}$

由图 3.13 可知，图中拟合曲线表达式可以统一表示为

$$C = Aw^2 + Bw + D \tag{3.1}$$

式中，参数 A、B、D 及相关系数 R^2 值图中已给出，即可以量化黏聚力随初始含水量的变化规律，因此需进一步考虑初始干密度对黏聚力的影响。根据图 3.14，将 A、B、D 值作为已知，对其随初始干密度的变化进行线性回归分析可得：

$$A = a_1\rho + b_1 \tag{3.2}$$

$$B = a_2\rho + b_2 \tag{3.3}$$

$$C = a_3\rho + b_3 \tag{3.4}$$

式（3.2）回归结果为 $a_1 = 0.8035$，$b_1 = -1.3543$，$R_1^2 = 0.9644$；式（3.3）回归结果为 $a_2 = -40.15$，$b_2 = 61.6442$，$R_2^2 = 0.9848$；式（3.4）回归结果为 $a_3 = 470.8$，$b_3 = -668.29$，$R_3^2 = 0.9941$。

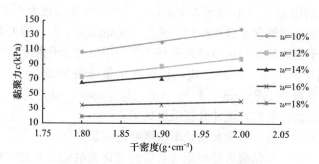

图 3.14　黏聚力随初始干密度变化关系曲线

（2）填土内摩擦角随初始含水量和初始干密度变化关系拟合

相同初始干密度的试样内摩擦角随初始含水量的变化关系见图 3.15，相同初始含水量的试样内摩擦角随初始干密度的变化关系见图 3.16。

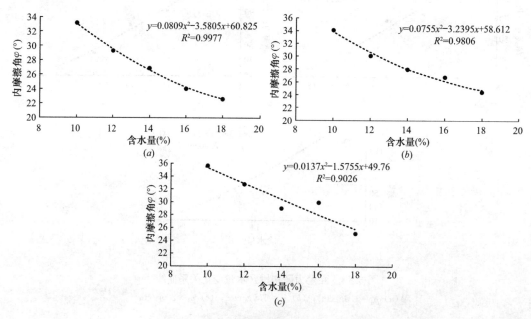

图 3.15　内摩擦角随初始含水量变化关系曲线

（a）$\rho_d = 1.8\text{g/cm}^3$；（b）$\rho_d = 1.9\text{g/cm}^3$；（c）$\rho_d = 2.0\text{g/cm}^3$

对内摩擦角与初始含水量和初始干密度的关系分别用二次多项式拟合（图 3.15），拟合曲线表达式也可以统一表示为：

$$\phi = Lw^2 + Mw + N \tag{3.5}$$

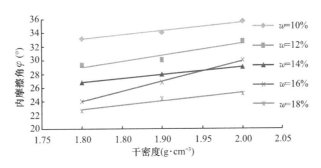

图 3.16　内摩擦角随初始干密度变化关系曲线

式中，参数 L、M、N 及相关系数 R^2 值图中已给出，即可以量化内摩擦角随初始含水量的变化规律，因此需进一步考虑初始干密度对内摩擦角的影响。根据图 3.15，将 L、M、N 值作为已知，对其随初始干密度的变化进行线性回归分析可得：

$$L = a_4\rho + b_4 \tag{3.6}$$

$$M = a_5\rho + b_5 \tag{3.7}$$

$$N = a_6\rho + b_6 \tag{3.8}$$

式（3.6）回归结果为 $a_4 = -0.336$，$b_4 = 0.7455$，$R_4^2 = 0.8099$。式（3.7）回归结果为 $a_5 = 10.025$，$b_5 = -23.3498$，$R_5^2 = 0.8733$。式（3.8）回归结果为 $a_6 = -55.325$，$b_6 = 169.8153$，$R_6^2 = 0.8929$。

（3）考虑初始含水量和初始干密度影响的填土强度公式

将式（3.1）和式（3.5）带入 Mohr-Coulomb 强度准则，可得到考虑初始含水量和初始干密度影响的填土强度计算公式：

$$\tau_f = C(w,\rho) + \sigma_i \tan\phi(w,\rho) \tag{3.9}$$

式中，$C = Aw^2 + Bw + D$，$\phi = Lw^2 + Mw + N$。$A = 0.8035\rho - 1.3543$，$B = -40.15\rho + 61.6442$，$D = 470.8\rho - 668.29$；$L = -0.336\rho + 0.7455$，$M = 10.025\rho - 23.3498$，$N = -55.325\rho + 169.8153$。

用本试验条件重复试验的结果进行对比验证，证明式（3.9）是合理的。

3.3　高压压缩试验研究

3.3.1　试验方案

机场试验段填筑体三面受稳定的山丘限制，可近似为"簸箕"形，且道槽部位距坡面临空方向尚有 100 余米距离，与"U"形或"V"形沟谷填方一样可近似于有侧限填方，因此，道槽区土体压缩变形可以采用侧向约束条件下的单轴压缩试验分析。试验土料取自于填方施工现场，试样配置过程同前一节直剪试验。其中，试样初始压实度系数分别为 0.88、0.90、0.93、0.95 和 0.98，每种压实度初始含水量分别控制为 11%、14% 和 18%；含水量为 18% 时，压实系数为 0.95 和 0.98 的试样制样困难，仅做了 0.88、0.90 和 0.93 三种。装样前调节透水石的含水量和试样接近，试验加压等级分别为 12.5kPa、25kPa、50kPa、100kPa、200kPa、300kPa、400kPa、600kPa、800kPa、1200kPa，稳定标准为本级压力下变形量不大于 0.01mm/h。

3.3.2　试验结果与分析

（1）初始压实系数对压缩变形的影响

将不同初始压实系数的侧限压缩试验成果按侧限压缩应变 ε 和竖直压力 p 的关系整理，得到二者关系曲线（见图 3.17）。

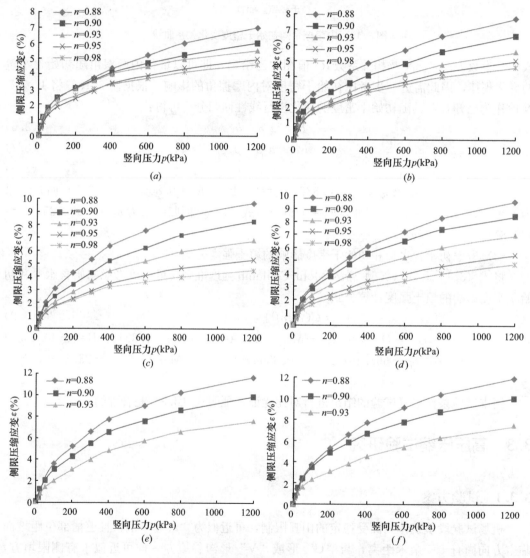

图 3.17　初始压实系数试样的 $\varepsilon\text{-}p$ 关系曲线

(a) $m=2:8$, $w=11\%$; (b) $m=4:6$, $w=11\%$; (c) $m=2:8$, $w=14\%$; (d) $m=4:6$, $w=14\%$; (e) $m=2:8$, $w=18\%$; (f) $m=4:6$, $w=18\%$

由图 3.17 可知，相同配合比相同初始含水量试样，初始压实系数越小侧限压缩应变越大；相同配合比相同初始压实系数试样，初始含水量越大侧限压缩应变越大；相同初始含水量相同压实度试样，土石比 $2:8$ 的试样侧限压缩应变整体略小于土石比 $4:6$ 的试样。由此表明大面积填方工程中提高初始压实度和控制初始含水量是减小地基变形的有效手段。

（2）初始含水量对压缩变形的影响

将不同初始含水量试样的侧限压缩试验成果按侧限压缩应变 ε 和竖直压力 p 的关系整理，得到二者关系曲线（见图 3.18）。

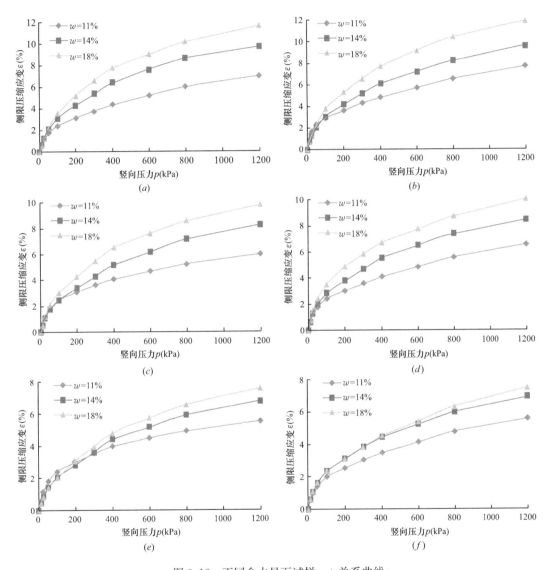

图 3.18　不同含水量下试样 ε-p 关系曲线

（a）$m=2:8$，$n=0.88$；（b）$m=4:6$，$n=0.88$；（c）$m=2:8$，$n=0.90$；（d）$m=4:6$，$n=0.90$；
（e）$m=2:8$，$n=0.93$；（f）$m=4:6$，$n=0.93$

由图 3.18 可知，相同配合比相同初始压实系数试样，侧限压缩应变随初始含水量的增大而增加，当在相同竖向压力作用下，侧限压缩应变随初始含水量增加的增长幅度减小；初始含水量大于 11% 的试样，侧限压缩应变随初始含水量的增加增长幅度较大。因此，从减小高填方地基变形的角度考虑，填筑料的初始含水量宜控制在 11%～14%，这也佐证了前一章提出的填料初始含水量不应大于最佳含水量的 $2\%\sim3\%$ 是正确的。

（3）压缩系数 a_{1-2} 和压缩模量 $E_{s_{1-2}}$ 变化规律

将 2 种配合比的压缩系数 a_{1-2} 和压缩模量 $E_{s_{1-2}}$ 随竖向压力、含水量与压实系数的变化关系进行整理，结果见图 3.19 和图 3.20。

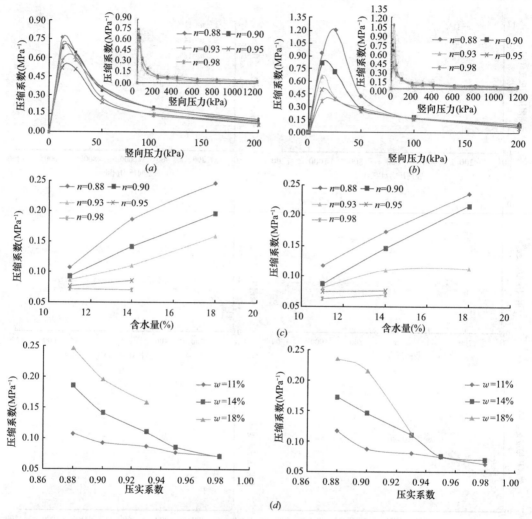

图 3.19 压缩系数随竖向压力、含水量与压实系数关系曲线

（a）$m=2:8$ 试样压缩系数随竖向压力变化关系；（b）$m=4:6$ 试样压缩系数随竖向压力变化关系；

（c）$m=2:8$（左）和 $m=4:6$（右）试样压缩系数随含水量变化关系；

（d）$m=2:8$（左）和 $m=4:6$（右）试样压缩系数随压实系数变化关系

由图 3.19 和图 3.20 可知，压缩系数随竖向压力的增大整体先增大后减小，竖向压力在 $12.5\sim25\mathrm{kPa}$ 时达到最大，大于 $100\sim200\mathrm{kPa}$ 以后压缩系数基本均小于 0.15（属于低压缩性土），见其右上角全压缩过程详图；压缩模量随竖向压力的增大整体呈增大趋势，部分试样在竖向压力为 $12.5\sim25\mathrm{kPa}$ 时随压缩系数的变化出现先减小后增大，在 $200\mathrm{kPa}$ 压力作用下，压缩模量介于 $13.37\sim22.17\mathrm{MPa}$，基本属于低压缩性土。

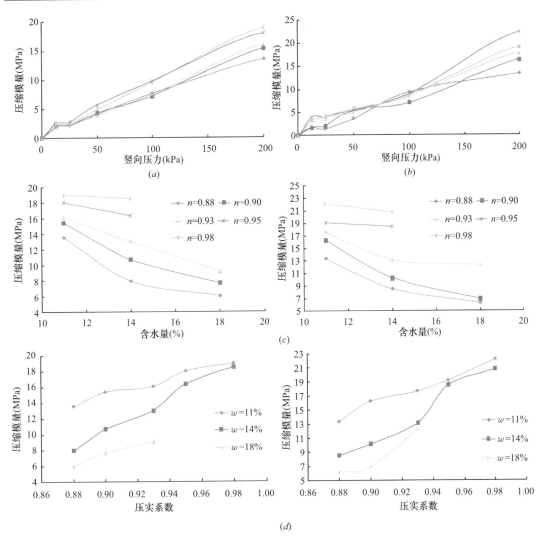

图 3.20 压缩模量随竖向压力、含水量与压实系数关系曲线

(*a*) *m*=2：8 试样压缩模量随竖向压力变化关系；(*b*) *m*=4：6 试样压缩模量随竖向压力变化关系；

(*c*) *m*=2：8（左）和 *m*=4：6（右）试样压缩模量随含水量变化关系；

(*d*) *m*=2：8（左）和 *m*=4：6（右）试样压缩模量随压实系数变化关系

　　当压实系数小于 0.93 时，随着含水量的增加，压缩系数逐渐增大，增幅随压实系数的提高而明显减小，压实系数大于 0.93 时，压缩系数随含水量的增加变化不再明显，但当含水量大于 14％之后压缩系数随含水量的增加明显增大，压缩系数均大于 0.15，即压缩性明显提高。压缩模量随含水量的提高而降低，当压实系数大于 0.93 时，降低幅度明显减小，但压实系数小于 0.93 的试样随含水量的增高迅速降低到 15MPa 以下，变为中等压缩性土。

　　压缩系数随初始压实系数的增大而显著减小，初始含水量越大的试样减小幅度越大，当初始压实系数大于 0.95 后，压缩系数基本不变。压缩模量随初始压实系数的增大而增大，初始含水量越小的试样增大幅度越小，初始含水量在 14％～18％的试样压缩模量增幅明显小于 11％～14％的试样，即在高含水量下，压缩系数或压缩模量受初始压实度的影响变化较大。土石比 2∶8 的试样压缩性与土石比 4∶6 的试样相比差异并不明显，根据击实试验结果和侧限压缩应变的变化，填料土石比宜控制在 2∶8～4∶6，此时填筑体压缩性较低、压缩模量较高。因此，大面积填方工程中初始压实度应控制在 0.93 以上，初始含水量控制在最优含水量±(2%～3%)，压缩系数基本小于 0.15，压缩模量大于 15MPa，可有效减小填筑地基的变形或工后沉降。

3.3.3　填筑体变形计算

填筑体变形是山区高填方工程建设的核心，高填方工程特点与难点不断出新，影响因素更不相同，特别是本高填方机场填料由粉质黏土和砂质泥岩组成，相比于单一填料的压实黄土变形因素的研究，目前关于混合料高填方计算模型方面的研究相对较少。与基于含水量和干密度变化修正土体抗剪强度思路一致，且考虑现场填方工程常用含水量和压实度（干密度）来评价压实质量，因此，若能借助测定土体含水量和压实度就可以预测填筑体变形，则比较简单实用。

① 模型建立

土的压缩性常用 e-p 曲线表示，干密度 ρ_d 和孔隙比 e 之间有式（3.10）所示的换算关系[49]

$$\rho_d = \frac{d_s \rho_w}{1+e}$$ (3.10)

用干密度替代孔隙比，在大量室内试验的基础上，整理得到试样的干密度和竖向压力试验数据，以土石比为 2∶8 和 4∶6、含水量为 11% 的试样为例，其 ρ_d-p 关系曲线见图 3.21。

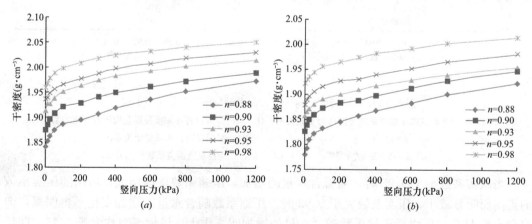

图 3.21　试样的干密度和竖向压力关系曲线
(a) m=2∶8 试样；(b) m=4∶6 试样

由图 3.21 发现压实土的干密度和竖向压力关系与幂函数的形式相似，随着竖向压力的增大，孔隙比减小，干密度增大。因此，假设 ρ_d-p 关系为幂函数

$$\rho_d = k p^\beta$$ (3.11)

式中，k，β 为试验参数。

用幂函数拟合压实混合料的 ρ_d-p 关系曲线，结果见表 3.4。由表可知，用幂函数的形式可以较好地拟合压实混合料的 ρ_d-p 关系曲线，相关系数 R^2 值较高，且在初始含水量为 11% 时随着初始压实系数的增大而增大。

试样 ρ_d-p 关系拟合结果 表 3.4

含水量 w	压实系数 n	土石比 2∶8 试样		土石比 4∶6 试样	
		拟合公式	相关系数 R^2	拟合公式	相关系数 R^2
11%	0.88	$\rho_\mathrm{d}=1.7822p^{0.0130}$	0.93	$\rho_\mathrm{d}=1.7216p^{0.0143}$	0.95
	0.90	$\rho_\mathrm{d}=1.8267p^{0.0112}$	0.97	$\rho_\mathrm{d}=1.7780p^{0.0116}$	0.94
	0.93	$\rho_\mathrm{d}=1.8653p^{0.0103}$	0.97	$\rho_\mathrm{d}=1.8100p^{0.0100}$	0.95
	0.95	$\rho_\mathrm{d}=1.8835p^{0.0100}$	0.98	$\rho_\mathrm{d}=1.8340p^{0.0100}$	0.95
	0.98	$\rho_\mathrm{d}=1.9198p^{0.0090}$	0.99	$\rho_\mathrm{d}=1.8764p^{0.0094}$	0.97
14%	0.88	$\rho_\mathrm{d}=1.6786p^{0.0174}$	0.94	$\rho_\mathrm{d}=1.6925p^{0.0177}$	0.95
	0.90	$\rho_\mathrm{d}=1.6858p^{0.0210}$	0.95	$\rho_\mathrm{d}=1.7068p^{0.0196}$	0.94
	0.93	$\rho_\mathrm{d}=1.7748p^{0.0149}$	0.96	$\rho_\mathrm{d}=1.7948p^{0.0117}$	0.90
	0.95	$\rho_\mathrm{d}=1.8668p^{0.0101}$	0.97	$\rho_\mathrm{d}=1.8241p^{0.0134}$	0.96
	0.98	$\rho_\mathrm{d}=1.8700p^{0.0104}$	0.95	$\rho_\mathrm{d}=1.8417p^{0.0141}$	0.95
18%	0.88	$\rho_\mathrm{d}=1.6595p^{0.0215}$	0.95	$\rho_\mathrm{d}=1.6783p^{0.0212}$	0.97
	0.90	$\rho_\mathrm{d}=1.6604p^{0.0241}$	0.96	$\rho_\mathrm{d}=1.6905p^{0.0230}$	0.94
	0.93	$\rho_\mathrm{d}=1.7569p^{0.0168}$	0.93	$\rho_\mathrm{d}=1.8478p^{0.0150}$	0.93

假定试样在某一初始含水量 w 和初始压实系数 n 下，上覆荷载从 P_i 变化为 P_j $(P_j > P_i)$，试样干密度由 $\rho_{\mathrm{d}i}$ 变化为 $\rho_{\mathrm{d}j}$（孔隙比由 e_i 变化为 e_j），相应地试样侧限压缩应变 ε_i 变为 ε_j。根据式（3.12）可得到式（3.13）

$$e_i = e_0 - \left(\frac{\Delta h_i}{h_0}\right)(1+e_0) \tag{3.12a}$$

$$e_j = e_0 - \left(\frac{\Delta h_j}{h_0}\right)(1+e_0) \tag{3.12b}$$

$$\varepsilon_i = \frac{e_0 - e_i}{1+e_0} \tag{3.13a}$$

$$\varepsilon_j = \frac{e_0 - e_j}{1+e_0} \tag{3.13b}$$

将式（3.10）代入式（3.13）有

$$\varepsilon_i = \frac{\rho_{\mathrm{d}i} - \rho_{\mathrm{d}0}}{\rho_{\mathrm{d}i}} \tag{3.14a}$$

$$\varepsilon_j = \frac{\rho_{\mathrm{d}j} - \rho_{\mathrm{d}0}}{\rho_{\mathrm{d}j}} \tag{3.14b}$$

假设试样初始高度为 h_0，则试样在荷载 P_i、P_j 作用下，变形量分别为

$$\Delta h_i = \varepsilon_i h_0 \tag{3.15a}$$

$$\Delta h_j = \varepsilon_j h_0 \tag{3.15b}$$

因此，试样在轴向荷载由 P_i 增加至 P_j 时的加压变形量为

$$\Delta s = \Delta h_j - \Delta h_i = (\varepsilon_j - \varepsilon_i)h_0 = \frac{\rho_{\mathrm{d}0}(\rho_{\mathrm{d}j} - \rho_{\mathrm{d}i})}{\rho_{\mathrm{d}i}\rho_{\mathrm{d}j}}h_0 \tag{3.16}$$

再将式（3.11）代入式（3.16），即可得到

$$\Delta s = \frac{\rho_{d0}(p_j^\beta - p_i^\beta)}{k(p_i p_j)^\beta} h_0 \tag{3.17}$$

定义压力由 P_i 增加至 P_j 时的试样变形系数为

$$\delta_{ij} = \frac{\Delta s}{h_0} = \frac{\rho_{d0}(p_j^\beta - p_i^\beta)}{k(p_i p_j)^\beta} \tag{3.18}$$

因此，根据分层总和法思想，若某一土层的厚度为 H_i，则该土层的变形量为

$$\Delta H = \delta_{ij} H = \frac{\rho_{d0}(p_j^\beta - p_i^\beta)}{k(p_i p_j)^\beta} H_i \tag{3.19}$$

式中，ρ_{d0} 为初始干密度；p_i、p_j 为加载压力；k、β 为试验参数。对于大面积高填方工程而言，填筑体加荷总变形量为各土层变形量之和。

② 模型参数求解

根据表 3.4，可以分别拟合求得试验参数 k 和 β：

$$k_{2:8} = (-261.19w^2 + 79.14w - 3.82)n + (259.75w^2 - 79.42w + 5.72),$$
$$k_{4:6} = (-185.12w^2 + 53.38w - 2.18)n + (175.88w^2 - 51.63w + 4.01);$$
$$\beta_{2:8} = (-0.82w + 0.46)n + (0.31w + 0.05),$$
$$\beta_{4:6} = (-1.68w + 0.16)n + (0.14w + 0.04)。$$

综上，首先根据大面积填方施工压实度检测获得填筑体初始状态，同时根据填筑厚度或高程分析所受荷载及其变化，进而代入本文算法即预估沉降量，对于大面积高填方工程而言较为简单实用。

3.4 各向等压加载三轴试验研究

3.4.1 试验概况

（1）试验方案

非饱和土的变形本构模型主要有弹性模型和弹塑性模型等，陈正汉提出的非饱和土非线性模型[73]可看作是饱和土 Duncan-Chang 模型的推广，Alonso 提出的著名的 Barcelona 模型[74]是一个具有相当广泛代表性的模型。为获取这两种模型基本参数，研究不同配合比不同压实系数土石混合料的变形、强度和持水变化特性，共进行了 3 类非饱和土三轴试验，具体包括：①16 个控制吸力等于常数，净平均应力增大的各向等压加载试验（控制吸力的各向同性压缩试验）；②12 个控制净平均应力等于常数，吸力增大的三轴收缩试验（控制净平均应力的三轴收缩试验）；③36 个控制净围压和吸力均为常数的三轴排水剪切试验。

制样土料取自工程现场的粉质黏土（Q_4^{dl+pl}）和强风化砂质泥岩（N_2），土样基本物理参数平均值见表 3.5。机场不同功能区二者混合比例、填方压实系数要求不同，其中道槽区填料土石比 m（粉质黏土和强风化砂质泥岩干土质量比）为 2：8，压实系数 n（填料压实后的干密度与击实试验得出的最大干密度之比）主要为 0.93 和 0.95，土面区填料土石比 m 为 4：6，压实系数 n 主要为 0.90 和 0.93。为研究混合料在吸力等于常数、净平均应力增大时的屈服特性和水量变化差异，本节进行控制吸力的各向等压加载三轴试验。土石混

合比分别为 2 : 8、4 : 6，压实系数分别为 0.88、0.93，控制吸力分别为 0、50kPa、100kPa 和 200kPa（吸力控制为 0 的试样，装样后采用水头饱和，饱和时间为 48h），净平均应力最终为 500、450kPa、400kPa 和 300kPa，共计 16 个试样，每个试样约历时 12～15d。

土样基本物理参数 表 3.5

名称	天然密度 ρ (g/cm³)	含水率 w (%)	塑限 w_P (%)	液限 w_L (%)	最大干密度 ρ_{dmax} (g/cm³)	最优含水率 w (%)
粉质黏土	1.83	14.9	18.7	30.2	1.99	12.5
砂质泥岩	1.99	11.5	—	—	2.01	10.1
$m=2:8$ 混合料	—	—	18.2	25.1	2.06	11.1
$m=4:6$ 混合料	—	—	18.1	23.7	2.03	10.4

（2）试验仪器

试验设备采用由常规三轴仪改装而成的非饱和土三轴仪，见图 3.22（a），包括台架与压力室、轴向加荷与轴向变形量测装置、水-气-电路控制柜、体变量测与排水体积量测装置、供压系统等部分，其构造和特色主要有：①双层压力室，可使得加载后内外室水压相等，尽可能消除内压力室变形影响，确保试验测得的试样变形数据准确，底座见图 3.22（b）；②节点压力控制器，既可以使供压系统能够保证恒定的工作压力，又可确保空压机使用的安全；③体变量测与排水体积量测装置，体变管内置于充满水的透明玻璃管中，其读数的变化等于试样体变和管路在此压力下的体变之和；排水管中水位上升 1mm，等于试样排出了 0.012cm³ 的水，估读到 0.5mm 时即可测得 0.006cm³ 的排水量，精度较高。试样的直径和高度分别为 39.1mm 和 80mm；陶土板进气值为 500kPa。

 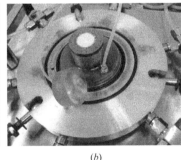 

(a) (b) (c)

图 3.22 改装的非饱和土三轴仪、压力室底座与制样设备

（3）仪器标定

每个试样历时较长（平均约为 15 天），试验过程中温度、加载等因素会引起仪器产生变形，这些变形转嫁给试样，试验的结果将会产生误差。因此，应定期对仪器进行标定。

（4）试样制备与试验

由于机场设计要求填料直径小于 10cm，三轴试验的试料最大粒径取为 5mm，故制样时先将填方工程现场取得的粉质黏土和砂质泥岩土风干，然后采用等质量代换法分别进行代换（大于 10cm 的土料剔除，保持小于 1mm 的细粒含量不变，以 1～5mm 粒径的土料按比例替换大于 5mm 的土料，处理后土料颗分曲线、不均匀系数 C_u 和曲率系数 C_c 见

图 3.23），将二者按设计土石比分别称重、拌和；为便于试样在较小吸力（本试验控制为 50kPa）时能够正常排水，按 80% 的设计饱和度计算预湿加水质量，土样加水均匀预湿，用塑料袋装好后存于保湿器中（放置 72h 以上，每隔 24h 翻动一次）。根据设计压实系数算出每个土样所需的湿土质量，均匀分成五等份，用专门的制样模具将湿土分五层压实，见图 3.22 (c)，每层高度用套在试样模活塞上的钢环控制。

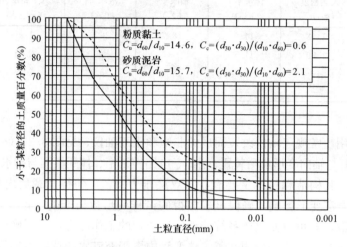

图 3.23 处理后土样颗分曲线

试样制成后，根据试验方案施加吸力和净围压，参照已有经验[73]，固结稳定的标准考虑体变和排水两方面，定为测量试样体变和排水的玻璃管内水的体积在最后两小时内变化量小于 0.1mm。

（5）符号说明

试验分析采用双应力状态变量，即净总应力（$\sigma_{ij} - u_a\delta_{ij}$）和吸力（$u_a - u_w)\delta_{ij}$，$\sigma_{ij}$、$u_a$、$u_w$ 分别为总应力、孔隙气压力、孔隙水压力，δ_{ij} 为 Kronecker 记号。$\sigma_3 - u_a$、p、q 和 s 代表净围压、净平均应力、偏应力和基质吸力，表达式如下：

$$p = \frac{\sigma_1 + \sigma_2 + \sigma_3}{3} - u_a \qquad (3.20)$$

$$q = \sigma_1 - \sigma_3 \qquad (3.21)$$

$$s = u_a - u_w \qquad (3.22)$$

式中：$\sigma_i (i=1, 2, 3)$——3 个不同方向的主应力。

$$\varepsilon_v = \frac{\Delta V}{V_0} = \varepsilon_1 + 2\varepsilon_3 \qquad (3.23)$$

$$\varepsilon_s = \frac{2}{3}(\varepsilon_1 - \varepsilon_3) \qquad (3.24)$$

$$\varepsilon_w = \frac{\Delta V_w}{V_0} \qquad (3.25)$$

式中：ε_v、ε_s 和 ε_w——分别表示体应变、偏应变和水的体变；

ΔV——试样的体积变化量；

ΔV_w——水的体积变化量；

V_0——试样的初始体积；

ε_1 和 ε_3 分别为大主应变和小主应变；

通过与土的比容（$v = 1 + e$，e 是孔隙比）和含水量 w 之间的联系，可由式 (3.26) 和式 (3.27) 求得 ε_v 和 ε_w：

$$v(1+e_0)(1-\varepsilon_v) = v_0(1-\varepsilon_v) \tag{3.26}$$

$$w = w_0 - \frac{1+e_0}{G_s}\varepsilon_w \tag{3.27}$$

式中，e_0 为试样的初始孔隙比；w_0 为初始含水量；G_s 为土粒比重。

3.4.2　试验结果与分析

（1）屈服应力的差异

各向等压加载试验（控制吸力的各向同性压缩试验）的 v-$\log p$ 关系曲线如图 3.24 所示。由图知，吸力相同时，随着净平均应力的增大，初期比容逐渐减小，净平均应力增大到一定值后，比容 v 明显降低。这两个阶段的数据点在 v-$\log p$ 坐标系中可分别用两条直线拟合，二者的交点可视为屈服点[60]，这些屈服点在横坐标上对应的点即为屈服应力，将不同试样的屈服应力值进行整理，见表 3.6。净平均应力相同时，在屈服应力前期，比容越大，吸力越小，二者呈负相关。

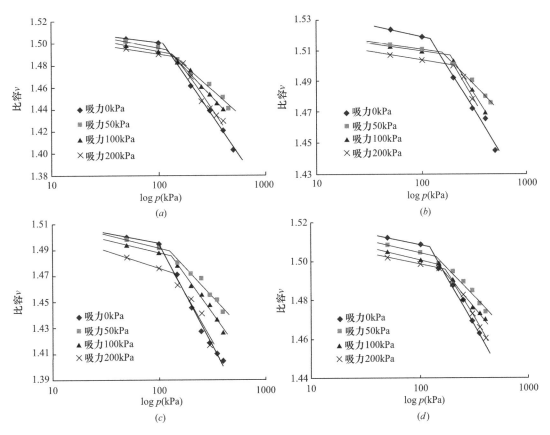

图 3.24　各向等压加载试样 v-$\log p$ 关系曲线

(a) $m = 2 : 8$, $n = 0.88$；(b) $m = 2 : 8$, $n = 0.93$；(c) $m = 4 : 6$, $n = 0.88$；(d) $m = 4 : 6$, $n = 0.93$

由表 3.6 可知，随着吸力的增大，屈服应力也增大；相同配合比试样，压实系数增大，屈服应力明显增大，相同压实系数试样，土石比为 2：8 的试样屈服应力整体高于土石比为 4：6 的试样。将这些屈服点绘在 $p\text{-}s$ 平面上、连接成线，如图 3.25 所示，其形状与 Barcelona 模型中 LC 屈服线形状相似，在此也称为加载屈服线（LC 屈服线）[74]。即初始应力状态位于 LC 曲线以左的试样，当净平均应力增大或吸力减小（湿化），应力状态点达到 LC 曲线时，试样将发生屈服；图中各条 LC 曲线与 p 轴的交点就是各试样在饱和状态的屈服应力，也是 LC 曲线的下限。

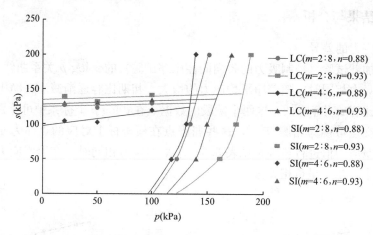

图 3.25　各试样在 $p\text{-}s$ 平面上的屈服包线

通过最小二乘法对图中各直线段进行拟合，可得到屈服点前后直线段的斜率，分别用 κ 和 $\lambda(s)$ 表示，作为试样的压缩性指标分别列于表 3.6 中。由表 3.6、图 3.24 可知，相同土石比的试样，压实系数越小，κ 值越小，说明压实系数较小的试样变形随荷载的增加变化较大。

各向同性加载试样相关参数与屈服应力　　　　　　　　　　表 3.6

试样	吸力 s (kPa)	屈服应力 (kPa)	压缩指数		水相体变指标	
			κ	$\lambda(s)$	$\lambda_w(s)(10^{-5})$	$\beta(s)(10^{-5})$
$m=2：8$ $n=0.88$	0	101	-0.0057	-0.0594	2.65	-1.54
	50	122	-0.0080	-0.0373	4.05	-2.64
	100	134	-0.0079	-0.0456	4.48	-2.53
	200	151	-0.0070	-0.0623	4.97	-3.18
$m=2：8$ $n=0.93$	0	123	-0.0065	-0.0480	1.62	-0.91
	50	161	-0.0043	-0.0307	2.21	-1.25
	100	175	-0.0045	-0.0468	2.43	-1.37
	200	188	-0.0049	-0.0600	2.96	-1.67
$m=4：6$ $n=0.88$	0	97	-0.0072	-0.0678	4.81	-2.83
	50	118	-0.0092	-0.0382	6.16	-3.62
	100	129	-0.0085	-0.0503	7.06	-4.15
	200	139	-0.0119	-0.0660	5.53	-5.02

试样	吸力 s（kPa）	屈服应力（kPa）	压缩指数		水相体变指标	
			k	$\lambda(s)$	$\lambda_w(s)(10^{-5})$	$\beta(s)(10^{-5})$
$m=4:6$ $n=0.93$	0	114	-0.0022	-0.0430	1.9	-1.12
	50	139	-0.0056	-0.0256	3.92	-2.31
	100	150	-0.0061	-0.0299	4.23	-2.49
	200	171	-0.0052	-0.0413	5.07	-2.98

（2）水量变化的差异

图 3.26 是各向等压加载试验过程中，试样净平均应力与含水量变化之间的关系曲线。分析该图可知，净平均应力与水的体变（ε_w-p）、净平均应力与含水量（w-p）之间的关系曲线均近似呈线性关系，分别用线性关系进行拟合，直线的斜率分别用 $\lambda_w(s)$ 和 $\beta(s)$ 表示，并列于表 3.6 中。

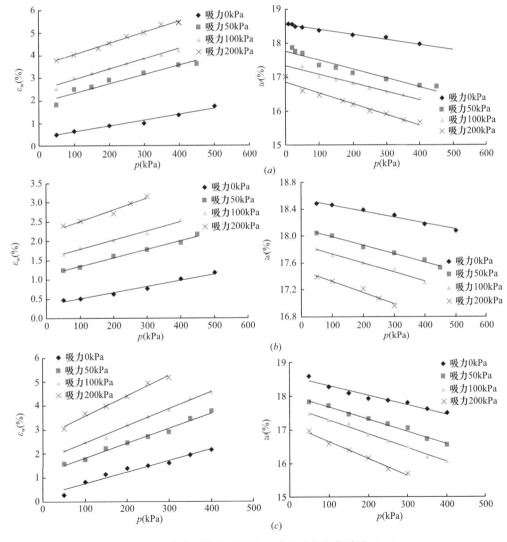

图 3.26　各向同性加载试验中水相指标变化关系（一）

（a）$m=2:8$，$n=0.88$ 试样；（b）$m=2:8$，$n=0.93$ 试样；（c）$m=4:6$，$n=0.88$ 试样

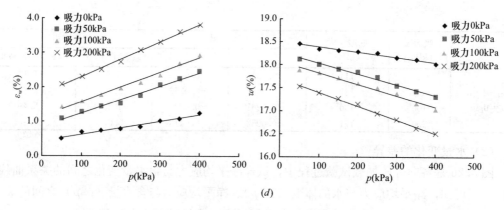

图 3.26　各向同性加载试验中水相指标变化关系（二）

(d) $m=4:6$，$n=0.93$ 试样

相同配合比试样，压实系数增高，$\lambda_w(s)$ 明显减小，这是由于压实系数越高，相同吸力下试样的排水就越困难。相同压实系数试样，土石比为 2：8 的试样 $\lambda_w(s)$ 整体小于土石比为 4：6 的试样，分析原因，可能是土石比为 2：8 的试样内，颗粒空隙较土石比为 4：6 的试样大，故相同吸力下排水较容易。配合比和压实系数均相同的试样，吸力为 0 时，$\lambda_w(s)$ 和 $\beta(s)$ 值较其他吸力情况下差异较大，而吸力为 50kPa、100kPa 和 200kPa 时，$\lambda_w(s)$ 和 $\beta(s)$ 拟合直线的斜率变化较小，可近似取三者的平均值作为试样水量变化参数。

3.5　三轴收缩试验研究

3.5.1　试验方案

黄雪峰[114]、姚志华[81]等研究了非饱和 Q_3 黄土的吸力增大屈服特性，前者涉及试验较少、无法定量分析，后者较为全面地比较了原状和重塑 Q_3 黄土；但涉及土石混合料的吸力增大屈服特性研究尚不多见。另外，土石混合料作为典型的非饱和土，研究其持水特性是分析非饱和填筑体各相变化及其迁移对高填方变形影响的基础。非饱和压实土的持水性能与孔隙特性直接相关，影响孔隙结构的因素主要有干密度、粒径、初始含水量、应力历史和应力状态等。

为了深入研究在净平均应力为常数、吸力增大时，不同压实系数土石混合料屈服特性差异和土水特征曲线变化，进行了 12 个控制净平均应力的三轴收缩试验。同前文，土石混合比分别为 2：8 和 4：6，压实系数分别为 0.88 和 0.93，控制净平均应力分别为 20kPa、50kPa 和 100kPa，吸力最终为 450kPa、450kPa 和 400kPa，每个试样约历时 15～20d。试样具体物理参数、试验仪器及操作等同前。

3.5.2　试验结果与分析

（1）屈服吸力的差异

图 3.27 是三轴收缩试验的 v-$\log s$ 关系曲线。分析该图，与 3.4 节中各向等压加载试

验一样，试验的数据点可近似归一到 2 条相交的直线上，直线段的交点为屈服吸力，其值见表 3.7。吸力相同时，在屈服吸力前期，净平均应力越小，比容越大。

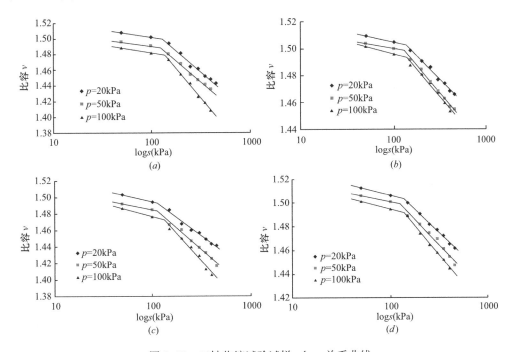

图 3.27　三轴收缩试验试样 v-log$s$ 关系曲线

(a) $m=2:8$，$n=0.88$ 试样；(b) $m=2:8$，$n=0.93$ 试样；(c) $m=4:6$，$n=0.88$ 试样；
(d) $m=4:6$，$n=0.93$ 试样

由表 3.7 可知，同各向等压加载试验相似，相同配合比试样，压实系数增高，屈服吸力明显增大，相同压实系数试样，土石比为 2：8 的试样屈服吸力整体高于土石比为 4：6 的试样。同样将这些屈服点绘在 p-s 平面上、连接成线，其形状与图 3.25 所示 Barcelona 模型中 SI 屈服线形状相似。

通过最小二乘法对图中各直线段进行拟合，可得到屈服点前后直线段的斜率，将其作为收缩性指标，分别用 κ_{s} 和 $\lambda(p)$ 表示，列于表 3.7 中。由表 3.7、图 3.27 可知，与各向等压加载试验一样，相同土石比的试样，压实系数越小，κ_{s} 值越小，说明压实系数较小的试样变形随荷载的增加变化较大。压实系数相同的试样，土石比 2：8 的试样，其收缩指标 κ_{s} 大于土石比为 4：6 的试样，这表明土石比 2：8 的试样在相同的外界荷载下变形更小。而位于屈服点以后的压缩性指标 $\lambda(p)$ 随着净平均应力的增大基本呈减小趋势，说明即使在屈服吸力以后，随着荷载的增大试样的变形也依然在增大。

（2）水量变化的差异

图 3.28 是不同配合比的试样在三轴收缩试验过程中，试样水量变化指标与吸力之间的关系曲线。由该图可以看出，$\varepsilon_{w}-\log[(s+p_{atm})/p_{atm}]$ 与 $w-\log[(s+p_{atm})/p_{atm}]$ 关系曲线均近似呈线性关系，用最小二乘法对直线进行拟合，直线的斜率分别用 $\lambda_{w}(p)$ 和 $\beta(p)$ 表示（见表 3.7）。由该表可知，同一试验条件下，试样的压实系数越小，其水量变化指标 $\lambda_{w}(p)$ 越大，说明其排水能力较强。

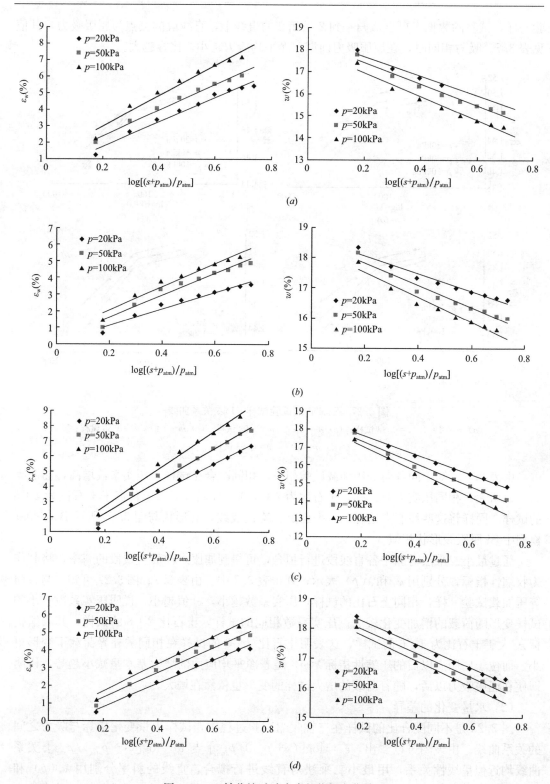

图 3.28　三轴收缩试验中水相指标变化关系

(a) $m=2:8$, $n=0.88$ 试样；(b) $m=2:8$, $n=0.93$ 试样；(c) $m=4:6$, $n=0.88$ 试样；
(d) $m=4:6$, $n=0.93$ 试样

三轴收缩试验中试样相关参数与屈服应力　　表 3.7

试样	净平均应力	收缩指标		水相体变指标		屈服吸力
		κ_s	$\lambda(p)$	$\lambda_w(p)$	$\beta(p)$	
$m=2:8$ $n=0.88$	20	-0.0087	-0.0469	0.0740	-0.0434	103
	50	-0.0079	-0.0473	0.0773	-0.0485	125
	100	-0.0097	-0.066	0.0918	-0.0538	133
$m=2:8$ $n=0.93$	20	-0.0067	-0.0305	0.0496	-0.0291	126
	50	-0.0054	-0.0357	0.0654	-0.0365	132
	100	-0.0081	-0.0349	0.0697	-0.0395	142
$m=4:6$ $n=0.88$	20	-0.0128	-0.0387	0.0937	-0.0549	99
	50	-0.0106	-0.0459	0.1057	-0.0632	103
	100	-0.0144	-0.0586	0.1221	-0.0716	126
$m=4:6$ $n=0.93$	20	-0.0092	-0.0348	0.0655	-0.0384	118
	50	-0.0076	-0.0375	0.0695	-0.0393	126
	100	-0.0097	-0.0436	0.0759	-0.0421	135

3.5.3　土水特征曲线研究

试样的初始体积为 V_0，初始含水量为 w_0，第 i 级基质吸力稳定后试样体积变化量为 ΔV_i，排出水量为 Δm_i，则第 i 级基质吸力对应的体积含水量 θ_i 和重力含水量 w_i 的计算见式 (3.28) 和式 (3.29)。

$$w_i = \frac{m_{wi}}{m_s} = \frac{m_{w0} - \Delta m_i}{m_s} = \frac{\rho_d V_0 w_0 - \Delta m_i}{\rho_d V_0} \tag{3.28}$$

$$\theta_i = \frac{V_{wi}}{V_i} = \frac{\rho_d V_0 w_0 - \Delta m_i}{(V_0 - \Delta V_i)\rho_w} \tag{3.29}$$

（1）控制净平均应力的广义土水特征曲线研究

不同净平均应力作用下，不同吸力所对应的体积含水率及重力含水率变化情况如图 3.29、图 3.30 所示。据此得到不同压实系数的混合料的水量土水特征曲线，分析图 3.29 可知，重力含水率与基质吸力的对数呈线性关系。其广义土水特征曲线表达式为：

$$w = w_0 - aP - b\ln\left(\frac{s + P_{atm}}{P_{atm}}\right) \tag{3.30}$$

式中，a、b 为拟合常数，其值分别列于表 3.8 中；P_{atm} 为大气压。

土水特性曲线中参数 a、b 的值　　表 3.8

试样	$m=2:8$ $n=0.88$	$m=2:8$ $n=0.93$	$m=4:6$ $n=0.88$	$m=4:6$ $n=0.88$
$a(\mathrm{kPa}^{-1})$	0.0000639	0.0000323	0.0000359	0.0000253
b	0.0203	0.0184	0.0237	0.0154

分析图 3.29、图 3.30 可以看出，含水率随基质吸力的变化较为显著，关系曲线大致处于两个区段。第一个区段基质吸力小于空气进气值，土体内的孔隙处于完全封闭的状

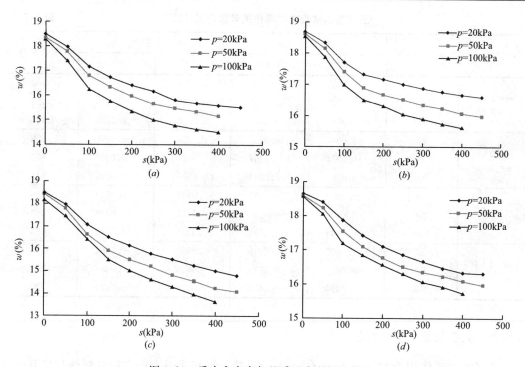

图 3.29　重力含水率与基质吸力之间的关系
(a) $m=2:8$, $n=0.88$ 试样；(b) $m=2:8$, $n=0.93$ 试样；(c) $m=4:6$, $n=0.88$ 试样；
(d) $m=4:6$, $n=0.93$ 试样

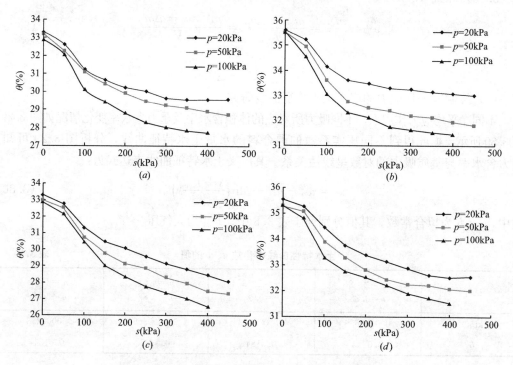

图 3.30　体积含水率与基质吸力之间的关系
(a) $m=2:8$, $n=0.88$ 试样；(b) $m=2:8$, $n=0.93$ 试样；(c) $m=4:6$, $n=0.88$ 试样；
(d) $m=4:6$, $n=0.93$ 试样

态，且大多数的孔隙被水相填充，气体只能以气泡的形式存在于水中，土体的基本性质与饱和土相近，基质吸力与土体含水量关系相对平缓。当基质吸力超过空气进气值时，将会进入第二个区段，随基质吸力的增大土体含水率减小较快，此时土体孔隙处于部分连通与连通状态。随着水分的不断排出，土体中的孔隙慢慢被空气占据，形成连通的孔隙通道，土体中的水分将会随着吸力的增大迅速减少，土体的基本性质也因此发生很大的改变，实际工程中的土体常常处于该区段。净平均应力对试样的含水率有明显影响，分析图可知，在相同条件下，净平均应力越大，试样的含水率就越小。

（2）土水特征曲线模型研究

目前，土水特征曲线模型中 Van Genuchten 模型及 Fredlund and Xing 的土水特征曲线模型因其拟合效果较好、参数特征明确，在研究中应用较为广泛。因此，选用 Van Genuchten 模型对土水特征曲线进行拟合。

VG 模型的公式为：

$$\theta(w) = \theta_r + \frac{\theta_s - \theta_r}{\left[1 + (\psi/a)^b\right]^{(1-1/b)}} \tag{3.31}$$

式中，θ_r——残余体积含水量；

θ_s——饱和体积含水率；

a——与进气值有关的参数；

$\theta(w)$——体积含水率；

ψ——代表基质吸力；

b——与土样排水有关的参数。

分别对本节试样在不同净平均应力下的试验结果进行拟合，结果如图 3.31 所示，拟合所得参数值汇于表 3.9 中。

从图 3.31 可以看出，VG 模型拟合结果与试验结果吻合较好，据此可得出土石混合料填筑体的土水特征曲线模型，为混合料渗透性研究奠定基础。

用 VG 模型拟合不同净平均应力下的试验数据所得的参数值　　　　表 3.9

试样	P(kPa)	θ_r(%)	θ_s(%)	a	b	R^2
$m=2:8$ $n=0.88$	20	29.18	33.33	72.8	2.36	0.9946
	50	27.14	33.19	73.31	1.72	0.9993
	100	26.94	32.94	75.76	2.19	0.9945
$m=2:8$ $n=0.93$	20	32.98	35.63	73.48	2.79	0.9950
	50	31.73	35.53	75.62	2.64	0.9934
	100	31.13	35.54	62.73	2.38	0.9975
$m=4:6$ $n=0.88$	20	24.48	33.36	105.53	1.57	0.9911
	50	25.41	33.09	98.44	1.86	0.9892
	100	25.09	32.93	96.9	2.09	0.9968
$m=4:6$ $n=0.93$	20	31.94	35.56	105.14	2.27	0.9963
	50	31.72	35.44	95.35	2.59	0.9959
	100	31.07	35.36	95.34	2.585	0.9959

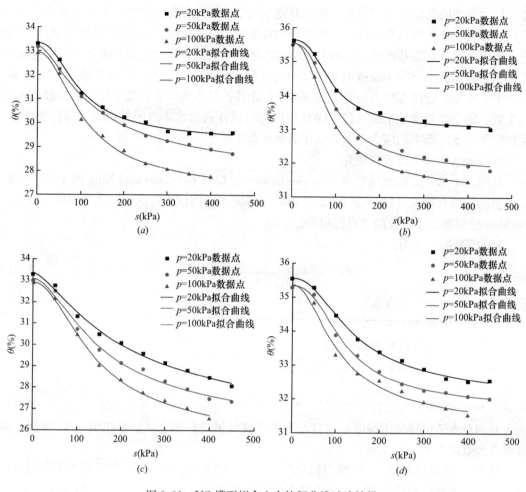

图 3.31　VG 模型拟合土水特征曲线试验结果

(a) $m=2:8$，$n=0.88$ 试样；(b) $m=2:8$，$n=0.93$ 试样；(c) $m=4:6$，$n=0.88$ 试样；
(d) $m=4:6$，$n=0.93$ 试样

3.6　三轴排水剪切试验研究

3.6.1　试验方案

本节共做了 4 组 36 个控制吸力和净围压为常数的三轴排水剪切试验[115]。压实系数 η 控制为 0.88 和 0.93 两种，土石混合比 m 控制为 2∶8 和 4∶6 两种；每组试验的吸力分别控制为 50kPa、100kPa、200kPa，净围压分别控制为 100kPa、200kPa、300kPa，具体参数可见表 3.10，排水过程中假定孔隙水压力为零，则试验时仅需控制总围压 σ_3 和气压 u_a。

试样制成后，根据试验方案施加吸力和净围压，开始排水固结，参照已有经验[60]，固结稳定的标准为测量试样体变和排水的玻璃管内水的体积在两小时内变化量小于 0.01ml，排水固结历时 40h 以上；固结完成后开始剪切，剪切速率选用 0.0072mm/min，

剪切至轴应变达 15％约需 30h，每个试样约历时 4～5d。

3.6.2　强度特性试验结果与分析

（1）强度参数计算

实际填方工程中土体应变要控制在一定范围内，故试验过程中，试样的破坏应力（p_f，q_f）根据其破坏形式的不同选择相应破坏标准，对于应变强化的试样，取轴向应变 $\varepsilon_1=15\%$ 时的应力为破坏应力；对于应变软化的试样，取 $(\sigma_1-\sigma_3)$-ε_1 曲线上的峰值点应力为破坏应力，36 个试样的破坏应力见表 3.10，p-q 平面内的强度包线如图 3.32 所示。

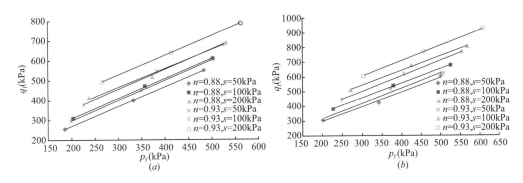

图 3.32　土样在 p-q 平面内的强度包线

（a）$m=2:8$；（b）$m=4:6$

由图 3.32 可知吸力相同的破坏应力点基本呈线性分布，土的抗剪强度公式为：

$$q_f = \xi + p_f \tan w \tag{3.32}$$

式中，$q_f=\sigma_1-\sigma_3$ 和 $p_f=\dfrac{1}{3}(\sigma_1+2\sigma_3)_f-u_a$ 分别表示破坏偏应力和破坏净平均应力，ξ 和 $\tan w$ 分别是直线的截距和斜率。根据土中一点极限平衡状态的破坏包线列平衡方程，可得到

$$q = \frac{6c\cos\varphi'}{3-\sin\varphi'} + p' \frac{6\sin\varphi'}{3-\sin\varphi'} \tag{3.33}$$

比较式（3.32）和式（3.33），土的有效摩擦角 φ' 和土的总黏聚力 c 可由式（3.34）、式（3.35）求得

$$\sin\varphi' = \frac{3\tan w}{6+\tan w} \tag{3.34}$$

$$c = \frac{3-\sin\varphi'}{6\cos\varphi'}\xi \tag{3.35}$$

将 c-s 关系绘于图 3.33，发现二者之间也近似为线性关系，直线所对应的截距即为吸力为零时饱和土的有效黏聚力，直线的斜率即为 $\tan\varphi^b$，从而得到吸附内摩擦角 φ^b，其表示抗剪强度随吸力的增加而增强的水平。至此，试样的强度参数 c、φ' 和 φ^b 均已求出，其值列于表 3.10。

不同土样的强度参数 表3.10

土样	s(kPa)	σ_3-u_a (kPa)	q_f(kPa)	p_f(kPa)	$\tan w$	φ'(°)	φ'平均值 (°)	ξ(kPa)	c(kPa)	φ^b(°)
$m=2:8$, $n=0.88$	50	100	256.112	185.371	0.9888	25.16	24.95	71.85	34.06	18.39
		200	399.321	333.107						
		300	551.073	483.691						
	100	100	309.465	203.155	1.0008	25.40		108.81	51.62	
		200	471.830	357.277						
		300	609.585	503.195						
	200	100	413.101	237.701	0.9555	24.34		177.71	84.13	
		200	518.576	372.859						
		300	691.753	530.584						
$m=2:8$, $n=0.93$	50	100	296.393	198.798	1.0144	25.71	25.43	94.69	44.95	23.33
		200	449.530	349.843						
		300	602.938	500.979						
	100	100	376.959	225.653	1.0105	25.62		152.70	72.47	
		200	546.795	382.265						
		300	681.245	527.082						
	200	100	493.742	264.581	0.9822	24.96		233.84	110.83	
		200	639.658	413.219						
		300	785.804	561.935						
$m=4:6$, $n=0.88$	50	100	306.461	202.154	0.9936	25.23	25.14	99.03	46.96	25.15
		200	426.675	342.225						
		300	602.434	500.811						
	100	100	380.715	226.905	0.9919	25.19		157.85	74.85	
		200	538.943	379.648						
		300	676.933	525.644						
	200	100	511.742	270.581	0.9846	25.02		249.50	118.26	
		200	677.507	425.836						
		300	804.303	568.101						
$m=4:6$, $n=0.93$	50	100	315.099	205.033	1.0039	25.47	26.10	115.28	54.75	29.24
		200	517.926	372.642						
		300	621.458	507.153						
	100	100	446.951	248.984	1.0359	26.21		191.64	91.08	
		200	617.411	405.804						
		300	763.196	554.399						
	200	100	607.769	302.590	1.0353	26.20		295.41	140.39	
		200	770.008	456.669						
		300	923.903	607.968						

（2）偏应力和强度参数变化分析

① 吸力对偏应力和强度参数的影响

分析图 3.32，除个别点不协调外，试样的破坏应力（p_f，q_f）总体线性分布的规律性较好，不同吸力对应的强度数据在破坏面上构成若干条平行的强度包线；相同配合比相同压实度条件下，强度包线随吸力的增加向外扩展，说明吸力越高，破坏应力越大。与 Nuth 和 Laloui[116] 采用 Fredlund 强度表达式考察 Sivakumar 非饱和高岭土在不同吸力下临界状态线分布一致，当 Nuth 采用 Bishop 强度表达式时，发现不同吸力的强度数据可以用一条临界状态线描述，则如果采用 Bishop 应力变量来描述土骨架的应力状态，就无需单独考虑由于吸力变化引起的屈服。但是吸力的变化能引起土刚度和强度的变化，强度不可能随吸力无限增加，只可能达到一个最大值。

由图 3.33 可知，相同配合比相同压实度条件下，黏聚力随吸力的增加基本呈线性增长；从表 3.10 可知，吸力变化对有效摩擦角影响不大，可取其平均值代替。但是对某些土而言，其黏聚力与吸力之间的关系是非线性的，有效摩擦角随吸力的变化也并非常数[74]。对图 3.33 的试验数据进行线性拟合可得：

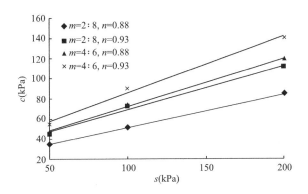

图 3.33　黏聚力随吸力的变化

$$c = s\tan\varphi^b + c' \tag{3.36}$$

式中：$\tan\varphi^b$、c'——分别为直线的斜率和截距；

　　　　c'——饱和土的有效黏聚力，其值列于表 3.11。

不同土样的 $\tan\varphi^b$、c' 值　　　　　　　　　　　　　　　表 3.11

m	n	c'(kPa)	$\tan\varphi^b$
2：8	0.88	17.809	0.3325
	0.93	25.774	0.4312
4：6	0.88	25.253	0.4694
	0.93	30.091	0.5598

② 压实度对偏应力和强度参数的影响

分析图 3.32 和图 3.33，相同配合比相同吸力条件下，破坏应力随压实系数的提高而增大，黏聚力、有效内摩擦角、吸附内摩擦角也随压实系数的提高而增大（见图 3.34）。

但当压实系数较大（如 $n=0.93$）、吸力较小（$s=50\text{kPa}$）时，其破坏应力却小于压实系数较小（如 $n=0.88$）、吸力较大（$s=200\text{kPa}$）的土样，由此说明这种混合填料的强度不只由压实度决定。

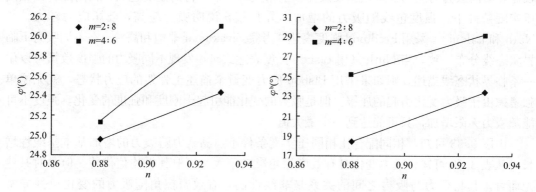

图 3.34　有效内摩擦角和吸力内摩擦角随压实系数的变化

应当指出，这些强度参数变化规律是粉质黏土和强风化砂质泥岩混合料在净围压不超过 300kPa、吸力不超过 200kPa，压密系数在 $0.88 \sim 0.93$ 之间的条件下得出的。当土样的试验条件不在上述范围内时，需要通过试验进一步确定。

③ 配合比对偏应力和强度参数的影响

分析图 3.32～图 3.34，相同压实系数、相同吸力条件下，配合比为 4∶6 的土样屈服应力整体高于 2∶8 的土样，黏聚力、有效内摩擦角、吸附内摩擦角也有相同的规律，根据表 3.11、现场试验获得的强风化砂质泥岩和粉质黏土的黏聚力，将有效黏聚力 c' 随混合料中粉质黏土含量的变化关系绘于图 3.35，m 值为 0% 表示土样为强风化砂质泥岩（粉质黏土含量为 0），m 值为 100% 表示土样为粉质黏土（强风化砂质泥岩含量为 0）。图 3.35 表明混合料有效黏聚力随粉质黏土含量的增加而增大，与 Vallejo[117]、Jiang[118] 等研究所得细粒含量增加可提高土体强度的结论一致，Jiang 试验证实细粒含量为 95% 的土样强度是细粒含量为 5% 土样强度的 20 倍以上。

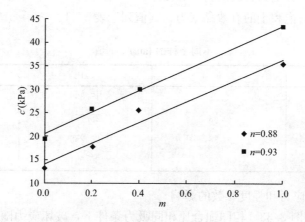

图 3.35　有效黏聚力随配合比的变化

顺便指出，关于细颗粒含量影响土体强度机理的认识尚未统一。Vallejo 认为细颗粒含量增加使土体强度增加的主要原因是细颗粒填充了粗颗粒之间的孔隙，即孔隙减小使得强度增加；Medley[119] 在研究粗细土粒混合体时认为，该种土的破坏面一般有"绕石"行为，即破坏面沿着粗颗粒表面延展，在其他因素相同时，细颗粒含量增加，使得粗细颗粒接触面这一脆弱区域减小，抵抗外部荷载的能力相应增加，抗剪强度提高；Jiang 证实密度、含水量都相同时，细颗粒含量增加，土粒比重增加，孔隙比也在增加，抗剪强度反而增强，这与 Vallejo 观点明显不符。

（3）抗剪强度公式修正

根据表 3.11、图 3.34 和图 3.35，可得 c'、φ' 和 $\tan\varphi^b$ 与配合比 m 和压实系数 n 的拟合关系为：

$$c' = -312.7mn + 221.84n - 312.42m + 184.86 \tag{3.37}$$

$$\varphi' = -41.29mn + 24.76n + 48m \tag{3.38}$$

$$\tan\varphi^b = -0.83mn + 2.14n - 1.42m + 1.69 \tag{3.39}$$

其中，有效内摩擦角随吸力的变化相对较小，吸力影响暂忽略不计；将参数 c'、φ' 和 φ^b 代入 Fredlund 非饱和土抗剪强度公式（3.40），可得到填方土体抗剪强度公式，式中 m 值为 0 表示土样为强风化砂质泥岩，m 值为 100% 表示土样为粉质黏土。

$$\tau_f = c' + (\sigma - u_a)_f \tan\varphi' + (u_a - u_w)_f \tan\varphi^b \tag{3.40}$$

式中，$(\sigma - u_a)_f$ 为破坏面上的净法向应力；$(u_a - u_w)_f$ 为破坏面上的基质吸力。

修正后的抗剪强度公式能同时考虑压实系数、基质吸力和土石混合比的影响，比仅考虑基质吸力的 Fredlund 非饱和土抗剪强度公式更贴近填方工程实际，可用于高填方边坡稳定性分析。

3.6.3　变形特性试验结果与分析

（1）应力应变关系曲线分析

36 个试样在控制吸力和净围压为常数条件下，三轴剪切试验过程中的偏应力 $(\sigma_1 - \sigma_3)$～轴应变 ε_1 曲线如图 3.36 所示，试验完成后土样见图 3.37。

从图 3.36 横向比较可知：配合比和压实系数相同的土样，在相同吸力作用下，净围压越大，试样强度越大（剪切初期，由于活塞杆连接问题导致部分土样变化不是很规律）、体变逐步由剪缩趋于剪胀；在相同净围压作用下，吸力越大试样的强度、体变越大，说明吸力对土样强度和体变有着重要的影响。

纵向比较，净围压和吸力相同的土样，相同配合比时，压实系数越高，试样强度越大，应变曲线逐渐由应变硬化型向理想弹塑型转变，低净围压下部分土样趋于应变软化型，且压实系数越高，软化现象越明显，但总体软化不明显；压实系数相同时，粉质黏土含量越多，其强度越大，与前文研究结果一致。因此，建立能同时考虑压实度、吸力和土石混合比的本构模型十分必要。

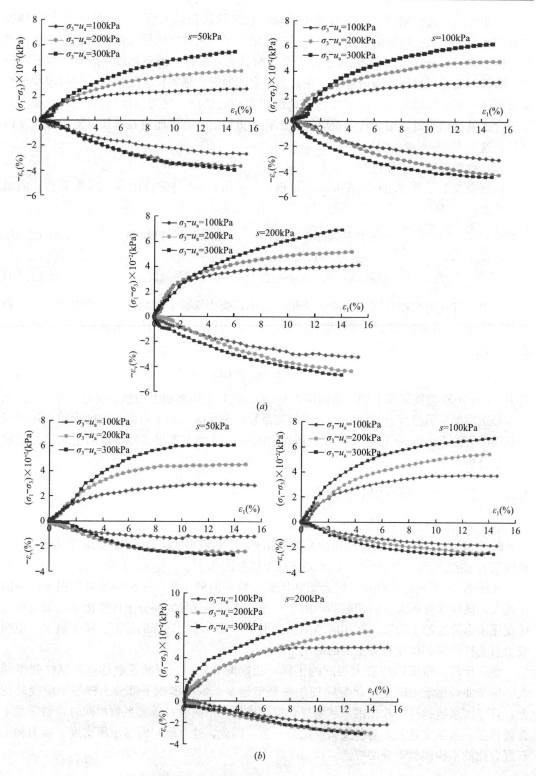

图 3.36　不同土样的 $(\sigma_1-\sigma_3)$-ε_1 和 ε_v-ε_1 关系曲线 （一）

(a)　$m=2:8$，$n=0.88$；(b)　$m=2:8$，$n=0.93$

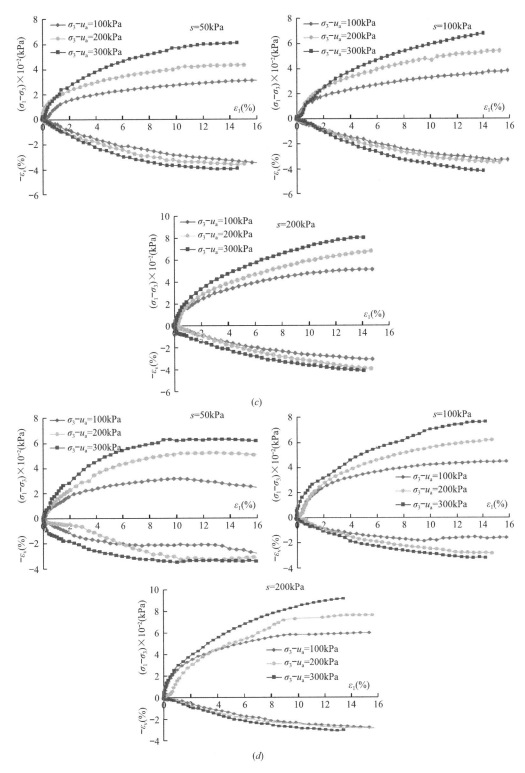

图 3.36　不同土样的 $(\sigma_1-\sigma_3)$-ε_1 和 ε_v-ε_1 关系曲线（二）

(c) $m=4:6$，$n=0.88$；(d) $m=4:6$，$n=0.93$

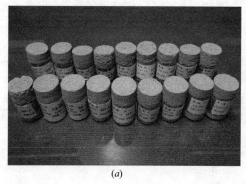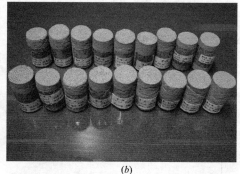

图 3.37 不同配比土样试验后照片

(a) $m=2:8$ 土样；(b) $m=4:6$ 土样

（2）非线性模型变形参数计算

① 非饱和土的切线变形模量 E_t

根据图 3.36 所示 $(\sigma_1-\sigma_3)$-ε_1 关系曲线，参考非饱和土非线性模型，可用双曲线描述：

$$\sigma_1-\sigma_3 = \frac{\varepsilon_1}{a+b\varepsilon} \tag{3.41}$$

对上式取极限有

$$\lim_{\varepsilon_1\to\infty}\left(\frac{\varepsilon_1}{a+b\varepsilon_1}\right) = \frac{1}{b} = (\sigma_1-\sigma_3)_{\text{ult}} \tag{3.42}$$

$$\lim_{\substack{\varepsilon_1\to 0 \\ (\sigma_1-\sigma_3)\to 0}}\left(\frac{\varepsilon_1}{\sigma_1-\sigma_3}\right) = \lim_{\substack{\varepsilon_1\to 0 \\ (\sigma_1-\sigma_3)\to 0}}\frac{\mathrm{d}\varepsilon_1}{\mathrm{d}(\sigma_1-\sigma_3)} = \frac{1}{E_i} = a \tag{3.43}$$

式中，a 和 b 分别是在 $\frac{\varepsilon_1}{(\sigma_1-\sigma_3)}$-$\varepsilon_1$ 坐标系中双曲线转换成直线的截距和斜率，其物理意义分别是 a 为初始切线模量 E_i 的倒数，b 为极限偏应力 $(\sigma_1-\sigma_3)_{\text{ult}}$ 的倒数。

点绘 $\frac{\varepsilon_1}{(\sigma_1-\sigma_3)}$~$\varepsilon_1$ 关系曲线，则双曲线转换成直线，a 和 b 分别是该直线的截距和斜率。由于 $(\sigma_1-\sigma_3)_{\text{ult}}$ 为 $\varepsilon_1\to\infty$ 时的强度极限值、一般不易求得，而强度破坏条件可以人为规定，因此为了求得 $(\sigma_1-\sigma_3)_{\text{ult}}$，需先通过破坏强度 $(\sigma_1-\sigma_3)_{\text{f}}$ 定义破坏比 R_{f}，其值为

$$R_{\text{f}} = \frac{(\sigma_1-\sigma_3)_{\text{f}}}{(\sigma_1-\sigma_3)_{\text{ult}}} \tag{3.44}$$

$(\sigma_1-\sigma_3)_{\text{f}}$ 取值标准前文已述及。同时，将强度发挥程度定义为应力发挥水平

$$L = \frac{(\sigma_1-\sigma_3)}{(\sigma_1-\sigma_3)_{\text{f}}} \tag{3.45}$$

在双对数坐标上点绘 $\lg\left(\frac{E_i}{P_{\text{at}}}\right)$-$\lg\left(\frac{\sigma_3-u_{\text{a}}}{P_{\text{at}}}\right)$ 关系，近似为一直线，其截距为 $\lg k$，斜率为 ζ。非饱和土的起始切线模量 E_i 可表达为：

$$E_i = kp_{\text{at}}\left(\frac{\sigma_3-u_{\text{a}}}{p_{\text{at}}}\right)^{\zeta} \tag{3.46}$$

式中：k、ζ——无量纲参数，对于饱和土是常数；

p_{at}——大气压力；

kp_{at}——当净围压等于大气压时的初始杨氏模量；

ζ——描述初始杨氏模量随净围压变化而非线性增加的参数。

通过上述计算，可得到非饱和土的切线变形模量参数，见表 3.12。将式（3.44）～式（3.46）代入式（3.47），则可得一般应力条件下的切线变形模量 E_t，见式（3.48）。

$$E_t = (1 - R_f L)^2 E_i \tag{3.47}$$

$$E_t = kp_{at} \left(\frac{\sigma_3 - u_a}{p_{at}} \right)^\zeta \left[1 - \frac{(\sigma_1 - \sigma_3)}{(\sigma_1 - \sigma_3)_{ult}} \right]^2 \tag{3.48}$$

不同土样的双曲线模型参数

表 3.12

土样	s(kPa)	$\sigma_3 - u_a$ (kPa)	$a(10^{-5})$	$b \times 10^{-3}$ (kPa^{-1})	E_i(kPa)	$(\sigma_1 - \sigma_3)_{ult}$ (kPa)	R_f	R_f 平均值	k	ζ
$m=2:8$, $n=0.88$	50	100	7.99	3.36	12515.64	297.86	0.83	0.84	124.280	0.213
		200	6.81	2.10	14677.82	475.48	0.84			
		300	6.34	1.58	15785.32	632.16	0.85			
	100	100	7.22	2.68	13848.5	373.36	0.83	0.81	137.880	0.218
		200	6.29	1.69	15888.15	592.78	0.80			
		300	5.67	1.33	17646.02	752.24	0.81			
	200	100	6.21	1.91	16103.06	523.26	0.80	0.83	159.441	0.216
		200	5.34	1.64	18712.57	610.84	0.85			
		300	4.90	1.21	20416.5	824.81	0.84			
$m=2:8$, $n=0.93$	50	100	7.41	2.66	13497.1	375.57	0.79	0.81	132.739	0.226
		200	6.5	1.85	15396.46	539.85	0.83			
		300	5.75	1.36	17382.24	733.85	0.82			
	100	100	6.77	2.08	14764.51	480.37	0.78	0.80	145.312	0.232
		200	5.90	1.45	16963.53	688.45	0.79			
		300	5.23	1.19	19135.09	839.14	0.81			
	200	100	5.86	1.64	17056.11	610.62	0.81	0.80	169.512	0.237
		200	4.91	1.26	20370.75	791.28	0.81			
		300	4.53	1.01	22070.18	991.22	0.79			
$m=4:6$, $n=0.88$	50	100	9.51	2.62	10513.04	382.08	0.80	0.82	103.681	0.220
		200	8.28	1.94	12072.92	515.61	0.83			
		300	7.45	1.36	13415.62	736.83	0.82			
	100	100	8.58	2.09	11650.94	477.70	0.80	0.80	116.145	0.226
		200	7.16	1.49	13972.33	670.49	0.80			
		300	6.73	1.19	14858.84	837.04	0.81			
	200	100	7.47	1.54	13392.26	648.77	0.79	0.81	133.475	0.226
		200	6.23	1.24	16046.21	808.13	0.84			
		300	5.86	0.99	17079.42	1012.67	0.79			

土样	s(kPa)	σ_3-u_a (kPa)	$a(10^{-5})$	$b\times10^{-3}$ (kPa^{-1})	E_i(kPa)	$(\sigma_1-\sigma_3)_{\text{ult}}$ (kPa)	R_f	R_f 平均值	k	ζ
$m=4:6$, $n=0.93$	50	100	8.51	2.42	11745.36	413.83	0.79	0.82	115.558	0.219
		200	7.49	1.59	13360.05	629.16	0.82			
		300	6.67	1.35	14999.25	743.18	0.84			
	100	100	7.67	1.85	13031.01	541.30	0.83	0.83	129.271	0.241
		200	6.45	1.35	15513.5	739.31	0.84			
		300	5.89	1.11	16966.41	904.58	0.84			
	200	100	6.83	1.38	14641.29	724.82	0.84	0.82	145.111	0.276
		200	5.63	1.04	17768.3	959.30	0.80			
		300	5.04	0.87	19829.47	1143.90	0.81			

② 非饱和土的切线体积模量 K_t

根据陈正汉等非饱和土非线性模型，采用 $(\sigma_1-\sigma_3)\text{-}\varepsilon_1$ 曲线上的应力水平 $L=70\%$ 的点对应的应力和体变可求得切线体积模量 K_t，见表 3.13。

$$K_t = \frac{1}{3}\times\frac{\sigma_1-\sigma_3}{\varepsilon_v}\bigg|_{L=70\%} \tag{3.49}$$

不同土样的切线体积模量　　　　　　　　表 3.13

土样	s(kPa)	σ_3-u_a(kPa)	应力水平=70%			
			$\dfrac{\sigma_1-\sigma_3}{3}$(kPa)	ε_v(%)	K_t(MPa)	$\overline{K}_t$(MPa)
$m=2:8$, $n=0.88$	50	100	66.70	0.015	4.502	4.477
		200	90.94	0.021	4.352	
		300	128.07	0.036	4.577	
	100	100	65.61	0.012	5.282	5.481
		200	107.69	0.022	4.869	
		300	157.12	0.025	6.293	
	200	100	108.46	0.014	7.857	7.555
		200	110.54	0.021	7.504	
		300	157.31	0.022	7.305	
$m=2:8$, $n=0.93$	50	100	84.04	0.014	6.790	6.559
		200	68.43	0.024	6.253	
		300	142.76	0.030	6.633	
	100	100	62.75	0.014	7.776	7.843
		200	80.08	0.019	7.926	
		300	156.28	0.026	7.826	
	200	100	137.06	0.019	9.619	9.712
		200	76.30	0.019	9.789	
		300	180.20	0.023	9.729	
$m=4:6$, $n=0.88$	50	100	69.0	0.022	3.515	3.801
		200	125.50	0.033	3.972	
		300	180.52	0.039	3.916	

土样	$s(kPa)$	$\sigma_3 - u_a(kPa)$	应力水平=70%			
			$\frac{\sigma_1 - \sigma_3}{3}(kPa)$	$\varepsilon_v(\%)$	$K_t(MPa)$	$\overline{K_t}(MPa)$
$m=4:6$, $n=0.88$	100	100	70.64	0.021	4.410	4.718
		200	124.87	0.030	4.790	
		300	148.67	0.036	4.955	
	200	100	109.97	0.021	6.386	6.462
		200	133.10	0.031	6.271	
		300	221.16	0.036	6.730	
$m=4:6$, $n=0.93$	50	100	27.55	0.005	5.536	5.607
		200	53.41	0.010	5.361	
		300	2.14	0.001	5.924	
	100	100	127.92	0.021	6.701	6.591
		200	143.20	0.029	6.645	
		300	180.77	0.035	6.429	
	200	100	120.89	0.023	8.219	8.251
		200	161.08	0.025	8.065	
		300	215.72	0.032	8.469	

3.6.4　剪切过程中水量变化分析

图 3.38 是不同土石比、不同压实度的试样在控制吸力与净围压为常数条件下的三轴固结排水剪切试验中剪切过程的含水率与偏应力之间的关系曲线。

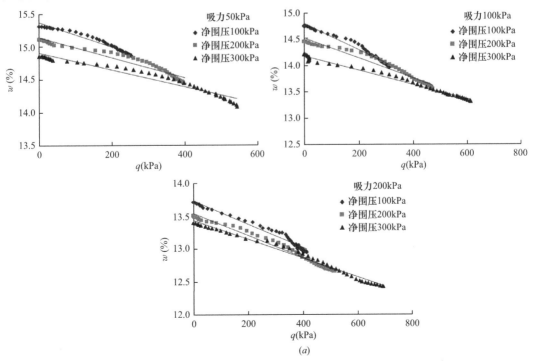

图 3.38　不同土样的 w-q 关系曲线（一）

(a) $m=2:8$，$n=0.88$ 试样

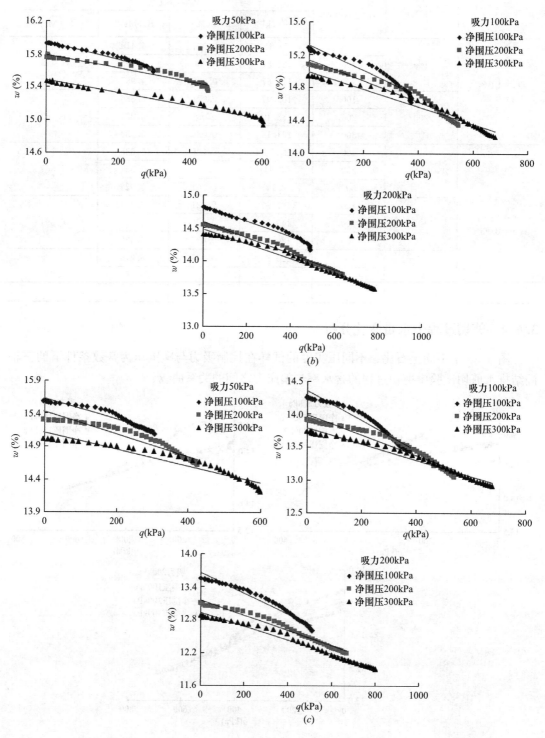

图 3.38 不同土样的 w-q 关系曲线（二）

(b) $m=2:8$, $n=0.93$ 试样；(c) $m=4:6$, $n=0.88$ 试样

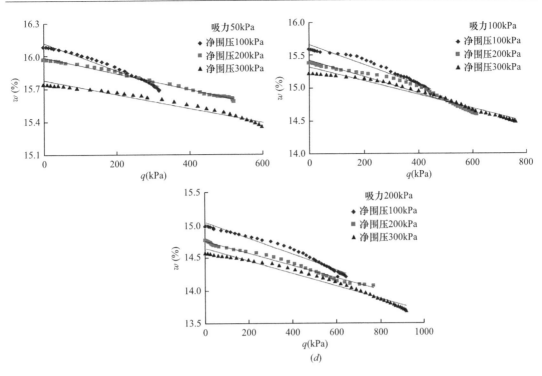

图 3.38　不同土样的 w-q 关系曲线（三）

(d) $m = 4 : 6$，$n = 0.93$ 试样

由图 3.38 可知，试样的含水率在偏应力增大过程中不断减小，其关系近似为一条直线，将各直线的斜率列于表 3.14 中，分析可知，相同吸力、不同净围压下，试样的 w-q 曲线的斜率近似相等，可取其平均值作为同一吸力下直线的斜率。不同吸力下直线的斜率用 $\alpha(s)$ 表示，列于表 3.14 中，分析发现，随着吸力的增加，$\alpha(s)$ 基本呈减小趋势，但是变化并不显著，说明吸力变化对排水有一定的影响。同样取不同吸力下试样的 $\alpha(s)$ 值列于表 3.14 中可知，土石比相同的条件下，压实度越大，$\alpha(s)$ 值越大，压实度相同时，土石比为 2∶8 的试样的 $\alpha(s)$ 值小于土石比为 4∶6 的试样。

剪切过程中土样的 w-q 关系直线的斜率　　　　表 3.14

试样	s(kPa)	$\sigma_3 - u_a$(kPa)	$\alpha(s)(10^{-5}\text{kPa}^{-1})$	$\alpha(s)$ 平均值 (10^{-5}kPa^{-1})	平均值 (10^{-5}kPa^{-1})
$m = 2 : 8$, $n = 0.88$	50	100	-1.92	-1.58	-1.66
		200	-1.51		
		300	-1.33		
	100	100	-1.96	-1.67	
		200	-1.72		
		300	-1.34		
	200	100	-1.89	-1.72	
		200	-1.77		
		300	-1.49		

续表

试样	$s(kPa)$	$\sigma_3-u_a(kPa)$	$\alpha(s)(10^{-5}kPa^{-1})$	$\alpha(s)$ 平均值 $(10^{-5}kPa^{-1})$	平均值 $(10^{-5}kPa^{-1})$
$m=2:8$, $n=0.93$	50	100	-1.15	-0.93	-1.18
		200	-0.82		
		300	-0.83		
	100	100	-1.50	-1.27	
		200	-1.31		
		300	-1.02		
	200	100	-1.32	-1.34	
		200	-1.34		
		300	-1.35		
$m=4:6$, $n=0.88$	50	100	-1.62	-1.54	-1.57
		200	-1.71		
		300	-1.30		
	100	100	-2.03	-1.53	
		200	-1.41		
		300	-1.15		
	200	100	-1.78	-1.64	
		200	-1.55		
		300	-1.59		
$m=4:6$, $n=0.93$	50	100	-1.22	-0.91	-1.13
		200	-0.75		
		300	-0.77		
	100	100	-1.48	-1.23	
		200	-1.20		
		300	-1.01		
	200	100	-1.41	-1.24	
		200	-1.14		
		300	-1.17		

3.7 本章小结

通过对山区高填方地基土石混合料填筑体及挖填交界处土体进行现场原位剪切试验，对不同初始状态的土石混合料进行剪切试验和压缩试验，各向等压加载、三轴收缩与三轴固结排水剪切等系列三轴试验，深入分析了土石混合料的强度、变形与持水特性及其变化规律等。主要结论如下：

（1）土石混合料的非均匀特性，使得现场原位剪切试验的试样应力应变关系无规律，且泥岩与土体接触带或缝隙是薄弱区域，最先可能导致块石的移动或转动，演化为凹凸剪切面，剪切破坏机制由滑移破坏转变为压剪破坏。挖填交界区土体整体抗剪强度比填方区低，说明高填方工程中挖填交界处的边坡比大面积填筑体边坡更容易发生剪切破坏，施工过程中应加强处理。

（2）不同初始状态的土石混合料直剪试验发现，土石比为 4∶6 的重塑土抗剪强度略低于 2∶8 的土样，含水量对其强度的影响主要是降低了黏聚力，对内摩擦角影响较小。同时，探索了不同深度不同方位的原状土样的强度及其参数变化，建议为增强挖方边坡施工过程和工后稳定性，挖土方向或填方坡度与原状土体节理方向夹角越大越好。基于重塑土试验结果给出了一种考虑初始含水量和初始干密度共同影响的填方土体抗剪强度算法，其简单实用，避免了非饱和土强度理论中吸力的确定。

（3）不同初始状态的土石混合料高压压缩试验发现，初始压实度越小侧限压缩应变越大，初始含水量越大侧限压缩应变越大；大面积填方工程中初始压实度宜控制在 0.93 以上，初始含水量控制在最优含水量±（2%～3%），填料土石比控制为 2∶8～4∶6，填筑体抗剪强度较高、压缩性较低、压缩模量较高。粉质黏土和砂质泥岩混合料压实土的干密度与竖向压力之间符合幂函数形式，据此建立了一种填筑土层的初始状态（初始含水量、初始压实度）和所受荷载或荷载变化已知时，对其沉降量进行预估的计算方法。

（4）各向等压三轴试验中配合比相同时，压实系数增大，k 增大、$\lambda_w(s)$ 明显减小，屈服应力明显增大；相同压实系数试样，土石比为 2∶8 的试样屈服应力略高于土石比为 4∶6 的试样，$\lambda_w(s)$ 整体小于土石比为 4∶6 的试样；将屈服应力点绘在 p-s 平面上，其形状与 Barcelona 模型中 LC 屈服线形状相似。

（5）三轴收缩试验中吸力相同时，在屈服吸力前期，净平均应力越小，比容越大；相同配合比试样，压实系数增高，k 增大、屈服吸力明显增大；相同压实系数试样，土石比为 2∶8 的试样屈服吸力整体高于土石比为 4∶6 的试样。同样将这些屈服点绘在 p-s 平面上，其形状与 Barcelona 模型中 SI 屈服线形状相似。选用 Van Genuchten 模型对土水特征曲线进行拟合，得到的土水特征曲线模型可为混合料渗透性研究奠定基础。

（6）破坏应力、黏聚力随吸力的增加基本呈线性增长，吸力变化对有效内摩擦角影响不大；破坏应力与强度参数随压实系数的提高而增大；土石比为 4∶6 的土样破坏应力和强度参数整体略高于 2∶8 的土样，有效黏聚力随粉质黏土含量的增加而增大。配合比和压实系数相同的土样，净围压或吸力越大，试样强度越大、体变逐步由剪缩趋于剪胀。净围压和吸力相同的土样，在相同配合比时，压实系数越高，应变曲线逐渐由应变硬化型向理想弹塑型转变，低净围压下部分土样趋于应变软化型。

第 4 章　高填方地基变形计算

高填方地基变形计算是高填方工程研究中一个基本而又亟待重点解决的问题，其变形特性主要研究作用应力下土体最终发生的稳定变形和某一时刻发生的固结变形。高填方地基变形不仅表现为竖向沉降，还表现为侧向或水平位移，本章研究以土石混合料本构模型修正、高填方地基竖向沉降分析为主。非饱和土本构关系包括应力、应变与水分的变化关系。其中水分的变化包含水分变化直接引起的变形，水分的变化引起土体软硬的差异、影响加荷引起的变形。当前，非饱和土的本构模型主要包括非线性弹性模型和弹塑性模型等，前者选择增量非线性本构模型、后者选择 Barcelona 模型进行修正计算。

4.1　增量非线性本构模型修正

4.1.1　增量非线性模型

在线性弹性本构模型中，依据广义 Hooke 定律采用两个常数 E 和 μ 即可描述土的应力应变关系，如下式

$$\left.\begin{array}{l} \varepsilon_{ij} = \dfrac{1+\mu}{E}\sigma_{ij} - \dfrac{\mu}{E}\sigma_{kk}\delta_{ij} \\[3mm] \sigma_{ij} = \dfrac{1+\mu}{E}\varepsilon_{ij} + \dfrac{\mu E}{(1+\mu)(1-2\mu)}\varepsilon_{kk}\delta_{ij} \end{array}\right\} \tag{4.1}$$

用矩阵形式可表示为

$$\{\sigma\} = [D]\{\varepsilon\} \tag{4.2a}$$

$$[D] = \begin{bmatrix} d_1 & d_2 & d_2 & 0 & 0 & 0 \\ d_2 & d_1 & d_2 & 0 & 0 & 0 \\ d_2 & d_2 & d_1 & 0 & 0 & 0 \\ 0 & 0 & 0 & d_3 & 0 & 0 \\ 0 & 0 & 0 & 0 & d_3 & 0 \\ 0 & 0 & 0 & 0 & 0 & d_3 \end{bmatrix} \quad \left.\begin{array}{l} d_1 = \dfrac{E(1-\mu)}{(1+\mu)(1-2\mu)} \\[3mm] d_2 = \dfrac{E\mu}{(1+\mu)(1-2\mu)} \\[3mm] d_3 = \dfrac{E}{2(1+\mu)} \end{array}\right\} \tag{4.2b}$$

式中，$\{\sigma\}$、$\{\varepsilon\}$ 分别为材料的应力与应变列阵；$[D]$ 为与材料弹性参数相关的增量形式的刚度矩阵。

众所周知，在弹性理论范畴内，土体变形的最显著的特点是应力应变关系的非线性，包括全量型（割线模型）和增量型（切线模型）两种。割线模型中，E_s 和 v_s 是应力或应变的函数，计算过程中可以采用迭代法进行，但其理论上存在缺陷。切线模型中，Duncan-Chang 模型是其广泛代表，增量表达形式为式（4.3），实质上可看作为分段线性化的广义胡克定律，尽管还存在许多问题，但因其可以较好地描述土体的受力变形过程且较为简单实用，广泛应用中积累了许多经验。

$$\{d\sigma\} = [D]_t \{d\varepsilon\} \tag{4.3a}$$

$$[D]_t = \begin{bmatrix} d_1 & d_2 & d_2 & 0 & 0 & 0 \\ d_2 & d_1 & d_2 & 0 & 0 & 0 \\ d_2 & d_2 & d_1 & 0 & 0 & 0 \\ 0 & 0 & 0 & d_3 & 0 & 0 \\ 0 & 0 & 0 & 0 & d_3 & 0 \\ 0 & 0 & 0 & 0 & 0 & d_3 \end{bmatrix} \quad \left. \begin{array}{l} d_1 = \dfrac{E_t(1-\mu_t)}{(1+\mu_t)(1-2\mu_t)} \\[3mm] d_2 = \dfrac{E_t\mu_t}{(1+\mu_t)(1-2\mu_t)} \\[3mm] d_3 = \dfrac{E_t}{2(1+\mu_t)} \end{array} \right\} \tag{4.3b}$$

式中，$[D]_t$ 为增量形式的刚度矩阵。

非线性增量模型应用的关键是确定 E_t 和 μ_t。基于 Kondner 三轴应力应变关系试验曲线，Duncan-Chang 的 E_t-μ_t 模型为这些参数的确定提供了具体方法；以它为基础发展起来的 E-K 模型和 M-G 模型也都是常用的这类本构模型，将它们与非饱和土的双应力变量联系起来，考虑净应力只需在通常的弹性参数计算中采用净应力 $\sigma_i - u_a$（$i=1$、2、3）代替一般的 3 个方向上的主应力。但是，对于非饱和土而言，关键问题是考虑基质吸力 s 对所用模型产生的影响。

Fredlund 提出的全量型非线性模型，采用两个应力状态变量（即净总应力和基质吸力）描述非饱和土的应力状态，这一观点得到众多学者的认可；但这种全量型本构关系不能描述塑性变形、水力滞后，也不能模拟施工过程，因而其应用受到很大限制。陈正汉等以包括吸力影响的广义胡克定律为基础，通过大量非饱和土三轴试验揭示的规律，建立了非饱和土的增量非线性本构模型，模型参数测定相对简单且具有明确的物理意义，在小浪底大坝等多项工程中得到应用[120]。另外，多次土的本构模型验证国际研讨会证明，土的增量非线性弹性模型表现并不比复杂的弹塑性本构模型逊色。由此，如何在考虑压实度（干密度）和吸力对不同配比混合料影响的基础上，用于土石混合料填筑的高填方地基变形计算，相关研究尚不多见。

4.1.2　增量非线性模型修正

用 2 个应力状态表示的非饱和土本构模型和强度准则的线性形式为

$$\left. \begin{array}{l} \varepsilon_{ij} = \dfrac{1+\mu}{E}(\sigma_{ij} - u_a\delta_{ij}) - 3\dfrac{\mu}{E}p\delta_{ij} + \dfrac{1}{H}s\delta_{ij} \\[3mm] \varepsilon_w = \dfrac{p}{K_w} + \dfrac{s}{H_w} \end{array} \right\} \tag{4.4}$$

$$\tau_f = c' + (\sigma - u_a)_f \tan\varphi' + (u_a - u_w)_f \tan\varphi^b \tag{4.5}$$

$$p = \dfrac{\sigma_{ij}}{3} - u_a \tag{4.6}$$

$$q = \sigma_1 - \sigma_3 \tag{4.7}$$

$$s = u_a - u_w \tag{4.8}$$

式中：　σ_{ij}、ε_{ij}、u_a、u_w——总应力、应变、孔隙气压力、孔隙水压力；

$(\sigma_{ij}-u_a\delta_{ij})$——净总应力；

δ_{ij}——Kronecker 记号；

p、q 和 s——净平均应力、偏应力和基质吸力；

E、μ——切线杨氏模量和泊松比；

H——与基质吸力相关的土的体积模量；

K_w、H_w——与净平均应力和基质吸力相关的水的体积模量；

τ_f、$(\sigma-u_a)_f$、$(u_a-u_w)_f$——破坏面上的剪切强度、净法向应力和基质吸力；

c'、φ' 和 φ^b——饱和土的有效黏聚力、有效内摩擦角及与基质吸力相关的强度增加率；

ε_w——土中水的体积变化。

通过下式与含水量 w 相联系[11]

$$w=w_0-\frac{1+e_0}{G}\varepsilon_w \tag{4.9}$$

在三轴条件下，式（4.4）中土骨架的本构关系可简化为[120]：

$$\left.\begin{aligned}\varepsilon_1&=\frac{\sigma_1-u_a}{E}-\frac{2\mu}{E}(\sigma_3-u_a)+\frac{s}{H}\\\varepsilon_3&=-\frac{\mu}{E}(\sigma_1-u_a)+\frac{1-\mu}{E}(\sigma_3-u_a)+\frac{s}{H}\end{aligned}\right\} \tag{4.10}$$

式中：σ_1、ε_1——大主应力和大主应变；

σ_3、ε_3——小主应力和小主应变。

由此可得非饱和土的增量非线性本构模型为：

$$\left.\begin{aligned}d\varepsilon_1&=\frac{d(\sigma_1-u_a)}{E_t}-\frac{2\mu_t}{E_t}(\sigma_3-u_a)+\frac{ds}{H_t}\\d\varepsilon_3&=-\frac{\mu_t}{E_t}d(\sigma_1-u_a)+\frac{1-\mu_t}{E_t}d(\sigma_3-u_a)+\frac{ds}{H_t}\end{aligned}\right\} \tag{4.11a}$$

$$d\varepsilon_w=\frac{dp}{K_{wt}}+\frac{ds}{H_{wt}} \tag{4.11b}$$

基于控制净平均应力的三轴收缩试验和控制净围压和吸力均为常数的三轴排水剪切试验结果，可以推导出考虑压实度、基质吸力、配合比的模型参数。具体可首先根据试验修正得到切线变形模量 E_t，在计算切线体积模量时将其分为对净应力的切线体积模量 K_t 和对基质吸力的切线体积模量 H_t，将液相的切线体积模量分为对净应力的切线体积模量 K_{wt} 和对基质吸力的切线体积模量 H_{wt}，表达式为：

$$K_t=\frac{dp}{d\varepsilon_v}=\frac{E_t}{3(1-2\mu_t)}=\frac{d(\sigma_1-\sigma_3)}{3d\varepsilon_v},\quad H_t=3\frac{ds}{d\varepsilon_v} \tag{4.12a}$$

$$K_{wt}=\frac{dp}{d\varepsilon_v}=\frac{d(\sigma_1-\sigma_3)}{d\varepsilon_1}=\frac{d\bar{\sigma}}{d\varepsilon_w},\quad H_{wt}=\frac{ds}{d\varepsilon_v} \tag{4.12b}$$

由式（4.12a）可得到切线泊松比 μ_t，即式（4.13）：

$$\mu_t=\frac{1}{2}\left(1-\frac{E_t}{3K_t}\right) \tag{4.13}$$

考虑双应力状态变量影响，假定非饱和土的应变增量（应力增量）由净应力 $\bar{\sigma}=\sigma-u_a$

和吸力 s 两部分产生，则其增量式为

$$\{\mathrm{d}\varepsilon\} = [C]_{\mathrm{nt}}\{\mathrm{d}\bar{\sigma}\} + \{I\}[C]_{\mathrm{st}}\mathrm{d}s \tag{4.14a}$$

$$\{\mathrm{d}\bar{\sigma}\} = [D]_{\mathrm{nt}}L^{\mathrm{T}}\{\mathrm{d}\varepsilon\} - [D]_{\mathrm{nt}}\{I\}[C]_{\mathrm{st}}\mathrm{d}s \tag{4.14b}$$

式中：L^{T}——转置算子矩阵；

　　　$\{I\}$——单位张量；

由 E_{t} 和 u_{t}——可得净应力的增量 $\{\mathrm{d}\bar{\sigma}\}$ 的刚度矩阵 $[D]_{\mathrm{nt}}$，由土骨架的切线弹性模量 H_{t} 可得到基质吸力 s 的柔度矩阵 $[C]_{\mathrm{st}}$。$[D]_{\mathrm{nt}}$ 和 $[C]_{\mathrm{st}}$ 的形式为：

$$[D]_{\mathrm{nt}} = \begin{bmatrix} d_1 & d_2 & d_2 & 0 & 0 & 0 \\ d_2 & d_1 & d_2 & 0 & 0 & 0 \\ d_2 & d_2 & d_1 & 0 & 0 & 0 \\ 0 & 0 & 0 & d_3 & 0 & 0 \\ 0 & 0 & 0 & 0 & d_3 & 0 \\ 0 & 0 & 0 & 0 & 0 & d_3 \end{bmatrix} \quad \left. \begin{array}{l} d_1 = \dfrac{E_{\mathrm{t}}(1-\mu_{\mathrm{t}})}{(1+\mu_{\mathrm{t}})(1-2\mu_{\mathrm{t}})} \\[3mm] d_2 = \dfrac{E_{\mathrm{t}}\mu_{\mathrm{t}}}{(1+\mu_{\mathrm{t}})(1-2\mu_{\mathrm{t}})} \\[3mm] d_3 = \dfrac{E_{\mathrm{t}}}{2(1+\mu_{\mathrm{t}})} \end{array} \right\} \tag{4.15}$$

$$[C]_{\mathrm{st}} = \frac{1}{H_{\mathrm{t}}} \begin{bmatrix} 1 & 0 & 0 & 0 & 0 & 0 \\ 0 & 1 & 0 & 0 & 0 & 0 \\ 0 & 0 & 1 & 0 & 0 & 0 \\ 0 & 0 & 0 & 0 & 0 & 0 \\ 0 & 0 & 0 & 0 & 0 & 0 \\ 0 & 0 & 0 & 0 & 0 & 0 \end{bmatrix} \tag{4.16}$$

$$L^{\mathrm{T}} = \begin{bmatrix} \dfrac{\partial}{\partial x} & 0 & 0 & \dfrac{\partial}{\partial y} & 0 & \dfrac{\partial}{\partial z} \\[3mm] 0 & \dfrac{\partial}{\partial y} & 0 & \dfrac{\partial}{\partial x} & \dfrac{\partial}{\partial z} & 0 \\[3mm] 0 & 0 & \dfrac{\partial}{\partial z} & 0 & \dfrac{\partial}{\partial y} & \dfrac{\partial}{\partial x} \end{bmatrix} \tag{4.17}$$

由此，即可得到采用双应力变量表示的高填方混合料增量非线性本构关系。

4.1.3　模型主要参数修正与确定

（1）切线变形模量参数变化与修正

根据表 3.12 绘出不同混合比不同压实度土样的参数 k 随吸力 s 的变化关系（见图 4.1）。

由图 4.1 可知，参数 k 随吸力基本呈线性变化，拟合其关系为：

$$k = k^0 + m_1 s \tag{4.18}$$

式中，参数 k^0 和 m_1 分别是图 4.1 中直线的截距和斜率，结果列于表 4.1；k^0 等于吸力为零时的值，m_1 为无量纲常数。

根据表 4.1，可得 k^0 和 ζ 与配合比 m 和压实系数 n 的拟合关系见式（4.19）和式（4.20）；m_1 随压实系数变化不大，可取平均值代替，其随配

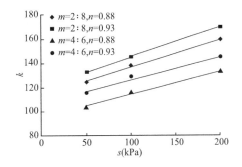

图 4.1　参数 k 随吸力的变化

合比变化见式（4.21）。

不同土样的 ζ、k^0、m_1 参数取值   表 4.1

试样	ζ	k^0	m_1
$m=2:8$，$n=0.88$	0.2159	113.50	0.23
$m=2:8$，$n=0.93$	0.2317	120.64	0.24
$m=4:6$，$n=0.88$	0.2236	95.02	0.19
$m=4:6$，$n=0.93$	0.2455	107.64	0.20

$$k^0 = 584mn + 33.2n - 574.63m + 102.76 \tag{4.19}$$

$$\zeta = 0.61mn + 0.194n - 0.498m + 0.0374 \tag{4.20}$$

$$m_1 = -0.2m + 0.094 \tag{4.21}$$

根据非饱和土的强度准则，见式（4.22），可将一般应力条件下的切线变形模量 E_t 改写为

$$(\sigma_1 - \sigma_3)_f = \frac{2c\cos\varphi' + 2(\sigma_3 - u_a)\sin\varphi'}{1 - \sin\varphi'} \tag{4.22}$$

$$E_t = (k^0 + m_1 s)p_{at}\left(\frac{\sigma_3 - u_a}{p_{at}}\right)^\zeta \times \left[1 - \frac{R_f(\sigma_1 - \sigma_3)(1 - \sin\varphi')}{2(s\tan\varphi^b + c')\cos\varphi' + 2(\sigma_3 - u_a)\sin\varphi'}\right]^2 \tag{4.23}$$

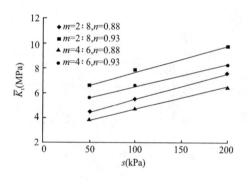

图 4.2 土的切线体积模量随吸力的变化

上式包含 k^0、m_1、ζ、c'、φ'、φ^b、R_f 七个参数，可以同时反映压实度、吸力和混合比的影响。当吸力为零时，上式就退化为 Duncan-Chang 模型中切线模量表达式。

（2）切线体积模量参数变化与公式修正

根据表 3.13，同一吸力不同净围压下 K_t 变化不大，可取平均值 $\overline{K_t}$ 代替，点绘不同混合比不同压实度土样的 $\overline{K_t}$ 随吸力 s 的变化关系，见图 4.2。

由图 4.2 可知，$\overline{K_t}$ 随吸力基本呈线性变化，拟合其关系为：

$$\overline{K_t} = K_t^0 + m_2 s \tag{4.24}$$

式中，K_t^0、m_2 分别为图 4.2 中直线的截距和斜率，结果列于表 4.2；K_t^0 等于吸力为零时的值，m_2 为无量纲常数。

不同土样的 K_t^0、m_2 参数取值   表 4.2

试样	K_t^0(MPa)	m_2
$m=2:8$，$n=0.88$	3.4398	20.6
$m=2:8$，$n=0.93$	5.6240	20.7
$m=4:6$，$n=0.88$	2.9291	17.7
$m=4:6$，$n=0.93$	4.7776	17.5

根据表 4.2，K_t^0 和与配合比 m 和压实系数 n 的拟合关系见式（4.25）；m_2 随压实系数变化不明显，可取平均值替代，其随配合比变化关系见式（4.26）：

$$K_t^0 = -33.57mn + 50.398n + 26.985m - 40.399 \tag{4.25}$$

$$m_2 = -0.0155m + 0.238 \tag{4.26}$$

将式（4.25）、式（4.26）代入式（4.24），可得到考虑压实度、吸力和混合比影响的切线体积模量计算公式。至此，切线变形模量和切线体积模量均已得到，可为高填方地基变形计算提供模型依据。

目前，大面积高填方工程分析计算是否可靠，主要取决于分析计算的模型是否贴近实际、分析计算的参数是否准确。在本试验条件下，式（4.14）能同时考虑压实系数、吸力和混合比影响，当吸力为零时，模型参数 E_t 可退化为 Duncan-Chang 模型中切线模量表达式；当 m 值为 0 时，表示土样为强风化砂质泥岩，m 值为 100% 时，表示土样为粉质黏土，比以往只考虑单一土质的模型更接近工程实际，可供类似混合料高填方工程变形计算选用。

4.2 非饱和土弹塑性模型修正

4.2.1 Barcelona 模型

高填方工程在实际施工及工后运营期会经历复杂的应力状态和应力路径等，且填筑高度越高，难度越大，这就要求通过假定、推理、验证，建立更加符合实际变形规律的弹塑性本构关系，将少量特定条件下试验得出的结论推广到一般。由于弹塑性理论是一个有力而灵活的框架，故弹塑性本构模型仍然是非饱和土变形本构理论研究的一个重要特征。对于饱和土，最简单也是应用最广泛的是修正剑桥模型；对于非饱和土，Barcelona 模型以修正的剑桥模型为基础，考虑了吸力对非饱和土的压缩性、抗剪强度和屈服特性的影响，一切研究工作，都力图在坚持 Barcelona 模型优点的基础上补充其不足。有的学者采用 Bishop 提出的有效应力公式（包含饱和度与吸力）和吸力作为两个应力变量，建立了非饱和土的水-力耦合模型，能反映饱和度对非饱和土性质的影响。

谢定义指出研究非饱和土的变形理论时，必须首先确定描述应力状态和应变状态的变量，Barcelona 模型所用的应力状态变量为球应力 $p = \sigma_m - u_a$、偏应力 $q = \sigma_1 - \sigma_3$ 和基质吸力 $s = u_a - u_w$，应变状态变量为体应变 ε_v、偏应变 ε_s 和水的体变 ε_w，考虑应力与应变之间的耦合作用，即对弹性和塑性的体应变和偏应变均考虑球应力和偏应力的影响，它在 p-q-s 的应力空间内研究问题，见图 4.3。Barcelona 模型主要特色是提出了两个屈服面：吸力增加屈服 SI（suction increase）和应力增加屈服 LC（loading collapse）。在分析屈服函数时，先在 $q = 0$（均等应力）的 p-s 平面内分析屈服线，吸力 s 的屈服线 SI 和应力 p 的屈服线 LC 围成了一个弹性区（$p = p_0$，$s = s_0$ 为初始屈服），弹性区内随土中 p、s 的增大而扩大（硬化由塑性体应变控制）。LC 线的表达式见式（4.27），SI 线的表达式见式（4.28）。

$$\left(\frac{p_0}{p^c}\right) = \left(\frac{p_0^*}{p^c}\right)^{[\lambda(0)-\kappa]/[\lambda(s)-\kappa]} \tag{4.27}$$

$$s = s_0 \tag{4.28}$$

在 $q \neq 0$ 的 p-q 面内分析屈服线。假定吸力 s 一定，其屈服线为一个椭圆，它对应的 p_0 与 LC 线上相同。由 p、q 引起的体应变和剪应变仍然采用修正剑桥模型的屈服方程，

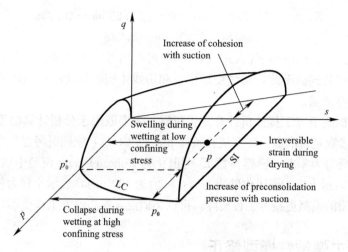

图 4.3 Barcelona 模型在 $p\text{-}q\text{-}s$ 应力空间的屈服轨迹

见式（4.29），由于非饱和土存在吸力，它相当于增加了各向相等的有效球应力，不过有效球应力并不等于吸力，而需要乘以折减系数（$k<1$），反映黏聚力随吸力增长的参数；则可假定为式（4.30）。

$$p + \frac{q^2}{M^2 p} = p_0 \qquad (4.29)$$

$$p_s = -ks \qquad (4.30)$$

用 $p+p_s$ 代替式（4.29）中的 p，p_0+p_s 代替 p_0，则该式为

$$p + \frac{q^2}{M^2(p+p_s)} = p_0 \qquad (4.31)$$

式中：p_0^*——初始饱和状态下的屈服净平均应力；

p_0——某吸力时的屈服净平均应力；

p^c——参考应力；

$\lambda(s)$——某吸力下净平均应力加载屈服后的压缩指数，当土饱和时，即为 $\lambda(0)$；

M——临界状态线（CSL）的斜率；

p_s——一定吸力下临界状态线在 p 轴上的截距；

s_0——以前所受到过的最大吸力，是 SI 线的硬化参数，假定它不随 p 的增大而增大。

关于流动法则，在与 s 轴垂直的平面内，相关联的流动法则推得的无侧向变形时的静止侧压力系数与实际比偏大，故需引入修正参数 α，即非流动法则为

$$\frac{\mathrm{d}\varepsilon_s^p}{\mathrm{d}\varepsilon_{vp}^p} = \frac{2q\alpha}{M^2(2p+p_s-p_0)} \qquad (4.32)$$

关于硬化规律，假定硬化参数与塑性体应变相联系，即

$$\left. \begin{aligned} \frac{\mathrm{d}p_0^*}{p_0^*} &= \frac{1+e_0}{\lambda(0)-k}\mathrm{d}\varepsilon_v^p \\ \frac{\mathrm{d}s_0}{s_0+p_a} &= \frac{1+e_0}{\lambda_s-k_s}\mathrm{d}\varepsilon_v^p \end{aligned} \right\} \qquad (4.33)$$

求得 $\mathrm{d}p_0^*$ 和 $\mathrm{d}s_0$ 之后，即可得到新的 p_0^* 和 s_0 及它们所对应的后继屈服面。至此，可求得应力应变关系中模量矩阵元素，给出 Barcelona 模型。

4.2.2　非饱和土弹塑性模型修正

对于大面积非饱和压实土，假定加载引起的应变由土骨架净应力 p 的变化和偏应力 s 的变化两部分构成，见式（4.34），且二者均可以引起弹性应变和塑性应变，见式（4.35）。

$$\{\mathrm{d}\varepsilon\} = \{\mathrm{d}\varepsilon_p\} + \{\mathrm{d}\varepsilon_s\} \tag{4.34}$$

$$\left.\begin{aligned} \mathrm{d}\varepsilon_p &= \mathrm{d}\varepsilon_p^e + \mathrm{d}\varepsilon_p^p \\ \mathrm{d}\varepsilon_s &= \mathrm{d}\varepsilon_s^e + \mathrm{d}\varepsilon_s^p \end{aligned}\right\} \tag{4.35a}$$

$$\left.\begin{aligned} \mathrm{d}\varepsilon_e &= \mathrm{d}\varepsilon_p^e + \mathrm{d}\varepsilon_s^e \\ \mathrm{d}\varepsilon_p &= \mathrm{d}\varepsilon_p^p + \mathrm{d}\varepsilon_s^p \end{aligned}\right\} \tag{4.35b}$$

弹性阶段，大面积非饱和压实土应力应变增量关系有

$$\{\mathrm{d}\bar{\sigma}\} = [D]_e(\{\mathrm{d}\varepsilon\} - \{\mathrm{d}\varepsilon_p\}) - [D]_e\{D_{es}\}^{-1}\mathrm{d}s \tag{4.36}$$

塑性阶段，基于 Drucker 公设和塑性势理论，塑性势函数 f 为净应力和基质吸力的函数，塑性应变增量由相关联流动法则给出[81]

$$\{\mathrm{d}\varepsilon_p\} = \mathrm{d}\lambda\left(\frac{\partial f}{\partial \bar{\sigma}} + \frac{\partial f}{\partial s}\{m\}\right) \tag{4.37}$$

式中，$\mathrm{d}\lambda$ 为比例系数、反映塑性应变的大小，$\{m\} = \{111000\}^T$。

假设 H 为应变硬化参量、是 ε_v^p 的函数，采用相关联流动法则（屈服函数和塑性式函数一致）[81]，则屈服函数一般的表达式可以写为

$$f(\bar{\sigma}, s, H) = 0 \tag{4.38}$$

这样有

$$\mathrm{d}f = \left\{\frac{\partial f}{\partial \bar{\sigma}}\right\}^T \mathrm{d}\bar{\sigma} + \frac{\partial f}{\partial s}\mathrm{d}s + \frac{\partial f}{\partial H}\frac{\partial H}{\partial \varepsilon_v^p}\frac{\partial \varepsilon_v^p}{\partial \varepsilon_p}\{\mathrm{d}\varepsilon_p\} \tag{4.39}$$

将式（4.36）代入式（4.39）可得式（4.40），化简整理后得式（4.41）：

$$\left\{\frac{\partial f}{\partial \bar{\sigma}}\right\}^T \left[[D]_e(\{\mathrm{d}\varepsilon\} - \{\mathrm{d}\varepsilon_p\}) - [D]_e\{D_{es}\}^{-1}\mathrm{d}s\right] + \frac{\partial f}{\partial s}\mathrm{d}s + \frac{\partial f}{\partial H}\frac{\partial H}{\partial \varepsilon_v^p}\frac{\partial \varepsilon_v^p}{\partial \varepsilon_p}\{\mathrm{d}\varepsilon_p\} = 0 \tag{4.40}$$

$$\begin{aligned} &\left\{\frac{\partial f}{\partial \bar{\sigma}}\right\}^T [D]_e\{\mathrm{d}\varepsilon\} + \left(\frac{\partial f}{\partial s} + \left\{\frac{\partial f}{\partial \bar{\sigma}}\right\}^T [D]_e\{D_{es}\}^{-1}\right)\mathrm{d}s \\ &= \left(\left\{\frac{\partial f}{\partial \bar{\sigma}}\right\}^T [D]_e - \frac{\partial f}{\partial H}\frac{\partial H}{\partial \varepsilon_v^p}\{m\}^T\right)\{\mathrm{d}\varepsilon_p\} \end{aligned} \tag{4.41}$$

式中，$\{D_{es}\}^{-1} = \dfrac{k_s}{3vs + P_{at}}$，$\{m\}^T = \dfrac{\partial \varepsilon_v^p}{\partial \varepsilon^p}$。

联立式（4.37），可求得

$$\mathrm{d}\lambda = \frac{\left\{\dfrac{\partial f}{\partial \bar{\sigma}}\right\}^T [D]_e\{\mathrm{d}\varepsilon\} + \left(\dfrac{\partial f}{\partial s} + \left\{\dfrac{\partial f}{\partial \bar{\sigma}}\right\}^T [D]_e\{D_{es}\}^{-1}\right)\mathrm{d}s}{\left(\left\{\dfrac{\partial f}{\partial \bar{\sigma}}\right\} + \{m\}\dfrac{\partial f}{\partial s}\right)\left(\left\{\dfrac{\partial f}{\partial \bar{\sigma}}\right\}^T [D]_e - \dfrac{\partial f}{\partial H}\dfrac{\partial H}{\partial \varepsilon_v^p}\{m\}^T\right)} \tag{4.42}$$

将其代入式（4.37）求得$\{d\epsilon_p\}$，代入式（4.36），即可求得非饱和土弹塑性本构模型为：

$$\{d\bar{\sigma}\} = [D]_{ep}\{d\epsilon\} + \{C_{esp}\}ds \tag{4.43}$$

式中，荷载增量刚度矩阵$[D_{ep}] = [D_e] - \dfrac{\left\{\dfrac{\partial f}{\partial \bar{\sigma}}\right\}^T [D]_e^2 \left(\dfrac{\partial f}{\partial s}\{m\} + \left\{\dfrac{\partial f}{\partial \bar{\sigma}}\right\}\right)}{\left(\left\{\dfrac{\partial f}{\partial \bar{\sigma}}\right\} + \{m\}\dfrac{\partial f}{\partial s}\right)\left(\left\{\dfrac{\partial f}{\partial \bar{\sigma}}\right\}^T[D]_e - \dfrac{\partial f}{\partial H}\dfrac{\partial H}{\partial \epsilon_v^p}\{m\}^T\right)}$，

吸力增量刚度矩阵$\{C_{esp}\} = [D]_e\{D_{es}\}^{-1} - \dfrac{[D]_e\left(\left\{\dfrac{\partial f}{\partial \bar{\sigma}}\right\} + \{m\}\dfrac{\partial f}{\partial s}\right)\left(\dfrac{\partial f}{\partial s} + \left\{\dfrac{\partial f}{\partial \bar{\sigma}}\right\}^T[D]_e\{D_{es}\}^{-1}\right)}{\left(\left\{\dfrac{\partial f}{\partial \bar{\sigma}}\right\} + \{m\}\dfrac{\partial f}{\partial s}\right)\left(\left\{\dfrac{\partial f}{\partial \bar{\sigma}}\right\}^T[D]_e - \dfrac{\partial f}{\partial H}\dfrac{\partial H}{\partial \epsilon_v^p}\{m\}^T\right)}$，

以上重点推导了非饱和土弹塑性阶段应力应变增量表达式，当吸力为零时，式（4.43）可退化为饱和土弹塑性本构关系。

4.2.3 修正 Barcelona 模型参数的确定

基于前文修正推导过程可知，根据各向等压加载三轴试验（控制吸力）可以确定k、$\lambda(0)$、γ、β、p^c及β_s；根据三轴收缩试验（控制净平均应力）可以确定k_s、λ_s及β_p；根据三轴固结排水剪切试验（控制吸力及净围压为常数）可以确定M、k_c、G及β_q。结合3.4～3.6节三轴试验结果将求得的各参数列于表4.3中。

修正后的 Barcelona 模型参数 表 4.3

试样		LC 屈服线参数					SI 屈服线参数	
土石比	压实度	k	$\lambda(0)$	γ	$\beta(\text{MPa}^{-1})$	p^c	k_s	λ_s
2:8	0.88	0.0072	0.0594	1.049	17.48	30	0.0088	0.053
	0.93	0.0051	0.0480	1.250	17.6	30	0.0067	0.034
4:6	0.88	0.0092	0.0678	0.973	21.47	30	0.0123	0.048
	0.93	0.0055	0.0430	0.960	18.9	30	0.0088	0.039

试样		空间屈服面参数			SI 屈服线参数		
土石比	压实度	M	k_c	$G(\text{MPa})$	$\beta_p(\text{kPa})$	$\beta_s(10^{-5}\text{kPa}^{-1})$	$\beta_q(10^{-5}\text{kPa}^{-1})$
2:8	0.88	0.982	0.702	12.12	0.049	2.783	1.66
	0.93	1.002	0.909	15.74	0.035	1.430	1.18
4:6	0.88	0.990	0.990	12.12	0.063	4.262	1.57
	0.93	1.031	1.178	15.74	0.040	2.593	1.13

方祥位等[121]提出的广义土水特征曲线，可应用到 Barcelona 模型中，能考虑净平均应力、吸力及偏应力对水量变化的影响，其表达式为

$$w = w_0 - ap - b\ln\left(\frac{s + p_{\text{atm}}}{p_{\text{atm}}}\right) - cq \tag{4.44}$$

其中

$$a = \beta_s = \frac{1 + e_0}{d_s \cdot K_{\text{wpt}}} \tag{4.45}$$

$$b = \beta_p = \frac{(1+e_0)\lambda_w(p)}{d_s \ln 10} \tag{4.46}$$

$$c = \beta_q = \frac{1+e_0}{d_s \cdot K_{wqt}} \tag{4.47}$$

式中：w_0、e_0、d_s、K_{wpt}、K_{wqt}——分别为初始含水率、初始孔隙比、土的相对密度、与
p 相关的水的切线体积模量、与 q 相关的水的切线体
积模量；

$\lambda_w(p)$——与净平均应力有关的常数；

β_s——控制吸力的各向等压加载试验 $w\text{-}p$ 直线的斜率；

β_p——控制净平均应力为参数、吸力逐渐增大的收缩试验
$w-\log[(s+p_{atm})/p_{atm}]$ 直线的斜率；

β_q——控制净平均应力和吸力为常数的等 p 剪切试验 $w\text{-}q$ 直
线的斜率。

试验土样的初始状态变量见表 5.4。每个试验进行之前，均会预先施加 10kPa 的围压
（使橡皮膜与试样充分接触），因此试样的初始净平均应力一般为 10kPa；初始吸力根据
3.5.3 节的土水特征曲线得到；初始硬化参数可通过图 3.25 得到。

土样的初始状态变量　　　　　　　　　　　　　　　　　　表 4.4

试样		初始应力状态（kPa）			初始硬化参数（kPa）		初始状态量		
土石比	压实度	p	q	s	s_y	p_0^*	ν	$w(\%)$	$S_r(\%)$
2:8	0.88	10	0	36.1	129.08	101.37	1.50	17.7	83.2
	0.93	10	0	32.4	140.71	123.19	1.53	17.7	87.5
4:6	0.88	10	0	37.0	109.33	97.01	1.50	17.7	83.7
	0.93	10	0	32.8	132.67	114.15	1.51	17.7	87.9

4.2.4　压实土弹塑性变形计算

大面积非饱和压实土地基填筑加荷使得土骨架应力和吸力发生变化，基于前述 Barce-
lona 模型和修正非饱和土弹塑性模型，依据姚志华[81]在不考虑结构性影响时采用修正
Barcelona 模型计算重塑黄土变形的相关成果，对大面积混合料压实土土骨架的变形和水
量变化关系进行修正，给出压实土弹塑性应变计算方法。

当应力-应变关系处于弹性阶段，则有

$$d\varepsilon_v^e = d\varepsilon_{vp}^e + d\varepsilon_{vs}^e = \frac{\kappa}{\nu}\frac{dp}{p} + \frac{\kappa_s}{\nu}\frac{ds}{s+p_{at}} \tag{4.48}$$

$$d\varepsilon_s^e = \frac{dq}{3G} \tag{4.49}$$

式中，κ 与净平均应力加载有关的弹性刚度系数；κ_s 为与吸力增加相关的弹性刚度系数；
G 为剪切模量；p_{at} 为大气压力；ν 为土的比容。

当应力-应变关系处于塑性阶段，则 LC 屈服面为

$$f_1(p,q,s,p_0^*) \equiv q^2 - M^2(p+p_s)(p_0 - p) = 0 \tag{4.50}$$

式中：

$$p_s = k_c s \tag{4.51}$$

$$p_0 = p^c \left(\frac{p_0^*}{p^c}\right)^{[\lambda(0)-k]/[\lambda(s)-k]} \tag{4.52}$$

$$\lambda(s) = \lambda(0)\left[(1-\gamma)\exp(-\beta s) + \gamma\right] \tag{4.53}$$

SI 屈服面[60] 为

$$f_2(s, s_y) \equiv s - s_y = 0 \tag{4.54}$$

对于 σ 作用下 p、q 变化导致的土体变形计算，屈服面 f 采用式（4.50）和式（4.54）表示，采用相关联流动法则（$f = g$），相关的塑性应变增量同 f_1 屈服面时为（$d\varepsilon_{vp}^p$，$d\varepsilon_{vs}^p$），同 f_2 屈服面为（$d\varepsilon_{vs}^p$，0）；硬化规律则采用塑性应变增量与塑性势函数间的关系，即

$$d\varepsilon_v^p = d\lambda\left(\frac{\partial g}{\partial \sigma} + \{m\}\frac{\partial g}{\partial s}\right) \tag{4.55}$$

假定土体发生体积硬化，由此，取塑性体应变为硬化参数，可求得加载引起的塑性体应变和塑性偏应变见式（4.56）和式（4.57）[81]。

$$d\varepsilon_{vp}^p = d\lambda_1 \frac{\partial f_1}{\partial p} = \frac{\dfrac{\partial f_1}{\partial p}dp + \dfrac{\partial f_1}{\partial q}dq + \dfrac{\partial f_1}{\partial s}ds}{\dfrac{\partial f_1}{\partial p_0}\dfrac{\partial p_0}{\partial \varepsilon_v^p}} \tag{4.56}$$

$$d\varepsilon_{vs}^p = d\lambda_1 \frac{\partial f_2}{\partial q} = \frac{\dfrac{\partial f_2}{\partial s}ds}{\dfrac{\partial f_2}{\partial s_y}\dfrac{\partial s_y}{\partial \varepsilon_v^p}} \tag{4.57}$$

则相应的硬化规律为：

$$\frac{dp_0^*}{p_0^*} = \frac{v}{\lambda(0) - \kappa}d\varepsilon_{vp}^p \tag{4.58}$$

$$\frac{ds_y}{s_y} = \frac{v}{\lambda_s - \kappa_s}d\varepsilon_{vs}^p \tag{4.59}$$

又根据式（4.52）可知

$$p_0 = \frac{\lambda(0) - \kappa}{\lambda(s) - \kappa}\left(\frac{p_0^*}{p^c}\right)^{\{[\lambda(0)-\kappa]/[\lambda(s)-\kappa]\}-1}dp_0^* \tag{4.60}$$

将式（4.58）～式（4.60）分别代入式（4.56）和式（4.57）得

$$d\varepsilon_{vp}^p = -\frac{\dfrac{\partial f_1}{\partial p}dp + \dfrac{\partial f_1}{\partial q}dq + \dfrac{\partial f_1}{\partial s}ds}{\dfrac{\partial f_1}{\partial p_0}\dfrac{\lambda(0)-\kappa}{\lambda(s)-\kappa}\left(\dfrac{p_0^*}{p^c}\right)^{\{[\lambda(0)-\kappa]/[\lambda(s)-\kappa]\}-1}\dfrac{vp_0^*}{\lambda(0)-\kappa}} \tag{4.61}$$

$$d\varepsilon_{vs}^p = \frac{(\lambda_s - \kappa_s)ds}{v(s_y + p_{at})} \tag{4.62}$$

根据式（4.35）由以上两式可以得到土体总的塑性体应变。因此，大面积压实土弹塑性总的体变为

$$d\varepsilon_v = d\varepsilon_v^e + d\varepsilon_v^p = d\varepsilon_{vp}^e + d\varepsilon_{vs}^e + d\varepsilon_{vp}^p + d\varepsilon_{vs}^p =$$

$$\frac{\kappa}{v}\frac{dp}{p} + \frac{\kappa_s}{v}\frac{ds}{s+p_{at}} + \frac{\dfrac{\partial f_1}{\partial p}dp + \dfrac{\partial f_1}{\partial q}dq + \dfrac{\partial f_1}{\partial s}ds}{\dfrac{\partial f_1}{\partial p_0}\dfrac{\lambda(0)-\kappa}{\lambda(s)-\kappa}\left(\dfrac{p_0^*}{p^c}\right)^{\{[\lambda(0)-\kappa]/[\lambda(s)-\kappa]\}-1}\dfrac{vp_0^*}{\lambda(0)-\kappa}} + \frac{(\lambda_s-\kappa_s)ds}{v(s_y+p_{at})}$$

$$(4.63)$$

又根据式（4.56）、式（4.57）和式（4.61）可知

$$d\varepsilon_s^p = \left(\frac{\partial f_2}{\partial q}\Big/\frac{\partial f_1}{\partial p}\right)d\varepsilon_{vp}^p = \frac{\left(\dfrac{\partial f_1}{\partial p}dp + \dfrac{\partial f_1}{\partial q}dq + \dfrac{\partial f_1}{\partial s}ds\right)\dfrac{\partial f_2}{\partial q}}{\dfrac{vp_0^*}{\lambda(0)-\kappa}\dfrac{\partial f_1}{\partial p}} \qquad (4.64)$$

同理，根据式（4.49）和上式得大面积压实土弹塑性总的偏应变为

$$d\varepsilon_s = d\varepsilon_s^e + d\varepsilon_s^p = \frac{dq}{3G} + \frac{\left(\dfrac{\partial f_1}{\partial p}dp + \dfrac{\partial f_1}{\partial q}dq + \dfrac{\partial f_1}{\partial s}ds\right)\dfrac{\partial f_2}{\partial q}}{\dfrac{vp_0^*}{\lambda(0)-\kappa}\dfrac{\partial f_1}{\partial p}} \qquad (4.65)$$

水量变化按文献［121］给出的公式（4.44）计算。综上，将式（4.63）和式（4.65）代入式（4.34）可求得弹塑性总的应变，根据 $\varepsilon_3 = \dfrac{1}{2}(\varepsilon_v - \varepsilon_1)$、$\varepsilon_s = \dfrac{2}{3}(\varepsilon_1 - \varepsilon_3)$ 即可求得大面积压实土竖向和侧向弹塑性变形。

4.3　基于弹塑性理论的分层沉降总和法

4.3.1　问题的提出

自 Terzaghi 于 1925 年提出固结理论以来，地基沉降计算一直是土力学研究中一个基本而又未能很好解决问题。目前，地基沉降计算常用方法主要有弹性理论法、工程经验法和数值计算法等，就近年来不断提出新的高填方地基沉降变形计算而言，既有地基沉降算法尚待改进。现有地基沉降计算方法中，基于侧限条件下压缩试验的经典分层总和法以其简单实用在实践中应用最为广泛，但其压缩模量参数只反映了岩土体的体积压缩产生的竖向变形，却无法反映剪切变形所产生的侧向变形；杨光华[82]基于原位载荷试验的 p-s 曲线分别建立了一系列非线性算法，有效解决了其他算法因土体参数和应力状态差异导致结果不准确问题，但是一般工程并非都有静载试验结果，因而其推广和应用受到限制。

随着本构关系研究的不断深入，部分学者基于土体本构模型对分层沉降总和法进行修正，均取得了有益效果，为地基沉降分析开辟了一条新路径，但是仍然存在不足。目前，土的本构模型主要有弹性模型、弹塑性模型和黏性模型等；对于饱和土，修正剑桥模型最简单也是应用最广的，对于非饱和土，最具代表性的是 Barcelona 模型。因此，考虑高填方地基应力-应变-强度特性，在现有分层总和法的基础上，引入土体的弹塑性本构关系，建立基于弹塑性本构模型的高填方地基分层沉降总和法。

4.3.2 修正分层沉降总和法

在完成增量非线性本构模型修正和 Barcelona 模型修正的基础上，基于分层总和法的思想，将试验段填方概化为填筑体和原地基土体，如图 4.4 所示，选取坡脚为坐标原点，H 为填筑体高度（m），b 为坡脚距跑道中线的垂直距离（m），坡顶与土面区交点的坐标为（b：120，H：60）。以地基内任意计算单元中任意点 O 的沉降计算为例说明修正过程。

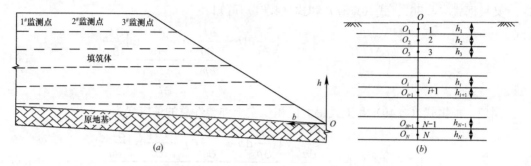

图 4.4　修正分层沉降总和法地基剖面示意图

(a) 试验段高填方地基示意图；(b) 计算单元示意图

(1) 把高填方地基划分为 N 层，假设层厚为 h_i（$i=1, 2\cdots\cdots N$）。h_{i+1} 与 h_i 可以相等，也可以不同；结合现场填方施工厚度要求和计算精度、计算工作量等，一般 h_i 可取为 0.4～1m。

(2) 将总荷载分为 M 级，假设采用逐级加载，各级荷载为 $p_j=\gamma\sum\limits_{j=1}^{M}h_j$（$j=1, 2\cdots\cdots M$），$\gamma$ 为填土重度，p_{j-1} 与 p_j 可以相等，也可以不同。

(3) 施加荷载 p_j 过程中，计算 O 点下各土层厚度中点 O_i 处的应力增量$(\Delta\sigma_{kl})_{ij}$，根据修正 Barcelona 模型的屈服函数（式 4.39）判断地基土是处于弹性状态还是塑性状态。

(4) 根据无线远程监测系统采集数据分析，填筑体和原地基内不同部位竖向土压力分别见式（4.66a）和式（4.66b），若地基土处于弹性状态。

① 将地基内第 i 受力单元在第 j 级荷载作用下的轴向应力和径向应力，其中：

$$\Delta\sigma_{t1}=\Delta p_{t1}=81.7e^{-0.009b}\sum_{i=1}^{N}\sum_{j=1}^{M}h_{ij}-6.2 \tag{4.66a}$$

$$\Delta\sigma_{y1}=\Delta p_{y1}=27.8e^{-0.005b}\sum_{i=1}^{N}\sum_{j=1}^{M}h_{ij}+0.8 \tag{4.66b}$$

$$\Delta\sigma_{t3}=\Delta p_{t3}=\frac{u_t}{1-u_t}\Delta p_{t1}=\frac{u_t}{1-u_t}(81.7e^{-0.009b}\sum_{i=1}^{N}\sum_{j=1}^{M}h_{ij}-6.2) \tag{4.67a}$$

$$\Delta\sigma_{y3}=\Delta p_{y3}=\frac{u_t}{1-u_t}\Delta p_{y1}=\frac{u_t}{1-u_t}(27.8e^{-0.005b}\sum_{i=1}^{N}\sum_{j=1}^{M}h_{ij}+0.8) \tag{4.67b}$$

式中：Δp_{t1}、Δp_{y1}——填筑体和原地基土体竖向土压力增量（kPa）；

Δp_{t3}、Δp_{y3}——填筑体和原地基土体径向土压力增量（kPa）；

b——距离坡脚 O 点的水平距离（m）。

② 根据修正的增量非线性模型，假设第 i 分层地基在体积力增量 $\Delta\sigma_{3ij}$ 作用下引起的竖向和侧向应变相等，采用式（4.11a）即可计算出竖向应变（$\Delta\varepsilon_1$）$_{ij}$ 和侧向应变（$\Delta\varepsilon_3$）$_{ij}$，

假定 $h_\text{t}=h_i/M$，则相应的第 i 受力单元在第 j 级荷载作用下的竖向变形和侧向变形为

$$(\Delta s_1)_{ij} = (\Delta \varepsilon_1)_{ij}h_\text{t} \tag{4.68a}$$

$$(\Delta s_3)_{ij} = (\Delta \varepsilon_3)_{ij}h_\text{t} \tag{4.68b}$$

③ 第 i 层受力单元在第 M 级荷载作用下的竖向变形和侧向变形为：

$$(s_1)_i = \sum_{j=1}^{M} (\Delta s_1)_{ij} \tag{4.69a}$$

$$(s_3)_i = \sum_{j=1}^{M} (\Delta s_3)_{ij} \tag{4.69b}$$

④ N 层地基总的竖向变形和侧向变形为：

$$s_1 = \sum_{i=1}^{N} (\Delta s_1)_i \tag{4.70a}$$

$$s_3 = \sum_{i=1}^{N} (\Delta s_3)_i \tag{4.70b}$$

（5）若地基土处于弹塑性状态，依据式（4.39）假设地基在 j 级荷载作用下有 M' 层土进入塑性状态，则地基变形可分为弹性和塑性两部分。

① 处于弹性状态的地层（$N'\sim N$ 层），根据修正的增量非线性模型，采用步骤（4）计算出弹性竖向变形和弹性侧向变形为：

$$s_1^\text{e} = \sum_{i=N'}^{N} (\Delta s_1^\text{e})_i \tag{4.71a}$$

$$s_3^\text{e} = \sum_{i=N'}^{N} (\Delta s_3^\text{e})_i \tag{4.71b}$$

② 处于塑性状态的土层（$1\sim N'$ 层），假定其变形增量由弹性部分和塑性部分两部分组成，则根据修正的 Barcelona 模型，弹塑性应变增量采用式（4.34）可求得竖向应变 $(\Delta \varepsilon_1^\text{p})_{ij}$ 和侧向应变 $(\Delta \varepsilon_3^\text{p})_{ij}$。

③ 类似步骤（4），可求得塑性阶段地基总的塑性竖向变形和塑性侧向变形为：

$$s_1^\text{p} = \sum_{i=1}^{N'} (\Delta s_1^\text{p})_i \tag{4.72a}$$

$$s_3^\text{p} = \sum_{i=1}^{N'} (\Delta s_3^\text{p})_i \tag{4.72b}$$

④ 综上，可求得 N 层地基处于弹塑性状态时总的竖向变形和侧向变形分别为：

$$s_1 = s_1^\text{e} + s_1^\text{p} \tag{4.73a}$$

$$s_3 = s_3^\text{e} + s_3^\text{p} \tag{4.73b}$$

至此，完整建立了弹性状态或弹塑性状态下高填方地基的竖向变形和侧向变形的计算方法，同时也给出了其参数确定方法。

4.3.3　算法编程与结果验证

（1）高填方地基变形计算软件编制

基于前文理论算法分析，采用 MATLAB 软件将其编制为可视化计算程序，界面窗口见图 4.5，编制主要步骤如下：

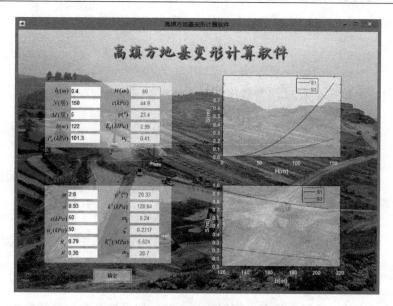

图 4.5　高填方地基变形计算软件界面

1）MATLAB 句柄图形对象

MATLAB 中，所有的图形对象均由相应的图形命令产生。不同的图形对象互相组合形成了图形整体，其中每一个图形对象均可被单独操作。

MATLAB 中的图形用户界面（GUI）中的不同类型是相互关联的。一个完整的 GUI 包含许多不同的句柄图形对象，对象与对象之间通过图形与后台逻辑进行连接从而形成有意义的图形。MALAB 句柄图形对象可以通过层次结构来表示，由上至下分别为父对象和子对象，如图 4.6 所示。

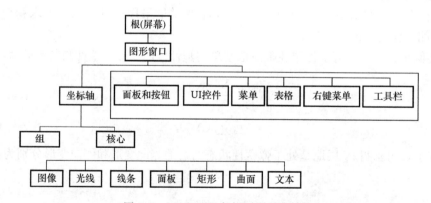

图 4.6　MATLAB 句柄图形对象结构

图 4.6 中，第 1 层为根（root）对象，其为最底层的图形对象，通常由计算机显示设备组成，对其他子对象起着支撑的作用。root 对象一般只存在一个，没有比它更高一级的父对象，它一般存储系统的状态信息及全局设置信息。

第 2 层为图形窗口（figure）对象，代表系统中 MATLAB 的图形窗口，携带着 MATLAB 的图形元素，figure 的父对象为 root 对象。

第 3 层为 MATLAB 坐标轴（axis）对象与图形用户接口（UI）对象，是 figure 的直接子对象。坐标轴对象承载着核心对象以及组对象，主要支撑着 MATLAB 数据的可视化；用户接口对象（也称为 UI 对象）的作用是连接着 MATLAB 代码与用户，解析用户操作并反馈给代码块执行相关操作，它包括面板和按钮组、uicontrol 控件、菜单、表格、右键菜单和工具栏。

第 4 层为核心对象和组对象。该层中，MATLAB 所有绘图的基本元素包含于核心对象中；而多个核心对象相结合构成组对象，组对象通常为坐标轴子对象。比如，坐标图形的题注（annotation 函数创建）、MATLAB 插图（legend 函数创建）、折线图（plot 函数创建）、火柴杆图（sterm 函数创建）等，都是组对象。

2）MATLAB 图形用户界面的创建过程

MATLAB GUI 默认通过函数 gui_mainfcn 生成，gui_mainfcn 函数中包含状态参数：gui_State，其通过传递不同的状态来决定初始化 GUI 并运行 OpeninfFcn 和 Output-Fcn 或者执行回调函数 gui_Callback。如果回调函数为空，则调取主窗口 fig 文件进行绘制图形界面；否则，执行 gui_Callback 指定的子函数。

MATLAB GUI 的创建顺序如下：①GUI 状态：是否为单一 GUI（gui_State.gui_Singleton）；②检查目标的是否可见（获取 Visible 属性值）；③生成 GUI 或对其中的数据进行更新（Handles 结构体）；④对输入参数进行检查，并判断属性和属性值是否成对出现，并依次对属性进行设置；⑤检查 Handle 的可见性（HandleVisiblility 属性）；⑥执行 Opening 函数（gui_State.gui_OpeningFcn）；⑦根据主窗口的 Visible 值决定窗口显示或者隐藏；⑧执行 Output 函数（gui_State.gui_OutputFcn）；⑨设置 Handle 可见性（HandleVisibility 属性）。

（2）计算结果与分析

对于试验段 60m 高边坡，结合现场实际，考虑软件计算时效，假定 $h_i = 0.4m$，每个 h_i 单元又分为 5 层填筑，其余参数依据 3.4～3.6 节非饱和土三轴试验结果选取，采用高填方地基变形计算软件对坡顶 3# 监测点区域进行变形计算（坐标点：122，60），其沉降 s_1 和侧移 s_3 计算结果见图 4.7。

由图 4.7 可知，随着填方高度增大，高填方地基变形量逐渐增大，s_1 受填方高度增大的影响程度整体明显大于 s_3，图示 s_1 的最大值分别为 1.37m、0.92m、1.68m 和 1.08m，道槽区实际填方基本按照土石比 2∶8、压实度 0.93 控制，根据无线远程实测易知 3# 监测区域该点沉降为 0.71m，比计算值 0.92m 小 0.21m，有限元模拟结果为 0.85m，即本书算法沉降最大，有限元数值模拟次之，现场监测最小。

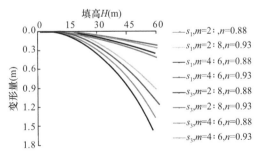

图 4.7　高填方地基变形随填高 H 的计算结果

原因分析如前文所述，主要原因是现场实际侧向约束条件、填料配合比和压实度控制存在误差、实际施工过程间歇时间不一致等均可造成此误差。图示 s_3 的最大值分别为 0.34m、0.23m、0.4m 和 0.27m，与现场实测和数值模拟结果的计算结果接近，因此按照本书计算方法进行类似高填方地基变形计算是可靠的。此外，由相同配合比不同压实度计算结果可知，建议高填方地基压实度控制在 0.93 以上是合理的。

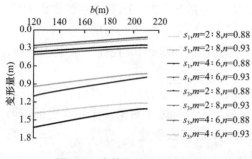

图 4.8　高填方地基变形随距
坡顶距离 b 的计算结果

由图 4.8 可知，高填方地基变形随距坡顶距离 b 的计算结果与随填高 H 的变形基本是一致的，随着计算点距道槽中线距离的减小，即越靠近道槽，地基变形越小，按照土石比 2：8，压实度 0.93 控制的填方计算差异沉降为 1.82‰，基本可以满足差异沉降要求。综上，本书建立的高填方地基变形计算方法考虑了混合料填土的非线性特性，其中弹性部分采用修正增量非线性模型，塑性部分采用修正 Barcelona 模型，不但可以用于高填方地基竖向沉降计算，而且还可用于水平位移计算，可供类似高填方地基变形计算选用。

4.4　高填方地基有限元分析

荷兰 Delft Technical University 研制的 Plaxis 有限元程序，因其操作简便，可专门用于岩土工程变形和稳定性分析，目前应用较广泛。其主要功能包括：图形输入建模、网格的自动生成、各种可供选择的单元、土的本构模型、计算功能、输出功能等，康定机场、吕梁机场等高填方机场模拟分析均采用 Plaxis 软件进行，效果较为理想。基于对试验段施工全过程的跟踪和前文分析，采用 Plaxis 有限元软件对试验段正常施工过程高填方地基进行数值模拟分析。

4.4.1　计算模型及参数

根据成州机场试验段设计图，以填方高度最大的监测剖面（填方高约 60m，见图 4.9）进行模拟分析，为减小边界条件影响，模型高定为 240m，底边长为 450m，两侧边界条件采用水平方向（X）约束，底边界采用双向（X 和 Y）约束；根据前文分析，高填方地基由原地基和填筑体两部分组成，故建模时也分为相应的两部分。根据试验段地层分布与基本特征（表 7.1）和试验段原地基强夯处理情况，将原地基概化为 4 层结构，从下到上依次为：有效加固区粉质黏土层、加固影响区粉质黏土层、强风化砂质泥岩层、中风化泥岩层。采用 Mohr-Coulomb 准则和 Boit 固结理论，计算分析时假定为平面应变问题，初始

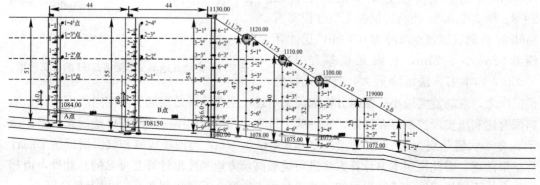

图 4.9　试验段监测与模拟分析点位分布图

应力场按地基自重应力考虑，采用分步建造技术逐步激活填土单元，以真实模拟填方地基的分步填筑施工力学行为。结合现场实际施工和间歇过程将填筑体加载施工过程概化为 12 步，计算模型如图 4.10 所示，各土层材料参数见表 4.5。

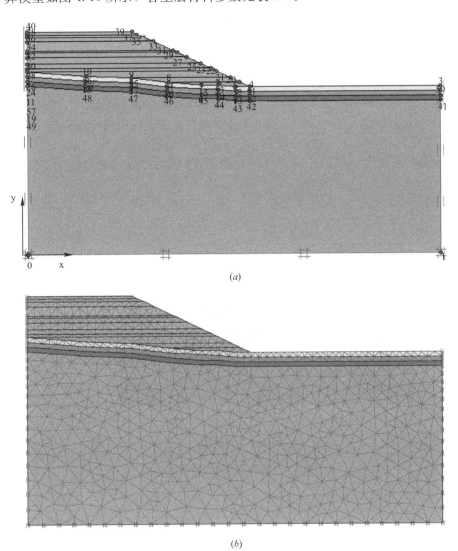

(a)

(b)

图 4.10　试验段高填方计算模型

(a) 分层概化模型；(b) 有限元网格划分

土体物理力学模拟参数　　　　　　　　　　　　　　　　　　　　　　　　　　表 4.5

土层名称	土层厚度（m）	γ (kN/m³)	γ_{sat} (kN/m³)	c (kPa)	φ (°)	E (MPa)	ν
填土层	60.0	20.19	22.7	48	33.15	45	0.32
有效加固区粉质黏土层	5.0	20.77	22.5	39	30	48	0.28
加固影响区粉质黏土层	5.0	18.0	20.0	34	28	31	0.35
强风化砂质泥岩层	5.0	20.8	22.5	55	23	30	0.30
中风化砂质泥岩层	30.0	22.0	23.0	95	45	76	0.25

4.4.2 实际施工工况分析

（1）高填方地基沉降分析

实际施工工况模拟分析根据现场实际加载和间歇过程进行，如前所述，高填方地基分为填筑地基和原地基两部分，施工期为 2014 年 2 月至 2015 年 1 月，工后期研究时间段为 2015 年 1 月至 2035 年 1 月的 20 年。计算结果分别叙述如下。

① 填筑地基施工期间沉降分析

施工期填方地基的沉降变形是施工中多种影响因素的综合宏观反映，可以用来验证设计方法、指标是否合适，进一步调整施工工艺或进度，也可以用来评判地基是否稳定。最终填筑体内的竖向变形情况如图 4.11 所示，同 5.2 节填筑地基沉降实际监测点位一致的 8 个模拟分析点（1-1#～1-4# 测点和 2-1#～2-4# 测点）施工期沉降量随时间变化如图 4.12 所示。

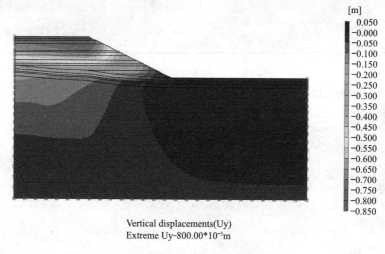

Vertical displacements(Uy)
Extreme Uy-800.00*10⁻³m

图 4.11　高填方地基沉降变形云图

分析图 4.11 可知，由于原地基是倾斜的，因此竖向沉降分布不对称，总体斜向下（坡脚处）倾斜，竖向沉降在土面区坡顶处最大，最大值为 85cm，在坡脚部位及其附近区域基本未产生明显沉降，整体宏观沉降变形场基本与现场一致，首先表明该工况分层填筑建造的模型是合理的，同时，距离坡顶加荷区越远处的地基变形越小，说明填筑加载对地基沉降变形的影响存在一定的范围。

由图 4.12 可知，从时间方面来看，随着填筑施工步的进行，填筑体沉降值逐步增大，稳定系数逐步降低。沉降量随时间呈台阶式变化，这是因为现场实际填方存在施工期和间歇期，且施工期快速加载快速沉降。从空间方面来看，随着填筑施工步的进行，填筑高度越高沉降量越大，靠近坡面处与远离坡面处特征点的差异沉降较为明显，最大约为 5～6cm，考虑填方地基的差异沉降是控制施工质量的重要因素，故在施工期应严格控制填方地基的沉降与差异沉降满足前文建议值。

采用 Origin8.0 对图 4.12（a）～（c）中加载期高填方地基稳定系数与沉降的关系进行拟合，拟合关系式见式（4.74），拟合参数见表 4.6。

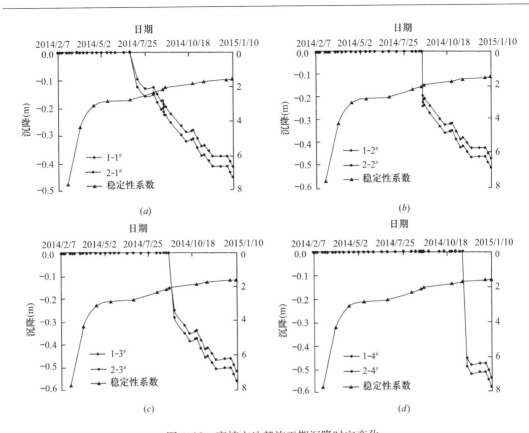

图 4.12　高填方地基施工期沉降时空变化

(a) 1-1#、2-1# 测点；(b) 1-2#、2-2# 测点；(c) 1-3#、2-3# 测点；(d) 1-4#、2-4# 测点

高填方地基稳定性系数与沉降拟合参数　　　　　　　　　　表 4.6

测点	A	B	C	R^2 值
1-1#	1.7082	1.2618	−0.244	0.9947
2-1#	1.8746	1.2611	−0.253	0.9948
1-2#	2.2008	0.2751	−0.895	0.9858
2-2#	2.2666	0.2586	−0.941	0.9866
1-3#	2.3145	1.3913	−0.203	0.9571
2-3#	2.5201	1.3890	−0.214	0.9612

$$F_s = Ae^{-\frac{s}{c}} + B \tag{4.74}$$

由表 4.6 可知填方体内部各点稳定性系数与该点的沉降均符合指数关系，拟合相关系数较高。前已述及，当前高填方沉降变形方面控制标准尚不统一，如根据与填高等的关系控制变形经验成分或误差往往较大。考虑填方施工过程中，一般直接测得地基沉降变形，若可以根据现场实测的地基变形直接判定其稳定性，则不但方便而且实际意义显著。通过式（4.74）即可以根据地基不同沉降变形量快速算得安全系数，进而判别其对应的稳定状态，实现基于位移控制的高填方边坡动态稳定性评价。

② 填筑地基工后沉降分析

填筑体工后 20 年（2015 年～2035 年）的 8 个模拟分析点（1-1#～1-4# 测点和 2-1#～2-4# 测点）沉降量随时间变化如图 4.13 所示。

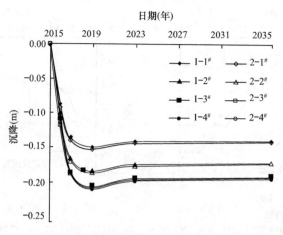

图 4.13 填筑地基工后沉降时空变化

根据图 4.13 从时间方面分析，填筑地基在工后 3 年内工后沉降基本完成，其中工后第一年沉降量最大，约占工后沉降的 60%，工后第二年沉降量约占工后沉降的 30%，工后 3～5 年沉降量约占工后沉降的 10%，工后 5 年至工后 20 年沉降量基本不变或变化可以忽略，工后沉降总体不超过 20cm，证明基于试验段试验结果给出的设计和施工建议是合理的，同时，再次证明工后第一年不应进行道面施工，条件允许时应放置 2 个雨季，以便工后沉降大部分完成，且剩余工后沉降满足建议指标。对于工后 3 年之后，出现轻微的反沉降现象，这在现场实测中也有发现，原因分析在 5.3.2 节给出，下同。

③ 原地基沉降变形随时间变化情况

如图 4.9 所示，模拟分析特征点 A、B 点为填筑体 8 个测点在原地基上的投影点，模拟分析特征点 C 点为坡面线与土面区边线交点在原地基上的投影点，这 3 个原地基特征点在施工期和工后期沉降量随时间变化曲线见图 4.14。

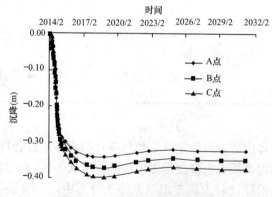

图 4.14 原地基沉降历时曲线

分析图 4.14 可知，施工期原地基土体随着填方荷载的增大，沉降量迅速增加，最大值约占总沉降的 80%，随着施工步的发展，差异沉降逐渐明显，这与现场实测发现是吻合的。与填筑体相比，由于工后原地基土体固结蠕变缓慢，故 3～5 年才基本稳定，稳定时间略大于填筑体。因此，高填方施工前应严格有效处理软弱土层厚度，这样可以减少工后稳定时间和工后沉降量，同时采取合理补强措施，减小原地基差异沉降。

（2）高填方地基塑性区发展情况

为分析填筑施工进程中填筑体每填高 10m 的各工况和工后第 1 年、2 年、3 年、5 年、20 年各工况的高填方地基塑性区的发展情况，限于篇幅，仅选择部分代表性工况的塑性区发展图给出，如图 4.15 所示。

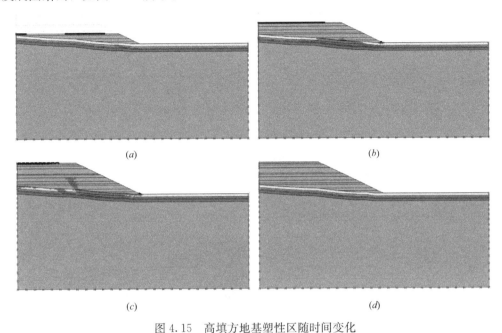

图 4.15　高填方地基塑性区随时间变化

（a）填筑高度 20m；（b）填筑高度 40m；（c）填筑高度 60m；（d）工后 20 年

分析图 4.15 可知，随着填方施工加载的不断进行，填方边坡内部塑性区不断发展，当填高小于 40m 时塑性区沿着填方底部的软弱土层逐渐发展，分布较明显，坡底部分加固粉质黏土层也出现塑性变形；当达到最大填方高度（60m）时，坡体内部产生明显的塑性区，且和位于原地基粉质黏土层与强风化砂质泥岩层的塑性区共同发展，坡脚局部区域（靠坡面一侧）的塑性区趋于连通。塑性区分布位置及其发展，也是高填方地基稳定性评价的依据，故在 60m 填高基础上，很有必要进一步分析工后不同年度塑性区发展趋势。即在工后第 1、2、3、5、20 年间，坡体内部和原地基中塑性区逐步消散，工后固结 1~2 年左右时，只有少量分布于坡面，3 年以后基本消失，固结 20 年后坡体内塑性区完全消失，可以认为达到完全稳定。因此，高填方工程完工后一般预留一定的时间的工后固结期是很有现实意义的。

（3）高填方地基侧向变形与稳定性系数变化情况

① 高填方地基侧向变形分析

由前文可知，高填方在工程在工后 3~5 年沉降变形基本可以完成，故在此选择施工期至工后 3 年内的地基侧移变化进行分析，如图 4.16（a）～（c）所示，边坡位移分布云图见图 4.16（d）。

分析图 4.16 可知，随着填方高度的增大，高填方边坡最大水平位移逐步增大，二级坡最大水平位移约为 67cm，四级坡约为 13.6cm，六级坡约为 16.2cm，比实测值偏大，约为实测值的 1.2~1.5 倍。究其原因，现场实际地形为沟谷地形（具体可近似为簸箕型），两侧有侧向约束，故实测水平变形小于数值模拟结果。分析原地基附近 3 个特征点水平位移，发现顺沟斜向下地基位移逐渐增大，再次证明山区沟谷地形中倾斜地基的倾向对侧向位移的分布影响很大。由于侧向位移也是判别高填方地基变形与破坏的重要参量之一，故在控制沉降速率的同时也应当控制侧移速率，实现边坡动态稳定性评价。

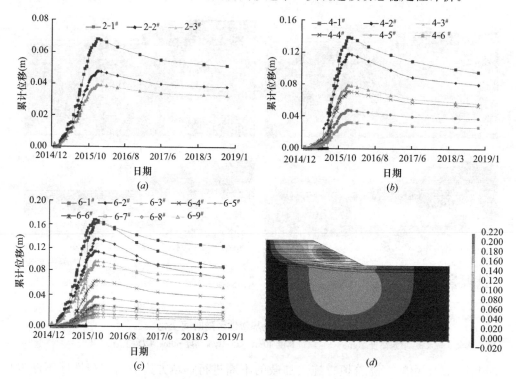

图 4.16　高填方边坡水平位移时空变化

（a）二级边坡；（b）四级边坡；（c）六级边坡；（d）边坡位移分布云图

② 高填方地基稳定性分析

高填方地基在施工期和工后期 20 年稳定性系数随时间变化如图 4.17 所示。

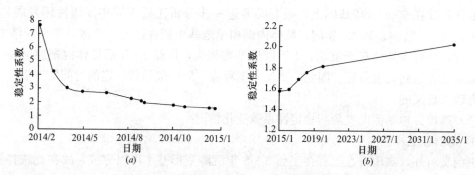

图 4.17　高填方地基稳定性系数随时间变化

（a）施工期稳定性系数随时间变化；（b）工后期稳定性系数随时间变化

分析图 4.17 可知，施工期高填方地基随着加载时间的增加，即填方荷载增大，高填方地基稳定性系数逐渐降低，当填高至 60m 时，稳定性系数为 1.58，尚满足设计要求。工后 1 年内，稳定系数略微增大，工后 2 年后稳定性系数明显增大；究其原因，随着施工的完成，高填方地基内部孔隙水压力逐渐消散并趋于稳定，此过程中土体有效应力增大，故安全系数有一定提高，充分说明工后1个雨季内不宜进行道面或坡面施工，应给予一定时间让其固结稳定。

结合对国内外高填方工程调研分析与试验段施工过程跟踪，将不同地基处理厚度对高填方地基沉降变化影响的计算结果绘于图4.18，其余关于边坡稳定性影响第5章分析。

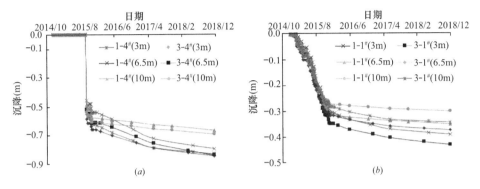

图4.18　不同地基处理厚度高填方地基沉降变化

(a) 坡顶监测点沉降变化；(b) 坡体内部监测点沉降变化

分析图4.18可知，限于山区高填方地基影响因素较多，特别是地质条件影响程度很大，也就是说相同区域内，施工条件基本相同时，原地基土层处理效果可能也会存在差异。因此，假设填方区原地基中的软弱土层厚度不同时，计算分析相应工况下高填方地基的变形及稳定性情况，发现软弱地基土层的有无，沉降量差异明显不同且比没有时增大较多，软弱土层厚度越大，沉降变形越大。不同软弱土层厚度下道面处沉降量不同，软弱土层厚度越大，道面顶部差异沉降越大。由此可见，原地基软弱土层是影响山区高填方机场变形及稳定性的重要因素，大面积填方前必须对其进行严格地基处理。

4.5　本章小结

本章在室内外试验完成的基础上，以非饱和土力学为基础，建立了基于分层总和法计算高填方地基竖向沉降和侧向变形的理论表达式，采用MATLAB软件编写了山区高填方地基变形计算程序，进行计算与对比分析。最后，采用有限元软件对实际施工工况和不同因素工况的高填方地基在施工期和工后期的变形和稳定性进行深入对比分析。获得主要结论如下：

（1）基于3种路径的非饱和土三轴试验，修正得到高填方混合料增量非线性本构关系和非饱和土弹塑性阶段应力应变增量表达式。前者在试验条件下，其能同时考虑压实系数、吸力和混合比影响，当吸力为零时，模型参数E_t可退化为Duncan-Chang模型中切线模量表达式；当m值为0时，表示土样为强风化砂质泥岩，m值为100%时，表示土样为粉质黏土。后者可考虑净平均应力、吸力和偏应力影响，当吸力为零时，其可退化为饱和土弹塑性本构关系。

（2）在完成高填方混合料本构关系及其参数修正的基础上，建立了基于分层总和法计算高填方地基竖向沉降和侧向变形的理论表达式。若地基土处于弹性状态，则采用修正的增量非线性本构关系计算高填方地基总的竖向沉降和水平位移；若地基土处于弹塑性状态，则采用修正的非饱和土弹塑性本构关系计算高填方地基总的体应变和偏应变。

（3）根据理论算法采用 MATLAB 软件编写了山区高填方地基变形计算程序及可视化用户计算程序，求得了不同填筑高度的高填方地基竖向沉降和侧向位移，与现场监测和数值模拟结果对比可知，算法合理可靠，符合大面积混合料高填方工程实际。

（4）采用有限元软件对实际施工工况的高填方地基变形与稳定性进行对比分析，发现在施工期应严格控制填方地基的沉降与差异沉降；工后第一年沉降约占工后沉降的 60%，工后第二年沉降量约占工后沉降的 30%，工后 3~5 年沉降量约占工后沉降的 10%，工后沉降总体不超过 20cm；工后第一年不应进行道面施工，条件允许时应放置 2 个雨季。

本章给出的高填方地基稳定性系数和沉降变形关系，可以根据地基不同沉降变形量可快速算得安全系数，进而判别其对应的稳定状态，实现基于位移控制的高填方边坡动态稳定性评价。

第 5 章　高填方边坡稳定性分析

高填方边坡因地形地质复杂且高度较大，其稳定性不仅与地形、岩土条件及填土高度有关，还与不同的边界条件、加载方式和填方过程相关。引起边坡破坏的因素主要包括两种。一是原地基土体，其原地面涉及岩溶、高陡边坡、大型不稳定斜坡、地下水、采空区、高烈度区等特殊地质条件及软弱土、膨胀土、红黏土、黄土、盐渍土、全风化岩等特殊土，其本身的工程地质特性对边坡的稳定性有较大影响，且很多情况下滑裂面通过原地基。二是填筑体，填料除采用粉土、黏性土、岩块碎石、砂岩、卵石等一般填料外，还因地制宜采用了特殊土或难以密实的岩土，由于其自身重量及渗透的影响常引起土体剪切破坏。近十余年来，我国新建了 50多个高填方机场，这些机场主要位于西部地区，其中西南地区约占 60%，虽然大多数机场在建设过程及建成后均处于稳定状态，但是个别机场由于特殊原因出现的边坡过大沉降和失稳事故，足以证明对该类山区高填方边坡稳定性进行深入分析的重要性和紧迫性。

高填方边坡稳定性分析主要存在问题包括失稳变形机理认识不明确、安全系数控制与坡比设置尚不统一、既有边坡稳定性算法亟待改进、加固多级支挡边坡的稳定性计算基本空白。如填筑边坡设计安全系数控制值（表 5.1）仍是结合公路、铁路、水电、矿山等行业经验给出的。现行《公路路基设计规范》《铁路路基设计规范》均规定在填方高度 20m、地基条件良好时，坡比可控制为 1:1.3～1:1.75；《公路路基设计规范》规定填方高度大于 20m 时应进行特殊设计，《铁路路基设计规范》规定填方高度大于 20m 时，根据填料、边坡高度等加宽路基面，坡比为 1:1.75。周绍林等研究表明北方公路高填方边坡坡比为1:1.5～1:2 即可满足稳定性要求。民航、军用机场考虑到山区地基复杂性和施工的不确定性，一般采用单级坡比 1:1.8～1:2.5，综合坡比为 1:2～1:3。

高填方边坡安全系数控制经验值　　　　　　　　　　　　　　　　　表 5.1

边坡类别	一级	二级	三级
平面滑动法和折线法	1.35	1.30	1.25
圆弧法	1.30	1.25	1.2

5.1　滑移过程时空监测与稳定性分析

5.1.1　问题的提出

当前，山区城镇化建设所需求的建设用地大多通过削山填沟造地解决，重庆、十堰、宜昌、兰州和延安等多个城市的造地规模日益空前，取得一定成果的同时也产生了许多新的技术、理论及工程难题[122]。特别是山区机场高填方项目的设计和施工要求相对严格，但时有发生的高填方边坡滑坡灾害仍不断挑战着这一战略的科学性。究其原因，以往对边坡稳定性的研究多集中在自然边坡或挖方边坡[123,124]，而新面临的高填方项目存在的"三面两体两水"（即原地面、挖方区和填方区交界面、临空面、原地基土体、填筑体和地下地表水）问题较为复杂，关于高填方边坡滑动过程的原位监测与时空演变综合分析的研究鲜有报道[125]。鉴于滑坡体具有很强的个性特征，其变形演化行为与所处的环境条件及坡体地质结构密切相关，因此对于填筑高度大、工期长、影响因素多、变形预测和控制难的山区机场高填方边坡，其变形时空演变规律与稳定性分析问题仅依靠数学推演来处理，其适宜性和准确性是不言而喻的。

解决此类问题最有效的途径之一就是伴随施工过程和工后对高填方进行综合实时原位监测[126]，既可有效减少机场高填方施工过程或工后沉降对高填方边坡稳定及地下水环境改变等可能引发的地质灾害进行预警，又可将反演分析结果反馈设计，验证和完善理论算法。综上所述，对某山区机场 3# 高填方边坡滑移变形过程进行监测，总结和揭示了这种高填方边坡变形过程中时空演化特征；根据推测滑移面位置，对滑带土强度参数进行反演分析，同时采用有限元软件对高填方边坡原地基处理是否合格、不同填筑体压实度、地下水水位升降及加筋等与边坡稳定性的关系进行研究，成果可为高填方规范制定和工程实践参考[127]。

5.1.2 裂缝发展过程

滑移边坡填料以挖方区强风化砂质泥岩和粉质黏土混合料为主，其中土基区下部（从自然地面到高程小于 1125m 范围内）填筑体压实度控制为 0.93，上部（高程 1125～1130m 范围内）控制为 0.95；土面区下部填筑体压实度控制为 0.88，上部控制为 0.93。填方施工采用压路机分层碾压或冲击压实至设计标高，坡脚及其外侧 3m 范围采用 4 排 1500kN·m 强夯进行处理；自然地面坡比大于 1:5 时，结合其实际地形清表后修建 1～4m 高台阶，每填筑 4m 高在挖填交界面处采用 3 排 1000kN·m 强夯补强。

（1）1# 高填方局部变形

1# 滑坡区边坡施工至坡高 12.8～13.1m 时，坡度 8°～12°（回填土坡脚以外自然边坡坡面呈台阶状）（图 5.1），回填土工作面平台出现横向裂缝（平行于跑道长度方向为纵向），回填土以北坡脚以外的原地面出现多处纵向裂缝（垂直于跑道长度方向为纵向），裂缝发展过程为：

① 回填工作面

2014 年 6 月 30 日上午在 P105+35～P107+25/H104～H104+8、高程 1093.8m 区域回填工作面出现长约 70m，宽约 5mm 的横向裂缝，下午裂缝向西延伸 27m。裂缝的宽度和长度逐日增加，至 10 月底，回填工作面原裂缝周围共增裂缝约 20 条，裂缝最宽约达 8～12cm，主裂缝与后缘壁台坎高差最高约达 11cm。

② 回填坡面

7 月 1 日，在坡面 P106+35～P107+3 位置，出现了宽约 2cm 的横向裂缝，部分纵横交错，裂缝宽度逐日增大，至 10 月底裂缝宽度达 7cm。

③ 坡脚以北的原地基

7 月 3 日，坡脚以北 P104+20—P108+5/H104+39—H106+10，高程 1084.9m 的耕地内出现 5 道宽 2cm 的纵向裂缝，其中一条裂缝与坡面 P107+3 位置纵向裂缝相连贯通。原地基裂缝宽度和数量逐日增加，至 10 月底，裂缝宽度增加 3～8cm，最宽处约达 10cm，共 30 余条。

（2）3# 高填方边坡局部变形

2014 年 11 月 2 日当 3# 高填方边坡施工至与设计填方标高差约 4～5m 时（设计总填

高约 40～45m），3# 填方边坡 P103～P108/H96＋10 区域变形明显突增，及时采取减慢施工速率措施后，边坡变形得到控制；12 月 2 日发现坡脚调蓄池靠坡脚一侧池壁有细小裂缝产生，坡顶出现平行于跑道方向的间断裂缝，裂缝随时间逐渐延伸、局部贯通；12 月 23 日调蓄池池底出现明显隆起、脱空病害，池顶砂浆抹面发生挤压错台破坏，会商判定此处高填方坡体内部已发生蠕滑变形破坏，故采用停工的措施来预防大规模滑坡灾害发生。12 月 26 日至 2015 年 2 月 1 日期间该区雨雪天气较多，此阶段滑坡体变形快速增加；截至 2015 年 4 月底该填方边坡一直处于停工监测状态，坡脚剪切破坏明显。

发现 3# 高填方边坡局部变形明显突增后，依次在 3# 高填方边坡的坡脚、马道、坡顶进行位移、沉降和深层侧向位移监测[128]，监测点布置如图 5.1 示意。图中 CX1-2 表示第 1 级填方边坡第 2 个测斜监测点，G-4-8 表示第 4 级填方边坡马道上第 8 个沉降监测点、G-DM-5 表示坡顶工作面上第 5 个沉降监测点，其余类推。限于篇幅，下文重点以 3# 高填方边坡变形监测结果为例进行分析。

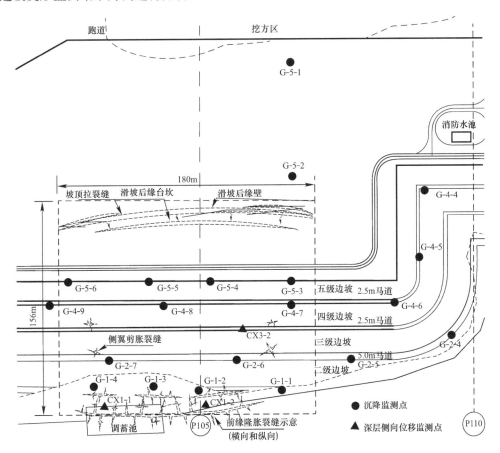

图 5.1　监测点平面布置图

5.1.3　边坡滑移过程时空监测

（1）监测点布置与监测频率

2014 年 5 月，伴随大面积高填方施工的进行，依次在 3# 高填方边坡的坡脚、马道、坡顶进行位移、沉降和深层侧向位移监测，监测点平面布置图见图 5.1，图中 CX1-2 表示第 1 级填方边坡第 2 个测斜监测点，G-4-8 表示第 4 级填方边坡马道上第 8 个沉降监测点、G-5-2 表示第 5 级边坡工作面上第 2 个沉降监测点，其余类推。监测频率根据现场施工进度适当变化，在正常施工阶段，频率为 1 次/3d，在未施工和施工关键阶段，监测频率相应地减小和增大。

(2) 深层侧向位移监测

① 三级边坡马道 CX3-2 处监测

自 2014 年 11 月 13 日开始监测三级马道上 CX3-2 处的边坡土体深层侧向位移，该处填筑体厚约 17m，测斜管共计长 24m，进入原地基 7m。边坡不同深度土体顺滑动方向水平位移随时间变化结果见图 5.2。

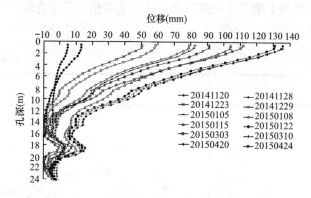

图 5.2　CX3-2 深层侧向位移监测结果

由图 5.2 可知，三级边坡马道平面（测斜孔孔口处孔深记为 0m）至填筑体底部（孔深约−17m 处）范围内土体，孔口处边坡土体位移最大、约为 130.75mm，沿测斜孔向下，位移迅速减小，基本呈 "V" 形变化；受填方加载影响，填筑体不但发生明显竖向沉降变形，同时整体朝坡脚方向位移。

填筑土底部（孔深约−17m 处）至测斜孔底部（孔深−24m 处）范围内为原地基土体的粉质黏土层，本段曲线呈 ")" 形变化，孔深−19m 左右处位移最大、累计约达 20mm，且随着时间延长持续增大，表明该范围内土体明显已发生蠕滑变形。究其原因，该机场沟底粉质黏土含水量普遍较大，相对于填筑体和强风化泥岩为软弱层、抗变形能力较差；2014 年 10 月开始，填方施工速度加快，上覆填土荷载作用于粉质黏土层时，其土颗粒间的孔隙水压力急剧增大且来不及消散（孔隙水压力监测结果见 6.2.3 节）。因此，在超孔隙水压力和上覆填筑体高压力作用下，粉质黏土中的细微颗粒间的黏聚力显著下降，当接触点（面）破碎后，相邻的颗粒通过发生相对滑动或转动来调整其位置，进而形成新的接触点（面）和传力路径，如此反复，则在相对软弱的粉质黏土层形成滑动面；同时，强风化砂质泥岩颗粒遇水易破碎、颗粒聚合体膨胀，产生体积变化，二者共同导致了粉质黏土层或其与强风化泥岩交界层发生蠕滑变形。

② 坡脚 CX1-1 处监测

2014 年 12 月 22 日发现调蓄池池底鼓包、裂缝明显，为跟踪监测坡脚土体变形动态、判定滑移面剪出口位置，补设测斜孔 CX1-1。边坡不同深度土体顺滑动方向水平位移随时间变化结果见图 5.3。

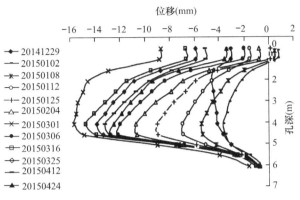

图 5.3 CX1-1 深层侧向位移监测结果

由图 5.3 可知,坡脚地面(测斜孔孔口处孔深记为 0m)至测斜孔底(孔深约 -6m 处)区域内土体侧向位移随时间不断增大,曲线基本呈")"形变化,孔深 -4m 处位移最大、累计约为 16.5mm,表明该范围内土体在一级~五级填方边坡较大的下滑推力作用下也发生了蠕滑变形,这与三级边坡马道 CX3-2 处监测(图 5.2 中 -17~-24m 段)的原地基粉质黏土层变形位置基本是一致的。但不同的是,坡脚 CX1-1 测斜孔受调蓄池阻挡(调蓄池池底、池壁多处严重隆起、开裂),见图 5.4,孔深 0~-2m 范围内土体变形明显小于 -3~-4.5m 范围内土体变形;随着一级~五级填方边坡蠕滑变形量不断增大,变形和推力不断向前传递,受到抗滑段阻挡时,在阻挡部位产生压应力集中现象,此即解释了坡脚地面多处开裂、调蓄池池壁与池底块石出现隆起或开裂的原因;当阻滑力小于下滑力时,裂缝、隆起部位贯通,形成剪出口。跟踪监测发现,坡脚 A 处鼓胀裂缝基本呈"扇形",具备滑坡前缘特征[123],坡脚开挖探坑发现的剪切面见图 5.5(b),与根据 CX1-1 测斜结果推测的滑移面位置一致。

(a)　　　　　　　　　　　　　　　(b)

图 5.4 调蓄池底隆起开裂图

(a) 坡脚调蓄池开裂;(b) 池底隆起池壁开裂

③ 变形过程与滑移面位置确定

2014 年 11 月 2 日发现 3# 填方边坡局部(桩号 P105 左右区域)变形明显突增,及时采取减慢施工速率措施后,边坡变形速率得到控制;12 月 2 日发现坡脚调蓄池靠坡脚一侧池壁有细小裂缝产生,坡顶出现平行于跑道方向的间断裂缝,裂缝随时间逐渐延伸、局部贯通,见图 5.5(b);12 月 23 日调蓄池池底出现明显隆起、脱空病害,池顶砂浆抹面发生挤压错台破坏,如图 5.4(b)所示,会判定此处高填方坡体内部已发生蠕滑变形破坏,

(a)　　　　　　　　　　　　　(b)

图 5.5　高填方边坡坡脚滑移面与坡顶拉裂缝
(a) 坡脚滑移面；(b) 坡顶裂缝

故采用停工的措施来预防大规模滑坡灾害发生。12 月 26 日至 2015 年 2 月 1 日期间该区雨雪天气较多，此阶段滑坡体变形快速增加；截至 2015 年 4 月底该填方边坡一直处于停工监测状态，坡脚剪切破坏明显，见图 5.4。因此，根据坡顶表面张拉裂缝位置、由 CX3-2 和 CX1-1 监测结果判断的剪切面深度、坡脚隆起与裂缝横纵向发展的特征及位置（见图 5.1），可以推测 CX3-2 断面和 CX1-1 断面边坡坡体内部已经基本形成了连续的滑动面，主滑段位于粉质黏土层或其与强风化泥岩交界层，位置如图 5.6 所示。

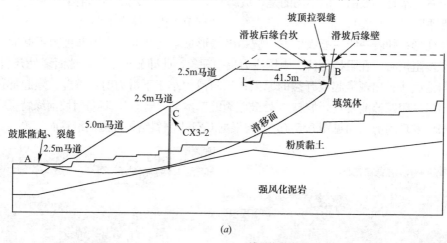

(a)

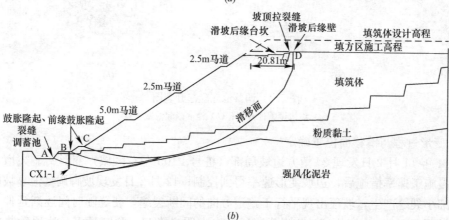

(b)

图 5.6　滑动面位置示意图
(a) CX3-2 区域滑移面位置示意图；(b) CX1-1 区域滑移面位置示意图

为验证滑移面位置推断是否合理，将测斜 CX1-1 断面的地形剖面导入有限元软件建立分析模型，其高 56m、纵向长 208m，模型采用平面自动划分网格，网格尺寸为 2m×2m，边界条件采用地面支撑，土体屈服准则为 Mohr-Coulomb 强度准则，土层参数根据大量室内试验综合确定，模拟计算云图如图 5.7 所示。

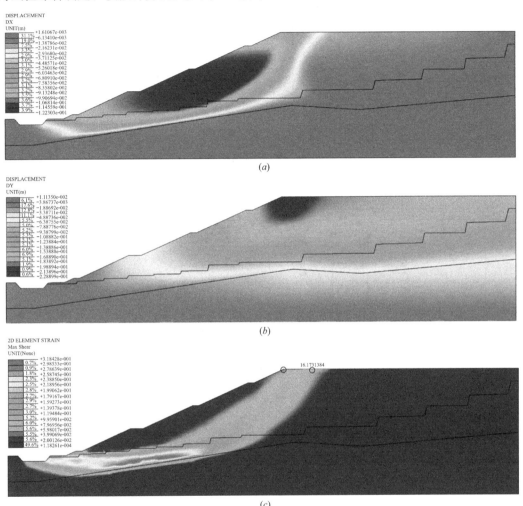

图 5.7　高填方边坡模拟计算云图

（a）边坡水平方向位移云图；（b）边坡竖直方向位移云图；（c）边坡最大剪切应变云图

（3）边坡沉降监测

① 坡顶沉降监测

3# 边坡滑坡区坡顶工作面（与设计填方标高差 4～5m）的沉降监测点共 6 个，如图 5.1 所示，沉降量与沉降速率随时间变化曲线见图 5.8、图 5.9。

由图 5.8 可知，自 2014 年 12 月 23 日土方停工后，2015 年 1 月 16 日至 4 月 25 日 3# 边坡滑坡区填筑体顶面 6 个沉降观测点 G-DM-1～G-DM-6 的累计沉降量分别为 14.63，37.39，197.07，169.8，141.9，114.9mm。从空间方面来看，如图 5.6 所示，整个填筑体顺坡方向（从右至左）沉降增大，分别以点 B，D 为分界线，滑坡后缘壁右侧（G-DM-1 和 G-DM-2 处）沉降量相对较小，左侧（G-DM-3～G-DM-6）沉降量较大，G-DM-1 和

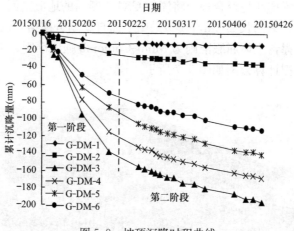

图 5.8　坡顶沉降时程曲线

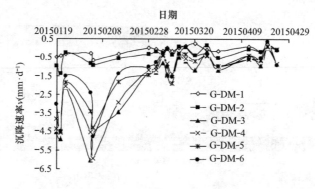

图 5.9　坡顶沉降速率时程曲线

G-DM-2 与 G-DM-3 的沉降差分别为 182.44 和 159.68mm，产生滑坡后缘台坎、形成明显拉裂缝（见图 5.5b）。

究其原因：滑坡后缘在填方荷载和其他因素影响下，滑体所产生的下滑力逐渐大于相应段滑面所能提供的抗滑力，填筑体稳定性降低；当稳定性降低到一定程度后，鉴于斜坡填方的中后段山体较陡，由此在坡体中后段产生后缘张拉应力区、开始出现变形。变形的水平分量使坡体后缘出现基本平行于坡体走向的拉张裂缝，而竖直分量则使坡体后缘填筑体产生下座变形。随着变形的不断发展，一方面张拉裂缝数量增多，分布范围增大；另一方面，各断续裂缝长度不断延伸增长或相互连接，宽度和深度加大，形成坡体后缘的拉裂缝。在张拉变形发展的同时，下座变形也在同步进行，达到一定程度后在滑坡体后缘形成多级拉裂缝和下错台坎，见图 5.5（b）。

从时间方面来看，如图 5.8、图 5.9 所示，坡顶沉降变化可分为 2 个阶段：第一阶段为初始变形阶段（2015 年 1 月 16 日至 2 月 15 日），滑体平均沉降速率 3.5mm/d，变形从无到有、逐步产生裂缝，变形曲线表现出相对较大的斜率，但随着时间的延续，变形逐渐趋于正常状态，曲线斜率有所减缓；第二阶段为匀速变形阶段（2 月 15 日至 4 月 25 日），滑体平均沉降速率下降约 80%，下降为 0.87mm/d，在第一阶段变形的基础上，填筑体基本上以相近的速率持续变形。由于受到施工荷载干扰或天气变化等因素影响，其变形曲线会有所波动，但宏观变形速率基本保持不变，变形曲线总体趋于稳定。

② 5m 马道沉降监测

3#边坡 5m 马道的地表沉降监测点共 7 个，滑坡区测点的布设情况如图 5.1 所示，沉降量与沉降速率随时间变化曲线见图 5.10、图 5.11。

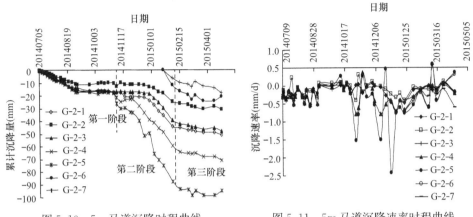

图 5.10　5m 马道沉降时程曲线　　　　图 5.11　5m 马道沉降速率时程曲线

从图 5.10 可知，自 2014 年 7 月 5 日至 2015 年 4 月底，第二级填方边坡 5m 马道上 7 个沉降观测点 G-2-1～G-2-7 的累计沉降量依次为 51.34、31.18、48.65、71.16、94.58、20.98、21.85mm，后 2 个监测点由于伴随马道施工未及时修整，故布设较晚。从空间方面来看，同测斜结果原因分析一致，随着后缘变形量的增大，其滑移变形及所产生的推力将逐渐传递到坡体中段，并推动滑坡中段向前产生滑移变形。中段滑体被动向前滑移时，将在两侧边界出现剪应力集中，并由此形成剪切错动带，产生侧翼剪张裂缝；此即解释了图 5.1、图 5.6 中从一级到三级边坡坡面出现的少量断续裂缝的原因。

从时间方面来看，如图 5.10 所示，沉降变化曲线出现了第 3 个阶段，即稳定收敛阶段。这是由于本填方边坡变形初期采取了得当的处理措施，变形速率不断降低，如图 5.11 所示，变形量不再增大。若这个时期变形速率不断加速增长、变形曲线近于陡立，则说明即将发生滑坡，一般称为加速变形阶段。因此，高填方边坡蠕滑变形过程中变形速率的变化规律能够反映其稳定状态，结合可查机场高填方边坡沉降位移变化规律[58]，给出其控制建议值具有十分重要的意义。

第一阶段：初始变形阶段（2014 年 7 月 5 日至 11 月 7 日），变形速率较小，平均约为 0.22mm/d，最大沉降量为 26.82mm。第二阶段：匀速变形阶段（2014 年 11 月 7 日至 2015 年 2 月 4 日），沉降速率为上一阶段的 2～3 倍，但相对均匀约为 0.68mm/d，发生沉降量约为 60.77mm。分析原因：2014 年 10 月底至 11 月初，由于连续的降雨，加上施工单位临时排水措施不当，坡顶填方工作面局部积水、下渗，下滑力加大，坡脚临时排水沟排水不畅、入渗水分促使抗滑力减小。及时整改后，由于 11 月上旬采取减慢施工速率措施后，11 月底的沉降速率减小到了 0.33mm/d。12 月份以来，天气条件好转，施工速度明显加快，沉降速率又增大至平均 1.2mm/d。第三阶段：稳定收敛阶段（2015 年 2 月 4 日至 4 月底），滑坡段发生沉降量为 6.99mm，变形速率下降为 0.088mm/d，5m 马道表面沉降存在收敛趋势。

③ 坡脚沉降监测

3#边坡滑坡区坡脚沉降监测点共 4 个，见图 5.1，沉降量与沉降速率随时间变化曲线见图 5.12 和图 5.13。

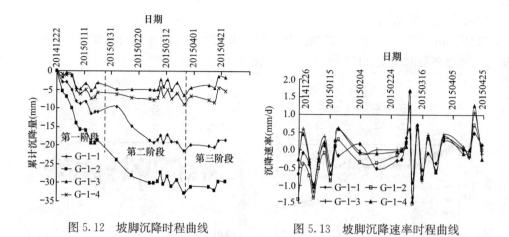

图 5.12　坡脚沉降时程曲线　　　图 5.13　坡脚沉降速率时程曲线

由图 5.12 可知，G-1-1～G-1-4 累计沉降量依次为 18.35、29.6、1.43、5.4mm，G-1-1 和 G-1-2 的沉降量大于 G-1-3 和 G-1-4，这与各级马道及坡顶处沉降变形是一致的。从空间方面来看，荷载传递、前缘隆胀裂缝形成机制与 CX1-1 处剪出口形成相同；在一级～五级填方边坡在由后向前的蠕滑过程中，填筑体以沉降变形为主，兼有明显水平侧向位移，属于典型的人工加载的"后推式"滑坡类型，滑移面一般呈前缓后陡的形态，其地表裂缝形成与发展主要包括：后缘拉裂缝形成、中部侧翼剪切裂缝产生、前缘隆胀裂缝形成。

从时间方面来看，坡脚沉降变化曲线也包含 3 个阶段：初始变形阶段、匀速变形阶段、稳定收敛阶段；由图 5.13 可知，坡脚沉降变化受快速加载和雨雪天气影响较大，最大沉降速率约为 2mm/d。综上，建议正常施工过程中高填方边坡沉降速率连续 3d 大于 0.3mm/d 应引起警示，连续 3d 大于 0.5mm/d 应当报警、采取相应措施；工后高填方地基连续 50d 观测的沉降量不超过 2mm 可作为沉降稳定控制标准。

5.1.4　滑移坡体强度参数反演与稳定性分析

（1）滑带土强度参数反演分析

滑坡分析与治理时，土体抗剪强度参数选取十分关键且困难，因为下滑推力对滑带土强度参数较为敏感，直接影响滑体稳定性评价和防治是否合理。基于滑带土抗剪强度反算法原理，选择 3# 填方边坡 CX3-2 和 CX1-1 两个断面（见图 5.6），分别划分主滑段和抗滑段，按式（5.1）建立两个共轭方程，形成二元一次方程组，联立求解即可得某一稳定系数对应的一组抗剪强度参数：

$$F_s = \Big[\sum_{j=1}^n W_j \sin\alpha_j \cos\alpha_j + \Big(\sum_{j=1}^n W_j \cos^2\alpha_j + \sum_{i=1}^m W_i \cos^2\alpha_i \Big) \tan\varphi +$$
$$C\Big(\sum_{j=1}^n L_j \cos\alpha_j + \sum_{i=1}^m L_i \cos\alpha_i \Big) \Big] \Big/ \sum_{i=1}^m W_i \sin\alpha_j \cos\alpha_i \qquad (5.1)$$

式中：W_i、W_j——滑体下滑段第 i、j 条块所受的重力（kN）；

α_i、α_j——滑体下滑段第 i 条块、滑体抗滑段第 j 条块所在折线段滑面的倾角（°）；

L_i、L_j——滑体下滑段第 i 条块、滑体抗滑段第 j 条块所在折线段滑面的长度（m）；

C——折线滑面上的平均单位黏聚力（kPa）；

m、n——滑体下滑段和抗滑段的分块数。

鉴于目前国内尚无高填方设计规范，结合支挡结构静动力稳定性研究经验[124]，对于不同状态的高填方边坡，稳定系数 F_s 的取值建议按表 5.2 控制（此处正常状态是指天然状态，降雨和地震工况下稳定系数按正常状态 F_s 减小 0.1 和 0.15 控制），如果边坡的实际情况处于表 5.2 所述的某两种状态之间，则 F_s 可以采用线性内插确定。反算结果即为主滑段抗剪强度参数平均值，见表 5.3；其中，假定原地基粉质黏土层处理合格、填筑土压实度为 0.93，抗滑段土体参数根据室内试验确定。

高填方边坡稳定状态评价表　　　　　　　　　表 5.2

边坡状态	稳定系数 F_s
正常状态	1.3
填方边坡后缘出现拉裂缝、错台	1.2
填方边坡前缘地面隆起、出现剪出口	1.1
边坡滑动加速、即将产生滑坡	1.0

滑带土强度参数反演结果　　　　　　　　　　表 5.3

稳定系数 F_s	黏聚力（kPa）	内摩擦角（°）
0.95	4.4	14.2
1.00	4.5	15.0
1.05	4.7	15.7
1.10	4.8	16.5
1.15	7.5	17.2
1.20	10.1	18.0
1.25	13.2	18.7
1.30	16.3	19.4

根据跟踪监测和数值模拟可知本边坡稳定系数介于 1.1～1.15 范围内，则由表 5.3 可判断主滑带的平均黏聚力约为 4.8～7.5kPa，但与处理合格的粉质黏土强度参数相比，降幅达 63.1%～42.3%，内摩擦角降幅较小，可见土体黏聚力大小对高填方边坡稳定影响较大。至此，根据前文推测滑移面位置，结合滑坡区相关资料即可较为准确地计算出滑坡推力，进行滑坡体加固治理。

（2）地基处理和填土压实度对稳定影响分析

结合该机场填方施工压实度要求，分别对原地基粉质黏土层处理合格和不合格情况下、上部填土压实系数为 0.88、0.93 和 0.96 时 6 种工况的稳定性进行计算，结果见表 5.4。其中，未考虑填筑加载过程中地下水位的变化，即假定地下水位一直处于原自然地面下 10m 的粉质黏土层；本机场原地基处理主要是针对不同厚度的粉质黏土层选用不同的地基处理方法，以其物理力学参数区分是否合格。

不同压实条件下高填方边坡稳定性计算结果　　　　　　　　　　表 5.4

压实系数	稳定性系数		
	处理合格	处理不合格	增幅（%）
0.88	1.236	0.990	25
0.93	1.339	1.093	23
0.96	1.434	1.189	21

由表 5.4 可知，当原地基的粉质黏土层处理合格时，随着填土压实系数的增大，边坡稳定性逐渐提高（压实系数从 0.88 提高到 0.96 时，F_s 提高约 16.1%），且上部填土压实系数不小于 0.93 即可满足边坡稳定性要求，压实系数为 0.88 时，F_s 值为 1.236，根据表 5.2 可知坡顶可能会出现裂缝，产生较大变形。根据表 5.4，若原地基处理不合格，即便上部填方压实系数高至 0.96，F_s 值仅为 1.189，另外，由图 5.14 中压实系数 0.88 原地基处理合格和压实系数 0.96 原地基处理不合格的工况下 F_s 对比，也可证明当地下水位发生变化时，原地基若处理不合格，仅靠提高上部土体压实系数意义不大。因此，山区机场高填方原地基处理合格与否直接决定其上部高填方边坡能否稳定，且原地基处理合格可使稳定系数 F_s 平均提高 23%。

（3）地下水位升降对高填方稳定性影响分析

根据地勘和监测结果，对原地基粉质黏土层处理是否合格、场区地下水位于原地面下 10m、5m 和 1.5m 处不同压实系数的 18 种工况下高填方地基稳定性进行计算，结果绘于图 5.14。

分析图 5.14 可知，随着地下水位的升高（由 -10m 升至 -1.5m），稳定系数减小，特别是从 -5m 升至 -1.5m 时，F_s 值大幅降低，表明地下水对高填方稳定性影响较大。究其原因，坡体内土体含水量增大，将会使坡体应力场发生改变，孔隙水压力增加，有效应力减小，摩阻力减小，土的重度增大、底层土体润滑或软化、强度明显降低，逐步趋于失稳破坏；反之，地下水位下降，边坡稳定系数增大，浸润面以上土体压密固结、强度提高，但是随之产生坡面变形、差异沉降，特别是，水位快速下降也将会形成较大的水力坡降，产生与渗流方向一致的渗流动水压力、下滑力增大，发生改变的应力场会引发坡面沉降甚至滑坡。因此，高填方施工前，需结合当地水文地质条件，预测水文环境变化，采取有效的导渗排水盲沟和反滤措施，以免边坡发生较大的渗透变形。

（4）加筋对高填方稳定影响分析

对于原地基粉质黏土层处理是否合格、场区地下水位于原地面下 10m、5m 和 1.5m 处的不同压实系数的 18 种工况下高填方边坡，在靠近边坡 50m 范围内（填方底部坡面距挖填交接处不足 50m 时，按实际长度布置）铺设土工织物后进行边坡稳定性计算，结果绘于图 5.15；其中，土工织物粘结表面摩擦力为 60kPa、承载力为 80kN，竖向间距为 5m，土工织物安全系数和粘结安全系数均取 1.2。

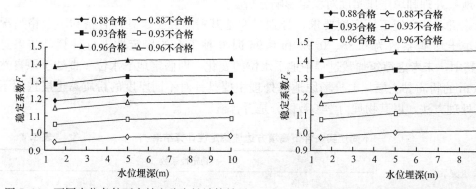

图 5.14　不同水位条件下高填方稳定性计算结果　　图 5.15　加筋条件下高填方边坡稳定性计算结果

对比图 5.14 与图 5.15 可知，伴随施工过程，铺设土工织物后的高填方边坡稳定系数与不铺设土工织物时相比，有明显提升，但在地下水位的升幅较大或进入填筑体时，加筋效果并不理想。分析原因，地下水位升高、水浸入加筋坡底后，会大幅降低土工织物与填筑体之间的界面强度，影响加筋效果，因此高填方施工时需加强基底的防排水，减小斜坡地下水在施工过程中水位升降的影响。另外，在填方中下部加筋对边坡稳定性贡献较大，但限于中下部坡面距挖填交接面较近，实际工程中加筋一般难以伸入原地基粉质黏土层内。因此，填方施工时，首先应确保原地基处理合格，其次，在填方全高度布置土工织物时，须将中下部的土工织物与挖填交接面共同合理处理，再严格控制压实度。

5.2 预警判据与破坏机理研究

5.2.1 问题的提出

现有对边坡变形预测、变形机制及稳定性的研究成果大多集中在自然边坡或挖方边坡[123,124,129]，缺少研究和解决高填方边坡变形变化与坡体稳定性演化规律等问题，目前尚无法确定完善的边坡稳定性与失稳破坏预警判据。特别是，由于高填方机场工程地形高差大、工程地质与水文地质条件复杂，挖填土石方量大、工期长、影响因素多，变形破坏具有复杂性和不确定性等特点[130]，难以采用上述成果准确地控制和预报山区高填方边坡变形与滑坡。

现有的高填方变形的判据大多通过专家经验给出，对其不同变形阶段历时与位移速率临界值的系统研究尚不多见。鉴于变形是高填方边坡稳定状态最直观地反映，伴随施工过程和工后对高填方进行综合实时原位监测，无疑对该类边坡进行动态评价与监测预警具有重要的理论和实践价值[131]。因此，根据某山区机场 1# 和 3# 高填方边坡变形过程监测结果，在系统分析其边坡变形过程中的时空演化规律的基础上，结合国内现有山区高填方机场不同变形阶段裂缝发展特征和原因等相关信息，提出山区高填方边坡不同变形阶段的时空演化特征与变形速率预警判据，揭示其变形破坏机理，成果可为山区高填方边坡变形处治方案决策和滑坡灾害预警提供重要的参考依据。

5.2.2 不同变形阶段时空演化特征与预警判据

高填方边坡是逐层压实回填形成的，填筑体既是沉降介质又是下覆地层的荷载，前已述及，当前准确地控制和预报高填方变形与滑坡较为困难。然而，在蠕滑过程中，高填方边坡不同部位的裂缝与变形是滑坡启动与否与发展演化最直观的宏观特征。可查的高填方机场边坡变形监测数据表明，其变形具有时效特点（蠕变现象），在应力不是很大的条件下，可以产生较大的变形；当监测数据不足时，通过准确识别裂缝发展特征，亦可简单有效地进行高填方边坡变形演化分析。不同阶段典型高填方边坡变形破坏特征见表 5.5。

统计表 5.5 数据可得，山区机场高填方边坡变形主要原因有：原地基处理不合格、加载过快、强降雨或地下水上升。自初始出现变形到稳定收敛或失稳破坏，从空间上来看，裂缝形成与发展主要包括：后缘拉裂缝形成、中部侧翼剪切裂缝产生、前缘隆胀裂缝形成。从时间上来看，一般会经历三个不同变形阶段，且其变形演化特征不同：①初始变形阶段，后缘坡顶发现张拉裂缝，裂缝长度不断延伸，侧缘剪切裂缝出现，月变形速率 2～6cm/月，日变形速率 0.22～3.5mm/d；②匀速变形阶段，后缘下错、侧边剪裂缝、前缘鼓胀裂缝日益明显，随雨期变形显著，若后期趋于稳定，则日变形速率为 $0.03 \sim$ 0.87mm/d，如九寨黄龙机场和本机场 $3^{\#}$ 滑坡区；若后期加速变形，则日变形速率为 $1 \sim$ 3cm/d；③稳定收敛或加速变形阶段，圈椅状拉裂缝产生并逐渐发展、潜在滑移面同前文塑性区分布一样趋于贯通，裂缝逐渐朝宽深长趋势发展，若边坡趋于稳定，裂缝宽 $4 \sim$ 15cm，台坎高约 $2 \sim 11\text{cm}$，位移收敛于 $5 \sim 29\text{cm}$；若边坡临滑或正在滑移，则日变形速率为 $20 \sim 50\text{cm/d}$ 等。由于高填方变形影响因素复杂，故监测结果存在明显差异，因此，上述高填方边坡不同变形阶段时空演化特征与预警判据有待进一步充实与完善。

不同变形阶段典型高填方边坡裂缝及其特征发展规律　　　　　表 5.5

机场名称	变形原因	初始变形阶段	匀速变形阶段	稳定收敛或加速变形阶段
宜昌三峡机场滑坡 (Lin, 1997)	原冲沟 $0.4 \sim$ 1m 厚残余淤泥层，大量降雨	回填土超过 8m 后后缘出现张拉裂缝	滑体中部可见多处与主滑方向垂直和斜交的张剪裂缝及凹地与台坎	鼓胀带及剪切带明显，中前缘滑动速率为 $20 \sim 50\text{cm/d}$，滑动方量 $13.4 \times 10^4 \text{m}^3$，滑线总长 165m
九寨黄龙机场蠕滑 (Liu, 2006)	坡顶加载过快降雨入渗	水平位移发展较快，日位移量为 $0.083 \sim$ 0.114cm/d，月位移速率 $2 \sim 6\text{cm/月}$	位移变化平缓，日位移量小于 0.003cm/d，月位移速率小于 0.77cm/月	稳定收敛位移 $5 \sim 29\text{cm}$
贵州某机场滑坡 (Liu, 2007)	底部黏性填土层压缩变形过大	后缘剪胀裂缝、侧缘剪切裂缝，中部小范围下陷	后缘下错明显，前缘鼓胀裂缝，位移速率 0.01m/d	7d 内下沉 2.53m，位移速率 $0.2 \sim$ 0.32m/d，滑坡体纵长 112m，后缘横宽 155m，垂直下错 8m
攀枝花机场 $12^{\#}$ 滑坡 (Gu, 2011)	地下水作用和降雨	坡顶断续分布新的裂缝，单条长度 $15 \sim$ 20m，月累计位移小于 28mm	前缘挡墙被推挤变形，日变形速率小于 5mm/d，雨期裂缝复活	临界变形速率约为 450mm/d，滑坡全长为 1600m，宽度为 $200 \sim 400\text{m}$，厚度 $10 \sim 25\text{m}$
吕梁机场滑坡 (Ma, 2016)	原地基黄土变形过大	坡顶逐渐出现 3 条主裂缝，位移速率 $0.3 \sim$ 2.4mm/d	坡体下部出现剪出口，裂缝长度数量增加，最长的延伸 82m，位移速率 $0.01 \sim 0.03\text{m/d}$	裂缝两端地面垂向错落 $2 \sim 8\text{cm}$ 不等，裂缝水平宽度 $4 \sim 15\text{cm}$ 不等，稳定收敛位移 $7 \sim 23\text{cm}$
某机场 $1^{\#}$ 滑坡	原地基粉质黏土层压缩变形过大，降雨入渗	后缘坡顶出现张拉裂缝并迅速延伸，变形速率 $0.3 \sim 1\text{mm/d}$	侧边剪裂缝、前缘隆起开裂现象出现并加剧，雨期变形明显增大，裂缝月变形量 $2 \sim 3\text{cm}$	裂缝形成弧形拉裂圈，趋于连通，裂缝宽约 $8 \sim 12\text{cm}$，台坎高约 11cm
某机场 $3^{\#}$ 滑坡	坡顶加载过快，原地基粉质黏土层压缩变形过大	后缘坡顶出现张拉裂缝，有新的扩展变形迹象，变形速率 $0.22 \sim$ 3.5mm/d	后缘裂缝随施工加载变化明显，变形速率 $0.2 \sim$ 0.87mm/d	前缘隆起开剪裂现象明显，裂缝宽 $4 \sim 11\text{cm}$，台坎高约 $3 \sim 10\text{cm}$

5.2.3　不同变形阶段破坏机理

依据前文重塑混合料在控制吸力和净围压为常数条件下，三轴剪切试验过程中的偏应力 $(\sigma_1 - \sigma_3)$-轴应变 ε_1 曲线关系，可以推知边坡变形破坏机理，时空演化过程见图 5.16。

虽然不同的高填方边坡时空演化特征存在不同，但其本质均为岩土体发生剪切破坏，其剪切变形均与滑动面性状有关，如图 5.16 所示，山区高填方边坡变形时空演化与破坏机理为：

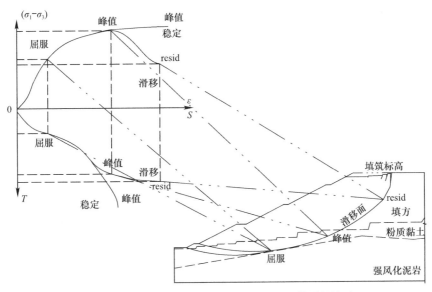

图 5.16   高填方边坡失稳过程和时空监测结果的关系

① 在正常施工过程中，后缘土体强度未达到屈服状态（yield）之前，坡体变形应当在短时间内完成、大小主要取决于填方荷载和填筑体抗力；理论上不会出现裂缝，累计变形不超过表 5.5 经验值；

② 进入初始变形阶段，坡体应力使岩土体原有的孔隙闭合或接近闭合，粗细颗粒接触面增大，后缘土体强度不断发挥，一般小于峰值状态（peak），同时，坡体强度屈服状态（yield）沿潜在滑移面下移；此时，后缘达到屈服点的土体（小于峰值点）最先出现裂缝，宏观变形特征开始加强，此时根据前文提出的变形速率警示值及时采取措施，最为合理有效；

③ 进入匀速变形阶段，坡体应力不断调整变化，土体呈现一定硬化效应，后缘土体强度位于峰值状态（peak）左右，坡体强度屈服状态（yield）继续沿潜在滑移面下移；此阶段后缘裂缝等速扩展并且不断地增加，翼缘出现剪切裂缝，前缘隆起开裂，此时根据前文提出的变形速率报警值迅速采取措施，一般可以避免坡体进入加速变形阶段；

④ 若在初始变形阶段和匀速变形阶段采取措施得当，则坡体内部仍有一定硬化效应作用，坡体变形进入稳定收敛阶段，潜在滑移面上各点应力状态、裂缝宽度和数量等基本不变，部分裂缝趋于闭合；若进入匀速变形阶段，坡体应力进一步增加，硬化效应消失，最初达到屈服状态（yield）、峰值状态（peak）状态的土体分别大幅趋于峰值状态（peak）和 resid 状态，同时各点沿潜在滑移面下移，裂缝扩展强烈，后缘台坎、前缘隆起现象显著，滑移面贯通，变形速率随时间增加不断增大，达到临滑状态，直到产生破坏为止，根据前文提出的临滑变形速率值，应启动预警预案进行避险减灾。综上可知，山区高填方边坡变形破坏一般呈渐近发展，后缘土体首先发生变形，一般处于破坏后区 resid 状态，随着应力应变的发展，前缘趋于 peak 之前的状态，前缘和后缘之间处于临界应力状态。

5.2.4   张拉裂缝深度确定

基于高填方不同变形阶段时空演化特征与机制分析，有必要探索给出塑性区裂缝开裂深度。非饱和土石混合体中由于细颗粒的存在，使得混合体的黏结作用较单纯的土颗粒增大，综合表现为不同变形时刻的强度特征不同，如在边坡滑移发生剪切破坏时，土体综合表现为黏聚力，而在填方边坡或路基顶部开裂阶段，土体强度以受拉为主。B. Paul 为改进经典的 Mohr-Coulomb 准则，提出破坏面上法向应力为压时采用 Mohr-Coulomb 准则，见式（5.2a），法向应力为拉时采用最大拉应力准则，见式（5.2b）。

$$\sigma_3 - f_t = 0 \tag{5.2a}$$

$$\sigma_1 - \frac{1+\sin\varphi}{1-\sin\varphi}\sigma_3 - \frac{2c\cos\varphi}{1-\sin\varphi} = 0 \tag{5.2b}$$

一般边坡的潜在滑动面由张拉屈服段（AB 段）和剪切屈服段（BC 段）组成，假设处于某临界状态，二者相交于 B 点，如图 5.17（a）所示[132]，AB 段为张拉屈服临界状态，最大主应力方向为竖直方向，其大小为自重，见式（5.3a）；最小主应力方向为水平方向，大小为岩体的抗拉强度，见式（5.3b）。随着填方高度的增加，B 点逐渐下移，AB 段的最大主应力逐渐增大，最小主应力恒等于 $-f_t$，此过程中应力圆尚未与斜直线相切。当深度增大到点 B 时，应力圆同时与竖直线和斜直线相切；BC 段各点属于剪切屈服，其应力圆与斜直线相切，主应力方向随位置的变化而变化，如图 5.17（b）所示[132]。

$$\sigma_1 - \gamma Z = 0 \tag{5.3a}$$

$$\sigma_3 + f_t = 0 \tag{5.3b}$$

式中，γ 为填筑体重度；Z 为 B 点深度。

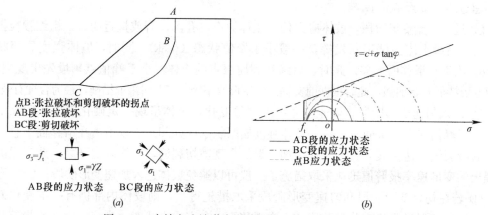

图 5.17　高填方边坡潜在滑移面与土体应力状态示意图

（a）潜在滑移面；（b）土体应力状态

把 B 点应力状态式（5.3）代入式（5.2）可得

$$Z = \left(-\frac{1+\sin\varphi}{1-\sin\varphi}f_t + \frac{2c\cos\varphi}{1-\sin\varphi}\right)\Big/\gamma \tag{5.4}$$

5.3　基于双强度折减法的边坡稳定性分析

5.3.1　问题的提出

边坡的稳定性一直是岩土工程师们所关注的重点和热点，稳定性计算方法从极限平衡法发展到目前的有限元强度折减法等，虽然都在工程实际中得到了大量应用，但是都有不足和缺陷：

（1）基于刚体的极限平衡法虽然简单易于使用，且发展时间久，应用范围大，但是其理论上为了得到解，做了过多的人为假设，与真实情况是不符合的，同时未考虑到土体材料的本构关系。

（2）有限元法自从被应用到工程中初始，就引起了广泛的关注，其比极限平衡法有诸多优点，考虑到了岩土体的弹塑性，可以计算出变形，不用假设潜在滑面的位置。但是其复杂程度较高，要想得到较为精确的计算结果，需要深厚的有限元、力学基础，对结果的影响因素较多，模型的真实程度、网格的划分、失稳判断的准则的选取等因素都对结果有较大影响。传统的强度折减法对黏聚力 c、内摩擦角 φ 采用了相同的折减系数，认为在失稳的这个渐进过程中，强度参数的衰减程度是一致的，这并不符合边坡失稳时的真实情况。

（3）双折减法过程中，根据折减比 K 的定义式，将产生两种折减起步方式，它们在数学上是一种等价变换，但是会影响折减路径，这两种起步方式究竟会对计算造成什么影响，还未有人关注。

（4）双强度折减法中，黏聚力 c、内摩擦角 φ 的配套折减机制，缺乏更加数值化的解释和说明。

（5）工程中对于边坡的稳定性评价采用的是单安全系数，而在目前建立在折减比 K 基础上双强度折减法所得出折减系数有两个，安全系数与黏聚力、内摩擦角的折减系数之间的函数关系如何确定，仅仅取最小值和平均值，缺乏理论依据，难有说服力。

基于上述 5 个问题，本节对边坡稳定性分析采用有限元双强度折减法，以不同的经典算例作为理论的验证，并尝试将双强度折减法和所提出的边坡安全系数 $F_{os}=f(SRF_1, SRF_2)$ 应用到实际工程中[92]。

5.3.2　双强度折减法的基本原理和实现

（1）安全系数定义的讨论

对于边坡的稳定性分析，安全系数作为评价的标准，是最为重要的概念，不同的安全系数定义方式，其物理意义不同，同时计算出的结果也是有所偏差的。因此，首先对安全系数的定义做一些讨论和选择是有必要的。当前，在边坡稳定性分析中，安全系数一般有三种定义方式：①基于强度储备定义的安全系数；②超载储备的定义方式；③下滑力超载储备定义。具体简述如下：

1）基于强度储备的定义

当边坡土体的强度参数降低为某一数值时，这里采用的是黏聚力和内摩擦角采用同等比例的折减，即 c/F_s 和 $\tan\varphi/F_s$，则此时边坡正好是处在极限平衡状态，对于岩土材料，主要表现为剪切特性，Mohr-Coulomb 准则能够很好地反映出剪切效应，较符合岩土材料破坏特征，应用比较广泛；若选择 M-C 准则作为屈服准则，那么对于极限平衡状态的描述可以为式（5.5）：

$$\tau' = c' + \sigma \cdot \tan\varphi' \tag{5.5}$$

式（5.5）中，$c'=c/F_s$；$\tan\varphi'=\tan\varphi/F_s$，$c'$、$\varphi'$ 表示极限平衡状态时的强度参数。

安全系数的定义根据滑动面的抗滑力与下滑力的比值得到，可表达为：

$$F_s = \frac{\int_0^l (c + \sigma \tan\varphi) \mathrm{d}l}{\int_0^l \tau \mathrm{d}l} \tag{5.6}$$

将式（5.6）两边同时除以 F_s，得到式（6.7）：

$$1 = \frac{\int_0^l (c + \sigma \tan\varphi) \mathrm{d}l}{F_s \int_0^l \tau \mathrm{d}l} = \frac{\int_0^l \left(\dfrac{c}{F_s} + \sigma \dfrac{\tan\varphi}{F_s} \right) \mathrm{d}l}{\int_0^l \tau \mathrm{d}l} \tag{5.7}$$

因为 $c' = c/F_s$，$\tan\varphi' = \tan\varphi/F_s$，带入式（6.7）得：

$$1 = \frac{\int_0^l (c' + \sigma \tan\varphi') \mathrm{d}l}{\int_0^l \tau \mathrm{d}l} \tag{5.8}$$

式（5.8）反映了边坡的强度参数在边坡失稳这个渐进过程中，强度参数不断衰减的概念，当边坡处于临界状态时，即极限平衡状态时式（5.8）成立。强度折减技术较好地体现出这种"安全储备"的概念，所以有限元强度折减法多采用该种定义方式。虽然，几乎全部的有限元强度折减法的安全系数定义都采用了该种定义方式，但是并不代表该种定义方式的表达是完美的，主要争论的核心点在于：

当土体未达到塑性时，式（5.7）中 σ、τ 与黏聚力和内摩擦角是无关的；当出现塑性时，σ、τ 又与黏聚力 c 和内摩擦角 φ 有关，又可以写成如下式子，$\tau = \tau(g, h, \beta, c, \varphi)$，$\sigma = \sigma(g, h, \beta, c, \varphi)$。在强度折减法计算过程中，临界状态的方程表达为下式（5.9）：

$$1 = \frac{\int_0^l [c' + \sigma(c', \sigma', g, h, \beta) \tan\varphi'] \mathrm{d}l}{\int_0^l \tau(c', \sigma', g, h, \beta) \mathrm{d}l} \tag{5.9}$$

用式（5.9）来表示时，由式（5.6）到式（5.7）的变换并不是等价的，强度折减法计算出的安全系数与强度储备定义的安全系数是有区别的。虽然，对于该种定义方式存在一些争议，但是在目前广泛的应用中来看，以其得到的计算结果仍然得到了认可。

2）超载储备定义

该种安全系数的定义方式是将边坡的荷载增大 F_s 倍后，坡体恰好处于极限平衡状态，按照该定义方式则有式（5.10）：

$$1 = \frac{\int_0^l (c + F_s \sigma \tan\varphi) \mathrm{d}l}{\int_0^l F_s \tau \mathrm{d}l} = \frac{\int_0^l \left(\dfrac{c}{F_s} + \sigma \tan\varphi \right) \mathrm{d}l}{\int_0^l \tau \mathrm{d}l} \tag{5.10}$$

该种定义方式，从式（5.10）中可以看出，该式只对黏聚力 c 进行折减，相当于黏聚力的强度储备，那么其局限性是显而易见的，就是对于黏性土质边坡是存在的，对于 $c = 0$ 的无黏性土采用该种定义的安全系数，是无法得出边坡的安全系数。因此，该种定义方式的使用范围得到了限制。

3）下滑力储备的定义方式

此种定义方式，通过将滑裂面上的下滑力增大 F_s 倍，使边坡达到极限平衡状态，即只增大下滑力，而不增加抗滑力，则有式（5.11）：

$$1 = \frac{\int_0^l (c + \sigma \tan\varphi) \mathrm{d}l}{F_s \int_0^l \tau \mathrm{d}l} \tag{5.11}$$

式（5.11）和式（5.7）的表达在数值上一样，但意义不同，郑颖人等认为式（5.11）的定义中，在增大下滑力的同时，由于是通过增大重力来实现，而重力的增大使得抗滑力也在增大，因此下滑力超载储备安全系数不符合工程实际。

4）双强度折减法的安全系数定义

前文给出了强度折减法的几种安全系数定义的方式，而双强度折减法仍然是基于强度折减技术的一种计算方法，其定义的本质是没有差别的，真正的差别在于对于折减比例的不同程度的考虑。所以，双强度折减法的安全系数的定义采用基于安全储备定义的概念是较为合理的。式（5.7）中，对于黏聚力 c 和内摩擦角 φ 的折减采取同等程度地折减，而双强度折减法（DRM）则认为在黏性土质边坡中，黏聚力 c 和内摩擦角 φ 所发挥的作用和在失稳破坏的渐进过程中衰减的速度和程度是不相同的，这样的考虑是较为符合实际情况的。此处定义：

考虑 c、φ 同时折减时，黏聚力 c 的折减系数为

$$SRF_2 = \frac{c}{c'} \tag{5.12}$$

考虑 c、φ 同时折减时，内摩擦角的折减系数为

$$SRF_1 = \frac{\tan\varphi}{\tan\varphi'} \tag{5.13}$$

以上为双折减法中关于折减系数的定义，c 和 φ 为边坡原始强度参数，c' 和 $\tan\varphi'$ 为边坡折减后的强度参数，将式（5.12）和式（5.13）代入式（5.8）得式（5.14）

$$1 = \frac{\int_0^l \left(\dfrac{c}{SRF_2} + \sigma \dfrac{\tan\varphi}{SRF_1} \right) \mathrm{d}l}{\int_0^l \tau \mathrm{d}l} \tag{5.14}$$

式（5.14）为双强度折减法的安全系数定义，通过 SRF_1 和 SRF_2 的值不相等，从而反映出强度参数不同程度的折减。

其实，对于式（5.14）来说，其并不表示安全系数，而仅是折减系数的表达，该等式从严格的物理意义来说，它是一个状态方程，仅满足处于极限平衡状态时的边坡，而在强度折减进行时，是分多步进行逼近的，对于一个稳定性大于 1 的边坡而言，从初始的参数开始，起始的几步折减程度较小，边坡还未达到极限平衡状态，那么对于式（5.14）中的"＝"是不成立的，在进行多步的折减后，土体强度逐渐逼近临界强度，最终达到临界强度，严格满足式（5.14）。更实际地表达应为式（5.15），只是最后一步为安全系数，未达到临界时均为折减系数。

$$\delta_i = \frac{\int_0^l \left(\dfrac{c}{SRF_2} + \sigma \dfrac{\tan\varphi}{SRF_1} \right) \mathrm{d}l}{\int_0^l \tau \mathrm{d}l} \tag{5.15}$$

δ_i 中 i 表示折减的次数，设第 n 次折减时达到边坡的临界状态，那么根据上述的描述，则有：

$$\delta_1 > \delta_2 > \delta_3 > \cdots\cdots > \delta_n = 1 \tag{5.16}$$

将式（5.16）代入式（5.15）得：

$$\frac{\int_0^l \left(\frac{c}{SRF_2} + \sigma\frac{\tan\varphi}{SRF_1} \right) \mathrm{d}l}{\int_0^l \tau\mathrm{d}l} = \delta_1 > 1, \quad i = 1;$$

$$1 < \frac{\int_0^l \left(\frac{c}{SRF_2} + \sigma\frac{\tan\varphi}{SRF_1} \right) \mathrm{d}l}{\int_0^l \tau\mathrm{d}l} = \delta_2 < \delta_1, \quad i = 2;$$

$$1 < \frac{\int_0^l \left(\frac{c}{SRF_2} + \sigma\frac{\tan\varphi}{SRF_1} \right) \mathrm{d}l}{\int_0^l \tau\mathrm{d}l} = \delta_3 < \delta < \delta_1, \quad i = 3;$$

$$\vdots$$

$$1 = \frac{\int_0^l \left(\frac{c}{SRF_2} + \sigma\frac{\tan\varphi}{SRF_1} \right) \mathrm{d}l}{\int_0^l \tau\mathrm{d}l} = \delta_n < \delta_{n-1} < \delta_{n-2} < \delta_{n-3} < \cdots\cdots < \delta_1, \quad i = n$$

式（5.14）严格的使用意义是仅在边坡处于极限平衡状态（临界状态）时成立，所以应用范围是有限的，但是并不代表该式是错误的，它本质是判断边坡是否处于极限平衡状态，在强度折减技术实现的过程中，式（5.15）和式（5.16）针对稳定性大于1的边坡，对于稳定性小于1的边坡，与式（5.16）相反。

（2）DRM实现过程简述

双强度折减法的实现，是基于传统强度折减法（SRM）的，它们都是应用了强度折减技术的有限元方法；双强度折减法（DRM）的核心思想是对黏聚力c和内摩擦角φ的折减采取不同的折减系数，这种方式更加符合真实情况；但是，关键问题是如何定量地确定这种程度的不同，即折减配套机制的确定，唐芬[97]等提出折减比这个概念$K = SRF_1/SRF_2$，以此来确定究竟黏聚力和内摩擦角中哪一个折减得多，哪一个折减得少；双折减法的这个折减过程实际上就是围绕$K = SRF_1/SRF_2$来进行的。实现过程简述如下：

① 单独折减内摩擦角φ，直至边坡失稳得到SRF_φ；

② 单独折减黏聚力c，直至边坡失稳得到SRF_c；

③ 此时通过$K = SRF_\varphi/SRF_c$，可以确定出折减比K的值；

④ 考虑c和φ共同作用下的折减，在进行折减时，保持$K = SRF_1/SRF_2$在每一次折减的过程中成立，而此时的K在第3步中已经计算出。为了和单独折减时的折减系数有所区别，此处定义，在考虑共同作用时，对内摩擦角φ的折减系数用SRF_1来表示，黏聚力c的折减系数用SRF_2来表示；在折减过程中，利用$SRF_1 = K \times SRF_2$来进行逐步折减计算，若在某一次折减中$SRF_2 = 1.1$，那么此步即有$SRF_1 = K \times 1.1$，折减到边坡失稳停止，最后一次的折减系数，表示边坡达到临界状态时的折减系数。

⑤ 通过$F_{os} = f(SRF_1, SRF_2)$这个关系式，确定出综合的边坡稳定性安全系数。这

个关系式的研究会在后文给出，这里只给出实现过程的简述。双强度折减法的实现过程见
图 5.18 示意。

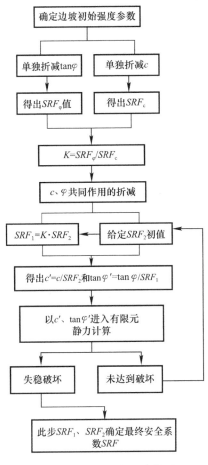

图 5.18　DRM 实现路线图

以上就是双强度折减法的实现过程，其要解决的两个核心问题，一是要确定折减的配
套机制，二是确定综合安全系数的表达式的形式。这两个问题是双折减法实现过程中必须
要回答的问题。

步骤（3）中涉及双强度折减法的核心问题中的一个，即折减的配套机制；这个问题
是 DRM 与 SRM 最本质的区别，是体现出双折减法的思想所在，也是双折减法所要研究
解决的核心问题。

另一个关键的问题就是边坡安全系数的确定，之所以双折减法的安全系数的确定成为
一个核心问题，是因为在双折减法中，采取了不同的折减策略造成的。SRM 中边坡极限
平衡状态时的折减系数就是边坡稳定性分析的安全系数，而且黏聚力 c 和内摩擦角 φ 的折
减程度是相等的，即有 $F_{os}=SRF_1=SRF_2$；并且实际工程中对边坡稳定性评价采用的是
单一安全系数，双折减法中，由于考虑到黏聚力 c 和内摩擦角 φ 不同程度的折减，这样考
虑虽然更加符合真实情况，但是对于安全系数的确定，却带来了困难，若仅使用 SRF_1、
SRF_2 其中一个作为最后的安全系数，忽略另一个，显然不合理，缺乏说服力。要使得双

强度折减法具有实用性，那么这个核心问题是必须给出合理的解答。

（3）双强度折减的折减配套机制

双强度折减法的一个关键问题就是折减配套机制的确定，核心思想是考虑黏聚力 c 和内摩擦角 φ 的不同程度的衰减，而这种思想的实现是通过折减配套机制来完成的。目前，基于折减比 K 的双强度折减法实现起来较为容易，并且符合物理和力学机制，得到了诸多学者的认同，但其尚缺乏细致的数据化分析，其中一些问题还需要进一步的研究和完善，本节以数据化的分析指出一些存在的问题及改进。

1）折减配套基本原则

黏性土抗剪强度的组成包括摩阻力和黏聚力两部分，摩阻力的本质是土颗粒之间的摩擦，取决于土颗粒表面的粗糙程度、密实度、级配等因素；黏聚力是由土颗粒之间的胶结作用以及静电的引力等因素引起的，它们产生的本质不同，那么在土体的抗剪强度发生变化时，无论是由什么外界因素引起，其最终导致内摩擦角和黏聚力发生了变化，由于产生的机理不同，那么各自的变化规律也应是不相同的。

Taylor 的摩擦圆分析法中，认为边坡滑面的抗滑力，先是由摩阻力来提供，即摩阻力首先得到充分发挥，然后才由黏聚力补充，这种充分发挥意味着，摩阻力的大小恰好就是临界状态的值，不能再降低，只需对黏聚力 c 折减，就可以得到安全系数，这样做实际上默认了内摩擦角的折减系数为 1，可以这样认为 c、φ 中，谁发挥得充分，谁就越接近临界状态值，它的安全储备就越低，折减系数就越接近 1。

唐芬等通过试验发现，黏聚力在较小的应变下就发挥了作用，而此时还几乎没有摩阻力发挥，随着应变继续增大，摩阻力才有所发挥，因此，Taylor 的摩擦圆观点是不符合实际的。随后其继续研究指出：实验结果表明，随着应变的增加，黏性土中黏聚力的衰减速度及程度是大于内摩擦角的。

从物理机制来看，边坡的破坏是一个从初始强度参数向临界强度参数渐进的一个过程，而在这个过程中内摩擦角和黏聚力衰减的速度是不一样的，各自的安全系储备也就不同。力学机制来看，摩阻力、黏聚力各自的定义和产生方式不同，所以各自的作用、发挥程度也是不同的，那么其安全储备亦是不一样的。综上，折减的基本原则是：①c、φ 中下降快的、下降多的，则对应的折减系数就越大；②先发挥作用的，即发挥充分的，则折减系数越小；后发挥作用的，即发挥得不充分，对应的折减系数越大。

但不能简单地认为，黏性土中黏聚力下降的程度必定要大于内摩擦角，作者认为，具体的大小问题，必须结合具体的边坡尺寸，同时还和初始强度参数有关，这里简单地举个例子：一个边坡，当 $c=10\mathrm{kPa}$，$\varphi=15°$ 时达到极限平衡状态，若边坡的初始强度值为 $c=15\mathrm{kPa}$，$\varphi=17°$ 时，容易计算出黏聚力下降了 5kPa，黏聚力的折减系数约为 1.5，而内摩擦角下降了 $2°$，内摩擦角的折减系数为 1.13 左右（这里为方便计算，假定 $\tan\varphi=\varphi$）；但若是初始值为 $c=15\mathrm{kPa}$，$\varphi=25°$ 时，内摩擦角下降了 $10°$，内摩擦角的折减系数此时约为 1.667。

由此可知对于一个几何尺寸固定的边坡来说，一种计算方法会得出一种临界强度参数，但是黏聚力和内摩擦角下降得多还是少，这个还与初始值的大小有关，结合具体的边坡时，不能盲目地认为黏聚力的折减程度大；这种对于强度参数折减程度大小的关系应该由 K 值来决定，当 $K>1$ 时，表明对内摩擦角的折减程度大于黏聚力的，当 $K<1$ 时，表明对黏聚力的折减程度大于内摩擦角的，这种关系式正是从 $K=SRF_1/SRF_2$ 所体现出来

的，并且是依据单独折减计算所得的。

2）折减配套机制

考虑到内摩擦角和黏聚力各自的作用不同，这种不同通过单独折减参数所得的折减系数来体现，定义折减比 K：

$$K = SRF_1/SRF_2 = SRF_\varphi/SRF_c \tag{5.17}$$

当黏聚力 c 起主导作用时，单独折减两者所得的 SRF_φ、SRF_c；若 SRF_c 的值大于 SRF_φ，那么此时的 K 小于 1，表明这个边坡在失稳的过程中，黏聚力 c 下降的程度大一些，内摩擦角 φ 下降的程度要小一点。所以，以式（5.17）为折减配套机制，在考虑共同折减时，按照 K 值的大小，匹配 SRF_1 和 SRF_2（在双折减中将 SRF_φ、SRF_c 称为 SRF_1，SRF_2），使得在每一步折减计算中，都满足式（5.17）的关系。当 $K=1$ 时，实际上就是传统强度折减法；当 $K>1$ 时，说明该边坡中内摩擦角的折减程度大于黏聚力的。

在折减法中，通过不断地降低参数值来使得边坡达到临界状态，这个过程可以在强度参数坐标系中体现出来。如图 5.19 所示，在该坐标系下，$A(c_0$，$\tan\varphi_0)$ 点为边坡初始的强度参数，$B(c'$，$\tan\varphi')$ 点为边坡的临界状态强度参数；从 A 点到 B 点的路径反映了边坡强度参数劣化的过程，即失稳破坏的过程，而对于这个过程，有两个问题亟待解决：

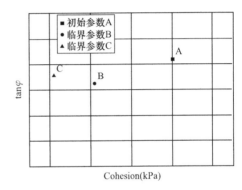

图 5.19　强度参数点

① 临界状态对应的参数点 B，在强度参数坐标系中的什么位置？该点是否具有唯一性？即临界状态参数点究竟是否唯一。

② 从 A 点到 B 点，所采取的路径方式是什么？通过探讨这两问题可以反映强度折减法的本质，即强度参数的劣化。

对于第一个问题，广义地来说，一种计算方法必定只有一个临界点 B，这里所讨论的唯一性，是从破坏的角度去理解，而非从方法上去讨论；若 B 点是一个临界点，那么若其黏聚力 c 值下降一些，而 $\tan\varphi$ 增大一些，所得到的 C 点也是有可能成为另一个临界点的（见图 5.19）。可以明确的是，两种方法的折减方式不同，传统强度折减法的临界点和双强度折减法的临界点不会是同一个点。也就是表明，对于边坡而言，临界状态点不是唯一的，传统的强度折减法所得出的临界状态点只是众多临界点中的一个，双强度折减法所得的点不同于传统强度折减法，仅此来看，这种不同的存在性是合理的。

对于第二个问题，折减路径可以很好地反映出边坡破坏的物理机制和力学机制，即 c、φ 的衰减速度，发挥作用的顺序和发挥作用的程度，因为两种折减法的折减策略不同，所以在参数空间中的折减路径的函数曲线也应该不同，两种方法的本质区别就是采取不同的折减路径，从同一个初始点开始，以各自的方式寻找到各自的临界状态。

如图 5.20 所示，A 点为初始强度参数，B 点为传统强度折减法的临界状态点，E 点为双强度折减法的临界状态点，线段 AB 是 SRM 的折减路径，由于认为黏聚力和内摩擦角的折减程度相同，那么必然有 AB 的斜率为 1；而曲线 A-A'-E 表示 DRM 的折减路径，通过图 5.20 所示，两种方法折减思想的不同，在参数坐标系中具体表现为折减路径的不

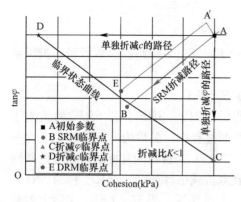

图 5.20　折减路径

同，即描述强度参数劣化的这个过程所采取的方式是不同的，而正因为采取了不同的折减路径导致从相同的初始点开始，最后所得到的临界状态点却不同。

对于基于折减比的双强度折减法，人们更应该关心的是其本身的计算规律及实现过程中出现问题，而其与传统强度折减法计算结果的对比，只是为了证明其计算结果是可以接受的。在 DRM 计算的过程中，使用 $K = SRF_1/SRF_2$ 作为配套机制，根据前人的研究，单纯的以岩土体作为研究对象，总结出在黏性土中，黏聚力的衰减速度是大于内摩擦角的，用式（5.17）可以反映出这种特性，作者也认同这种看法，基于试验以及理论分析的合理性；但是，作者在研究中发现，脱离边坡这个具体的研究对象，仅仅以岩土体作为研究对象，对于 $K = SRF_1/SRF_2$ 的分析和所得结论不够全面，针对计算过程中出现的问题，无法合理地给出解释，下面以一个经典算例的双折减法实现过程为研究，指出已有的研究成果不够全面的问题，同时给出较为全面合理的解释。

算例 1 为澳大利亚计算机协会 ACADS 计算的一个边坡算例，其中第一组参数官方给出标准答案为 1.0。算例 1 的几何模型见图 5.21，强度参数设定了 3 组，见表 5.6。分别采用极限平衡法、单独折减内摩擦角、单独折减黏聚力、传统强度折减法和双强度折减法计算安全系数。计算结果见表 5.7。

边坡算例强度参数　　　　　　　　　　　　　　　　　　表 5.6

初始强度参数	v	E(MPa)	c(kPa)	φ(°)
第一组	0.25	10	3	19.6
第二组	0.25	10	3	23
第三组	0.25	10	10	19.6

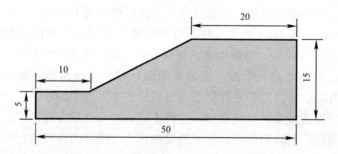

图 5.21　算例 1 几何尺寸（单位：m）

算例 1 计算结果　　　　　　　　　　　　　　　　　　表 5.7

参数组	Bishop	SRM	SRF_φ	SRF_c	K	DRM		
						SRF_1	SRF_2	F_{os}
1	0.999	1.010	1.013	1.056	0.9593	1.045	1.002	1.024
2	1.153	1.160	1.208	3.250	0.3692	1.020	2.750	1.674
3	1.359	1.350	2.040	3.520	0.5795	1.180	2.030	1.545

其中极限平衡法的计算采用 GeoStudio 软件中的 SLOPE/W 模块进行，方法采用 Bishop 法，计算的安全系数和潜在滑面见图 5.23 至图 5.25。有限元法均采用 ADINA 通用有限元软件，SRM 和 DRM 的有限元模型一致（图 5.22），结点个数为 766，有限单元个数为 720 个，单元采用低阶单元，网格采用映射网格的四边形网格混合三角形网格，底部全约束，两侧 Y（注：ADINA 中为 Y-Z 平面，其中 Y 方向为水平方向）方向位移约束；屈服准则为 Mohr-Coulomb 准则，非相关流动准则，剪胀角为 0，边坡失稳判定条件为有限元计算不收敛，位移收敛准则，收敛容差 0.001，水平塑性应变云图见图 5.26～图 5.28。

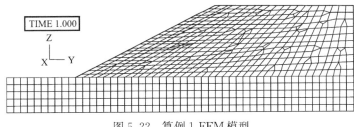

图 5.22　算例 1 FEM 模型

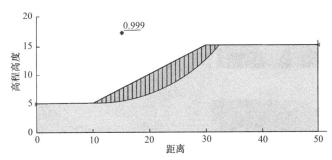

图 5.23　算例 1（第一组参数）Bishop 计算结果

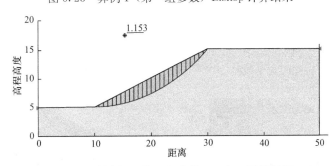

图 5.24　算例 1（第二组参数）Bishop 计算结果

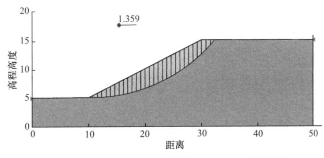

图 5.25　算例 1（第三组参数）Bishop 计算结果

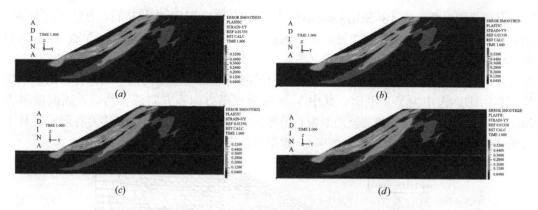

图 5.26　算例 1（第一组参数）临界水平塑性应变云图

（a）SRM 塑性应变云图（$SRF=1.01$）；（b）只折减 φ 的塑性应变云图（$SRF_\varphi=1.013$）；
（c）只折减 c 的塑性应变云图（$SRF_c=1.056$）；（d）DRM 塑性应变云图（$F_{os}=1.024$）

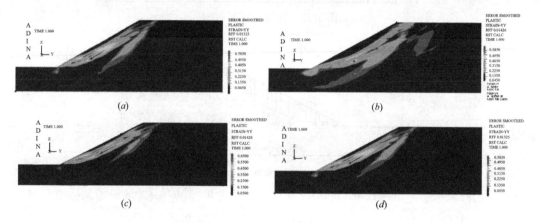

图 5.27　算例 1（第二组参数）临界水平塑性应变云图

（a）SRM 塑性应变云图（$SRF=1.160$）；（b）只折减 φ 的塑性应变云图（$SRF_\varphi=1.208$）；
（c）只折减 c 的塑性应变云图（$SRF_c=3.250$）；（d）DRM 塑性应变云图（$F_{os}=1.674$）

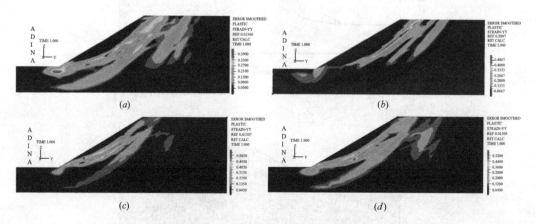

图 5.28　算例 1（第三组参数）临界水平塑性应变云图

（a）SRM 塑性应变云图（$SRF=1.350$）；（b）只折减 φ 的塑性应变云图（$SRF_\varphi=2.040$）；
（c）只折减 c 的塑性应变云图（$SRF_c=3.520$）；（d）DRM 塑性应变云图（$F_{os}=1.545$）

这里采用有限元不收敛为失稳判据，可以看到当计算不收敛时，有的云图塑性区其实还未贯通，而且由于塑性区开展范围较大，难以判断究竟如何贯通，若是以塑性区贯通为失稳标准的话，计算结果要更大。这里未使用特征点位移取判定失稳主要是这个判据并不稳定，有的计算安全系数-位移曲线有明显的突变，但有的却没有明显的突变，而计算不收敛为判据至少来说具有稳定性，对于表 5.7 中，双折减法中安全系数的取值这里按照本书提出的 $F_{os} = \sqrt{SRF_1 \times SRF_2}$ 来确定，该式的进一步研究见后文，这里先进行使用。

结合强度参数坐系和折减路径的概念来分析算例 1（第一组参数）的折减过程，如图 5.29 所示，A（3，0.3561）为初始强度参数点，B（2.970，0.3526）为传统强度折减法的临界点，C（3，0.3515）、D（2.841，0.3561）分别为单独折减 φ 和 c 时所得的临界状态点，E（2.871，0.3552）点为双强度折减法所搜寻到的临界点，通过对比 B、E 两点和 A 点的位置关系，可以发现，DRM 对于黏聚力 c 的折减程度要大，对内摩擦角 φ 的折减程度是要小于 SRM 的；第一组参数情况下，双折减法中黏聚力 c 下降了 0.129kPa，$\tan\varphi$ 下降了 0.0009，而此时 SRM 中 c 下降了 0.03kPa，$\tan\varphi$ 下降了 0.0035。根据 K 值来进行双折减，由于 K 值本身的定义，就是为了反映出在具体的边坡中，究竟哪一个参数是起主要作用的，当 $K < 1$ 时，反映出黏聚力 c 是起主要作用的，即 DRM 对于黏聚力的折减程度相比于 SRM 的折减要更多一些；$K > 1$ 时，说明内摩擦角起主要作用，DRM 中其折减程度也是要大一些的。

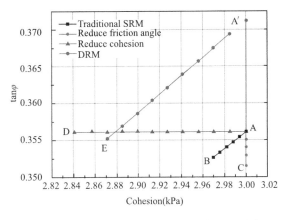

图 5.29　算例 1（第一组参数）强度参数折减路径

算例 1（第一组参数）的计算结果中，DRM 的结果是符合之前所提到的物理机制和力学机制的，并且计算结果与 SRM 的误差为 1.39%，这种误差在工程应用中是可以接受的。

算例 1（第二组参数）中，作者只提高了内摩擦角 φ 的取值，保持黏聚力 c 值与第一组一致，折减路径见图 5.30。对于单独折减 c 或者 φ 来定义其各自的折减系数（安全储备），通过两者的比值来确定 K 值，那么当单独提高 φ 到 23° 时，黏聚力未变化，单独折减 φ 时，实际上默认此时的黏聚力 c 的折减系数为 1，也就是认为 $c = 3$kPa 完全地发挥其安全储备的作用，然后剩下不足的由 φ 来补充，此时当 $\tan\varphi$ 下降到 0.3537 时达到临界状态，即此时的 φ 为 19.48°，φ 的安全储备为 SRF_φ 为 1.208；当单独折减 c 时，此时认为 φ

充分发挥其作用来维持边坡的稳定，其不足的部分再由 c 来补充，对于第二组数据 $\varphi=23°$，即 $\tan\varphi=0.4245$，当 c 下降到 0.923kPa 时，达到临界状态，此时黏聚力 c 下降了 $1/3.25$，即 SRF_c 的值为 3.25。通过该组数据的计算，可以发现单纯提高了内摩擦角的值，却使得黏聚力的安全储备得到了较大的提升。

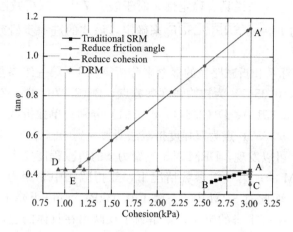

图 5.30　算例 1（第二组参数）强度参数折减路径

该算例中，$K=0.3692$，其远小于 1，那么表明对于内摩擦角 φ 的折减程度是黏聚力 c 折减程度的 0.3692 倍，双折减法最后得出的临界状态点为 $c=1.091$kPa，$\varphi=22.687°$，实际上 φ 值的下降很小，而黏聚力 c 得到了大幅度的下降，安全系数的计算结果为 $F_{os}=1.674$，与 SRM 的计算结果误差在 44.3%，差距较大，这是无法接受的，并且这也与客观事实明显不符合。

算例 1 的第三组参数计算中，折减过程见图 5.31。单纯地提高黏聚力值，$c=10$kPa，φ 值依然为第一组的 $19.6°$，此时内摩擦角单独折减强度储备值 $SRF_{\varphi}=2.04$，而 $SRF_c=3.52$，由此 $K=0.5795$，双折减时依然是对黏聚力 c 的折减程度要大一些，最终所得的 DRM 临界点为 $c=4.926$kPa，$\varphi=16.839°$，$SRF=1.545$，与 SRM 的结果相差 11.15% 且偏大。

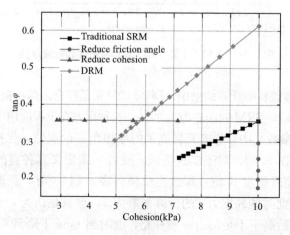

图 5.31　算例 1（第三组参数）强度参数折减路径

对于几何尺寸相同的模型来说，不同的参数取值利用双强度折减法所计算出的安全系数是不同的，其中 K 值的大小也是不同的，对于折减比 K 的意义而言，它就是反映黏聚力和内摩擦角各自的安全储备的比值，如算例 1 中第二组参数的计算所示，本组数据主要提升了内摩擦角的取值，而黏聚力 c 值保持与第一组相同，那么内摩擦角的安全储备应该有所提高，但是从计算出的结果来看，却恰恰相反，提高了内摩擦角的值，单独折减 c 的 SRF_c 却得到了较大幅度的提升；提升黏聚力 c 的值却使得内摩擦角的 SRF_φ 的值得到了较大幅度提升。

这个疑惑可以通过 $\tau = c + \sigma\tan\varphi$ 获得较好的解释，对于固定尺寸的边坡而言，当 φ 处于一个较大值时，为了得到和原来相同的 τ 值，只需要更小的 c 值就可以满足。算例 1 中，第一组参数计算中，$c = 3\text{kPa}$ 时，$\tan\varphi = 0.3515$，即 $\varphi = 19.367°$ 就达到临界状态，此时折减系数为 1.013，而第二组中，φ 提高为 23° 后，当 $c = 3\text{kPa}$ 时，$\tan\varphi = 0.3514$，即 $\varphi = 19.361°$，此时内摩擦角的折减系数为 1.208，对比后发现二者临界点是完全一致的，折减系数的不同并不意味着临界强度参数的不同，因为这个还与岩土体初始强度值有关；即 K 值不仅与边坡的具体模型尺寸有关，还与边坡土体的强度参数有关。

所以，以 $K = SRF_1/SRF_2$ 为折减的配套机制，依据单独评估内摩擦角、黏聚力的安全储备之间的比值来确定折减比 K，是可以表现出这种不同程度的折减的，也实现了双折减法的核心思想，就此而言，该配套机制是具有合理性的。但是，从算例 1 的计算结果来看，其结果的误差并不是稳定的，也就是说该方法也许有适用范围。

（4）$K = SRF_1/SRF_2$ 精确度的范围研究

从上节算例计算过程中发现，DRM 的计算结果会因为 K 值的不同，而出现较大偏差。本节为了研究 K 值对于 DRM 的影响，事先给定 K 的多组取值，然后进行双折减计算，分析计算结果，总结出 DRM 的适用范围。

算例 2 来自于文献 [133] 中使用的模型，所给出的安全系数约为 1.2，几何模型见图 5.32，有限元模型见图 5.33，其岩土材料参数见表 5.8，网格采用低阶四边形单元，有限单元数为 3960，节点个数为 4109。屈服准则为 Mohr-Coulomb 准则，非相关流动准则，不考虑剪胀角的影响。安全系数的计算仍然使用本书提出的关系式。

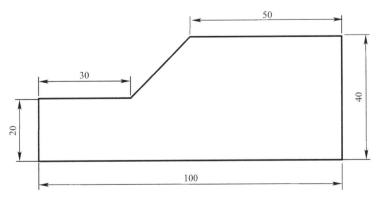

图 5.32　算例 2 几何尺寸（单位：m）

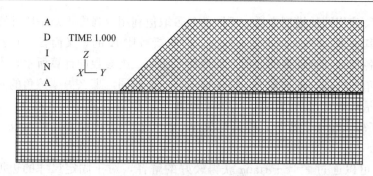

图 5.33　算例 2 有限元模型

算例 2 材料强度参数　　　　　　　　　　　　表 5.8

E(kPa)	v	γ(kN/m³)	c_0(kPa)	φ_0(°)
1E5	0.3	20	42	17

为了观测出 K 值对于双强度折减法结果的影响，设 K 为 0.2、0.4、0.6、0.8、1、1.2、1.4、1.6、1.8、2、2.2、2.4、2.6、2.8、3，一共 15 组值，利用双强度折减法计算边坡稳定性，以有限元不收敛作为失稳判据，临界状态水平塑性应变云图见图 5.34。在不同 K 值下，该边坡的安全系数计算结果见表 5.9，其中 $K=1$ 时的计算，就是传统强度折减法（SRM）的计算。

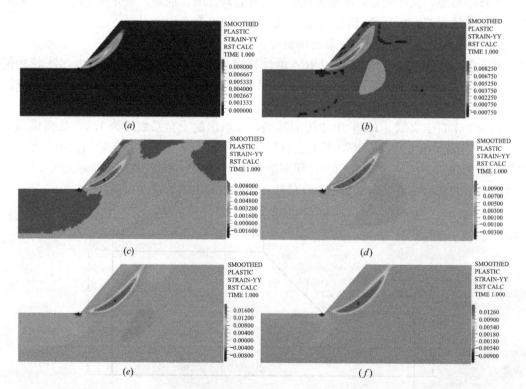

图 5.34　不同 K 值下临界状态水平塑性应变云图（一）

（a）$K=0.2$ 水平塑性应变云图；（b）$K=0.4$ 水平塑性应变云图；（c）$K=0.6$ 水平塑性应变云图；
（d）$K=0.8$ 水平塑性应变云图；（e）$K=1.2$ 水平塑性应变云图；（f）$K=1.4$ 水平塑性应变云图

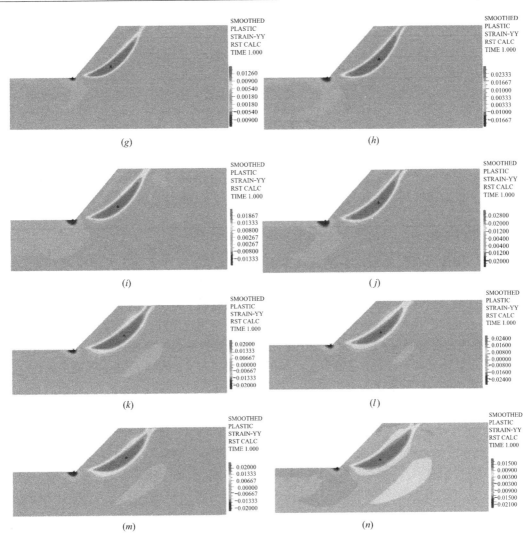

图 5.34　不同 K 值下临界状态水平塑性应变云图（二）

（g）$K=1.6$ 水平塑性应变云图；（h）$K=1.8$ 水平塑性应变云图；（i）$K=2.0$ 水平塑性应变云图；
（j）$K=2.2$ 水平塑性应变云图；（k）$K=2.4$ 水平塑性应变云图；（l）$K=2.6$ 水平塑性应变云图；
（m）$K=2.8$ 水平塑性应变云图；（n）$K=3.0$ 水平塑性应变云图

算例 2 计算结果统计　　　　　　　　　　　　　　　　　表 5.9

K 值	临界状态参数				F_{os}	误差
	SRF_1	SRF_2	c	$\tan\varphi$		
0.2	0.600	3.000	14.0000	0.5096	1.342	7.33%
0.4	0.788	1.970	21.3198	0.3880	1.246	−0.33%
0.6	0.948	1.580	26.5823	0.3225	1.224	−2.09%
0.8	1.104	1.380	30.4348	0.2769	1.234	−1.26%
1	1.250	1.250	33.6000	0.2446	1.250	0.00%
1.2	1.404	1.170	35.8974	0.2178	1.282	2.53%
1.4	1.540	1.100	38.1818	0.1985	1.302	4.12%

K 值	临界状态参数				F_{os}	误差
	SRF_1	SRF_2	c	$\tan\varphi$		
1.6	1.696	1.060	39.6226	0.1803	1.341	7.26%
1.8	1.836	1.020	41.1765	0.1665	1.368	9.48%
2	1.960	0.980	42.8571	0.1560	1.386	10.87%
2.2	2.112	0.960	43.7500	0.1448	1.424	13.91%
2.4	2.232	0.930	45.1613	0.1370	1.441	15.26%
2.6	2.366	0.910	46.1538	0.1292	1.467	17.39%
2.8	2.492	0.890	47.1910	0.1227	1.489	19.14%
3	2.610	0.870	48.2759	0.1171	1.507	20.55%

注：■代表偏差>5%，不宜采用；■代表偏差<5%，结果可以接受。

算例 2 用传统有限元强度折减法计算的结果为 1.25，即 $K=1$ 时的折减计算，如图 5.35 所示的云图，此时其临界状态的值为（33.6，0.2446）。对于边坡失稳这个过程来说，本质就是岩土体强度参数不断衰减的过程，当其衰减到临界值时，边坡失稳破坏。所以，在这个过程中岩土体的强度参数只可能弱化，不会出现增强，无论是临界值的黏聚力 c 还是临界值的内摩擦角 φ，必然是要小于初始强度参数的值。此外，一种方法的适用与否，还在于其计算结果与旧方法的计算结果的偏差是否过大；综上所述，将确定双强度折减法是否适用的判断标准定为以下两条：

图 5.35　$K=1$（即 SRM）水平塑性应变云图

① 当其计算结果与传统强度折减法的结果偏差大于 5%，则认为不能适用；

② 临界值出现"强化"的，即临界失稳时的强度参数值大于初始强度参数，不满足客观事实，认为此时双折减法失效，不能适用。

图 5.36 为折减比-折减系数关系曲线，随着 K 值的不断增加，从 0.2 增大到 3 的这个过程中，双折减法中的内摩擦角折减系数 SRF_1 的值是不断增大的，该曲线函数是一个单调递增且为凸函数；而 K-SRF_2 曲线，随 K 值的变化较大，单调递减为凹函数，对于 K 值的敏感度较高，随着 K 值的增加，SRF_2 的值不断地降低，变化趋势与 SRF_1 相反。综合来看，在 $K=0.2$ 时，这时候对于黏聚力的折减程度是内摩擦角的 5 倍，当有限元计算不收敛为判断依据时，临界状态时 $SRF_1=0.6$，$SRF_2=3$；当 $K=1$ 时，该种情况下的双折减法就是传统的强度折减法，对黏聚力和内摩擦角进行同程度地折减，其 $SRF_1=SRF_2=F_{os}=1.25$；而以 $F_{os}=\sqrt{SRF_1\times SRF_2}$ 为依据，边坡安全系数与 K 的曲线，相对于 K 值的变化，其变化较为平缓。

从最终的计算偏差来看，$K<1$ 的情况下，除了 $K=0.2$ 的计算结果偏差 7.33% 大于

5%外，其余的如 $K=0.4$、$K=0.6$、$K=0.8$ 结果偏差均在 5%以内；在 $K>1$ 的计算中，$K=1.2$、$K=1.4$ 的计算结果偏差分别为 2.53%和 4.12%，而 1.6~3 的计算结果偏差均大于 5%，表 5.9 中，红色代表偏差过大，不宜使用该方法，绿色代表偏差在可接受范围内；仅从偏差的角度来看，得出的有效范围为 $K\in[0.4,1.4]$。

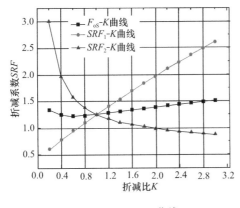

图 5.36　K-SRF 曲线

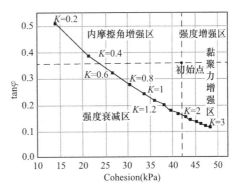

图 5.37　不同 K 值下的 DRM 临界点

按照上文提出的判断标准②，还需要考虑到临界强度值是否符合实际情况，即临界值必须要体现出"强度衰减"这个概念；对于上述计算的结果按照标准②进行分析筛选。如图 5.37 所示，图中各点为不同 K 值下的 DRM 临界状态点，将整个坐标系区域划分为"强度衰减区""黏聚力增强区"及"内摩擦角增强区"，只有处在"强度衰减区"的临界状态点才是符合实际情况的，结合表 5.9 和图 5.37，$K\in[0.6,1.8]$ 时所得临界点是处于"强度衰减区"的，这些临界点满足判断标准②。结合判断标准①和②，满足适用的临界点统计见表 5.10。

适用范围结果统计　　　　　　　　　　　　　　　表 5.10

K 值	标准（1）	标准（2）	综合确定
$K=0.2$	否	否	否
$K=0.4$	是	否	否
$K=0.6$	是	是	是
$K=0.8$	是	是	是
$K=1.2$	是	是	是
$K=1.4$	是	是	是
$K=1.6$	否	是	否
$K=1.8$	否	是	否
$K=2.0$	否	否	否
$K=2.2$	否	否	否
$K=2.4$	否	否	否
$K=2.6$	否	否	否
$K=2.8$	否	否	否
$K=3.0$	否	否	否

以 $K=SRF_1/SRF_2$ 为配套折减机制的双强度折减法，虽然 K 值由单独折减黏聚力和内摩擦角所得的系数来确定，但是，其计算结果只在一定范围是有效的，仅从上述模型和计算来看，K 在 0.6 到 1.4 之间的双强度折减法计算结果是可以接受的，双强度折减法可

以应用。在实际的工程中，在应用双折减法计算时，作者建议可以考虑使用本书提出的判定标准来确定双折减法计算结果的有效性；此外，需要指出的是，5%只是作者给出的一个界限。

（5）不同折减起步的异同对比

当K的比值由单独折减所得的折减系数确定后，在双折减过程中，实际上会出现一个"虚拟的初始参数点"，如图5.29~图5.31中的A'点，双折减法相当于从新寻找到的初始点开始，然后从这个点进行折减；算例1和算例2的这个虚拟初始点都是对内摩擦角进行了提高。这个问题在计算过程中表现为：究竟选用$SRF_2=1$，以$SRF_1=SRF_2\times K$来求得SRF_1，还是$SRF_1=1$，以$SRF_2=SRF_1/K$来求得SRF_2。前文中的算例1和算例2的计算都是基于第一种，使得"虚拟初始点"的内摩擦角产生了变化，但是这两种折减起步方式有什么差别以及对计算结果是否有影响，使用第二种折减起步又有什么不同，值得深入的研究，本节就是围绕这个问题展开的。

1）两种方式的差别

如算例1和算例2所示的那样，虚拟的初始点的内摩擦角得到了提升（对于$K<1$时，这种改变是使得内摩擦角得到提升）。那么，若是使用第二种方式折减时，究竟如何变化？

为了便于表示，这里假设某边坡的初始强度参数为$c=42\mathrm{kPa}$，$\varphi=27°$，设$K=0.8$；使用第一种折减起步方式，$SRF_2=1$，则$SRF_1=K\times SRF_2=0.8$，由$c'=c/SRF_2$和$\tan'\varphi=\tan\varphi/SRF_1$可得，该种方式的"虚拟初始点"为，$c=42\mathrm{kPa}$，$\varphi=32.493°$；当采取第二种折减起步方式时，$SRF_1=1$，$SRF_2=SRF_1/K=1/0.8=1.25$，则"初始虚拟点"为$c=33.6\mathrm{kPa}$，$\varphi=27°$，如图5.38所示。同理，当设$K=1.2$时，具体表现如图5.39所示。

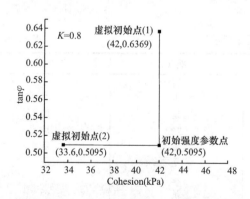

图5.38 不同方式的虚拟初始点（$K<1$）　　图5.39 不同方式的虚拟初始点（$K>1$）

2）两种方式计算结果对比

本小节依然以算例2为计算对象，利用双折减法求解，K值的确定依然利用单独折减所得的折减系数来确定，有限元计算水平塑性应变云图见图5.40所示。

单独折减内摩擦角所得$SRF_c=1.93$，单独折减黏聚力所得的折减系数$SRF_\varphi=1.51$，则折减比$K=1.2781$；

① 第一种折减起步的计算，$SRF_2=1$，$SRF_1=SRF_2\times K=1.28$，虚拟初始点值为$c=42\mathrm{kPa}$，$\varphi=13.452°$，即图5.41中的B点，折减到$SRF_2=1.14$，$SRF_1=1.46$时，达

到极限平衡状态，此时对应所得最终的安全系数 $SRF = \sqrt{SRF_1 \times SRF_2} = 1.290$；临界强度参数为 $c' = 36.842 \text{kPa}$，$\varphi' = 11.850°$。

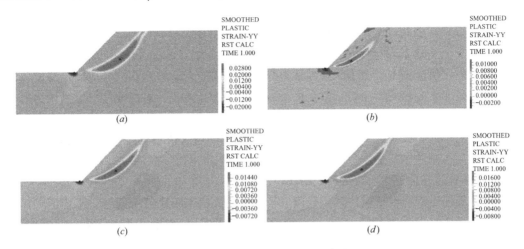

图 5.40　不同折减方式水平塑性应变

(a) 单独折减 φ 水平塑性应变；(b) 单独折减 c 水平塑性应变；(c) 第一种折减方式水平塑性应变；
(d) 第二种折减方式水平塑性应变

② 第二种折减起步方式的计算，$SRF_1 = 1$，$SRF_2 = SRF_1/K = 0.78$，虚拟初始点值为 $c = 53.682 \text{kPa}$，$\varphi = 17°$，即图 5.41 中的 C 点，继续折减，增加 SRF_1 的值，当 $SRF_1 = 1.46$，$SRF_2 = 1.14$ 时达到临界状态，最终临界强度参数值与第一种方式的相同 $c' = 36.842 \text{kPa}$，$\varphi = 11.850°$。

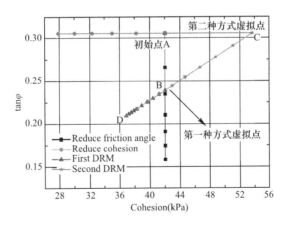

图 5.41　算例 2 双折减法（两种路径）

正如图 5.41 所示的那样，采取不同的折减起步方式，带来的直接影响就是虚拟初始点的不同，一个是对内摩擦角的调整，而另一种是对黏聚力的调整，但是最终的折减系数数值上进行了交换的，并且对临界状态参数没有影响。

所以，双强度折减法中，折减起步方式的不同并不会导致计算结果不同，只是影响了"虚拟初始点"的取值，严格意义上来说，两者的折减路径确实是不同的，但是具有统一性，在图 5.41 中，BD 段可以反映出这种统一性，两者折减起步方式的折减路径在 BD 段是重合的。虽然不同的起步方式对于结果没有任何影响，但是作者在计算过程中，发现第一种的计算次数明显少于第二种的，从图 5.41 也可以看到，第二种折减起步在路径长度上是要明显长于第一种折减起步方式的，即在计算效率方面，第一种起步方式明显优于第二种起步方式。因此，作者建议使用第一种折减起步方式。

（6）安全系数 $F_{os} = f(SRF_1, SRF_2)$ 的确定

传统强度折减法中，由于认为黏聚力和内摩擦角的衰减程度相同，所以最终的安全系数的确定是非常容易的。而对于双强度折减法，由于其核心的思想就是考虑黏聚力和内摩擦角的不同程度的衰减，那么在强度折减中，最终边坡处于失稳破坏的临界状态时，黏聚力和内摩擦角的折减系数不相同，而在实际应用中，对于边坡安全系数的取值是唯一的，所以双强度折减法中安全系数的确定是个必须要解决的问题。

1）已有的几种 $F_{os} = f(SRF_1, SRF_2)$ 关系式

唐芬等提出双强度折减法时，采用取平均值的办法来解决这个问题，平均值的概念简单、便于操作，但是其缺乏严谨的理论分析与证明。其关系式为 $F_{os} = 0.5 \times (SRF_1 + SRF_2)$。

除了平均值关系式外，考虑到偏保守、偏安全，也有采用最小值的办法来解决该问题，即最终的安全系数为临界状态时 SRF_1 和 SRF_2 中的最小值，$F_{os} = \min[SRF_1, SRF_2]$，仅能考虑一个因素的影响，忽略了另外一个对于安全系数的影响，其缺陷和第一种解决方式一样，缺乏足够的理论分析和证明。

袁维[99]利用曲线拟合的方法来求解 $f(SRF_1, SRF_2)$ 关系的具体函数式，并提出边坡安全系数关系式为：

$$F_{os} = \frac{\sqrt{2} F_c \cdot F_\varphi}{\sqrt{F_c^2 + F_\varphi^2}} \tag{5.18}$$

该方法有较为细致的理论分析，但是缺乏物理意义的说明，数据拟合比较依赖于样本数量的大小，由于边坡计算中，模型尺寸存在差异是普遍存在的，那么该公式的适用性就会受到影响。

2）$F_{os} = \sqrt{SRF_1 \times SRF_2}$ 合理性的分析

SRM 在边坡稳定性分析中的应用，其最终的折减系数就是边坡的安全系数，双强度折减法实际上包括了传统的强度折减法，SRM 只是 DRM 的一种情况。那么对于 $K=1$ 的双强度折减法来说，其应该满足式（5.19）。

$$F_{os} = SRF_1 = SRF_2 \tag{5.19}$$

式（5.19）可以等价变换为下式：

$$F_{os}^2 = SRF_1^2 = SRF_2^2 \tag{5.20}$$

根据强度折减系数的定义 $SRF_1 = \tan\varphi_0 / \tan\varphi'$，$SRF_2 = c_0 / c'$ 以及结合式（5.19），那么下式也是等价成立的

$$F_{os}^2 = SRF_1 \times SRF_2 = \frac{\tan\varphi_0}{\tan'\varphi} \times \frac{c_0}{c'} \tag{5.21}$$

以上都是基于传统强度折减法而言的，也就是 $K=1$ 时的双强度折减法，这里作者利用"强度储备面积"的概念，将 $K=1$ 时的结论推广到 $K \neq 1$ 时的情况。在强度参数坐标

系中，$\tan\varphi_0 \times c_0$ 表示初始强度参数点与坐标原点（0，0）为角点的矩形面积 S_0，称为"初始强度储备面积"，那么同理 $\tan'\varphi \times c'$ 就是代表了临界状态点与坐标原点（0，0）为角点的矩形面积 S' 称为"临界强度面积"，如图 5.42 所示，因此，式（5.21）又可以表示为式（5.22）：

$$F_{\mathrm{os}}^2 = \frac{S_0}{S'} \tag{5.22}$$

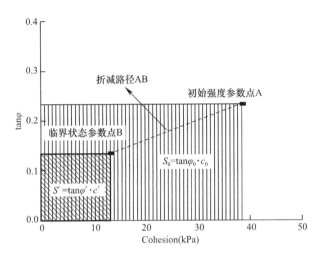

图 5.42　初始面积与临界面积

从传统强度折减法引出"强度储备面积"这个概念来定义安全系数，在直角坐标系中，横纵坐标的乘积的几何意义就是面积，这是直角坐标系自身的特性，是无条件成立的，利用"强度储备面积"以及"临界强度面积"的概念，使上述的推导不再仅局限于 SRM，在 DRM 中也依然是成立并且存在的，那么 DRM 中，安全系数的函数关系式表示为式（5.23）。

$$F_{\mathrm{os}} \sqrt{\frac{S_0}{S'}} = \sqrt{\frac{\tan\varphi_0 \times c_0}{\tan\varphi' \times c'}} = \sqrt{SRF_1 \times SRF_2} \tag{5.23}$$

该 $f(SRF_1，SRF_2)$ 关系式，由定义推导而来，意义明确，不会受到样本量的影响，也是具有理性的。在 DRM 中，可以以此来计算安全系数。

3）$F_{\mathrm{os}} = \sqrt{SRF_1 \times SRF_2}$ 与其他几种关系式的差异比较

① 与平均值 $F_{\mathrm{os}} = 0.5 \times (SRF_1 + SRF_2)$ 的比较

与平均值的差异比较，问题变为 $\sqrt{SRF_1 \times SRF_2}$ 与 $0.5 \times (SRF_1 + SRF_2)$ 的大小问题，且由于 SRF_1 与 SRF_2 满足关系式 $SRF_1 = SRF_2 \times K$，令 $f_1 = \sqrt{SRF_2^2 \times K} = SRF_2 \cdot \sqrt{K}$；同理，也可以得出 $f_2 = SRF_2 \cdot (0.5 + 0.5K)$；由于 SRF_2 为正实数，所以上述问题变为：$\sqrt{K}$ 与 $0.5 + 0.5K$ 的大小关系。

令 $F_1(K) = \sqrt{K}$；$F_2(K) = 0.5K + 0.5$，根据 5.3.2（4）节的研究，得出算例 2 的 K 大致在 [0.6，1.4]，双强度折减法的结果可以被接受，所以函数 $F_1(K)$ 与 $F_2(K)$ 的定义域这里取为 [0.6，1.4]，从两者的函数图像可以得出大小关系，见图 5.43。可以看出

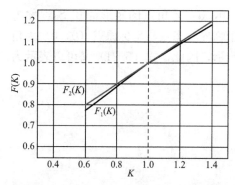

图 5.43 $F_1(K)$ 和 $F_2(K)$ 函数图像

只有当在 $K=1$ 时，二者函数值相同，其余都是 $F_1(K)=\sqrt{K}$ 较小，那么，就有 $f_1 < f_2$。本书提出的 $F_{os}=\sqrt{SRF_1 \times SRF_2}$ 关系式，小于平均值关系式，但是这种偏差很小，但由于本文的关系式基于定义来得出的，具有明确的几何意义。

② 与 $F_{os}=\dfrac{\sqrt{2}F_c \cdot F_\varphi}{\sqrt{F_c^2+F_\varphi^2}}$ 的大小关系

同理，由于 $SRF_1 = SRF_2 \times K$ 两者都满足，得出下式：

$$f_1 = \sqrt{SRF_2^2 \times K} = SRF_2 \cdot \sqrt{K} \qquad (5.24)$$

$$f_3 = \dfrac{\sqrt{2}F_c^2 \cdot K}{\sqrt{F_c^2+F_\varphi^2}} = \dfrac{\sqrt{2} \cdot K}{\sqrt{1+K^2}}SRF_2 \qquad (5.25)$$

即比较 $F_1(K)=\sqrt{K}$ 与 $F_3(K)=\dfrac{\sqrt{2} \cdot K}{\sqrt{1+K^2}}$ 的大小关系即可，函数图像见图 5.44。可以看出，$\sqrt{K} \geqslant \dfrac{\sqrt{2} \cdot K}{\sqrt{1+K^2}}$，而这种偏差也较小。对于这三种最终安全系数确定的方式，本书所提出的 $F_{os}=\sqrt{SRF_1 \times SRF_2}$，其计算结果将介于其他两者之间，并且该式基于理论定义推导而得，有较为完善的理论支持，同时，计算也依然简洁。

本章所提出的双折减法的安全系数函数式，与现有的几种关系式的对比，发现该种关系式的计算结果将介于已有的二者之间，计算结果不会出现较大的偏差，尤其是在 [0.8, 1.2] 内，三种关系式的偏差很小，见图 5.45。另外，由于本书所提出的关系式是基于理论推导所得，用"强度储备面积"的概念来进行分析，有具体的几何意义，作者认为其适用性是要比前两者好的。所以，可以考虑在 DRM 中使用本文所提出的安全系数关系式来确定边坡的安全系数。

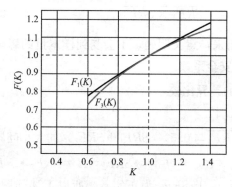

图 5.44 $F_1(K)$、$F_3(K)$ 函数图像

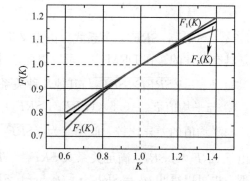

图 5.45 F_1、F_2、F_3 函数关系

5.3.3 边坡失稳临界状态的探讨

(1)"强度储备面积"的概念

在强度参数坐标系下，强度折减法的强度弱化的本质可以由折减路径直观和形象地表

示出，同时，边坡破坏的实质是土体强度衰减、弱化到临界强度时发生失稳破坏，而这种"衰减、弱化"的实现则是通过降低 c、φ 值来实现的。可以这样认为，强度的衰减才是强度折减法的本质，而强度本身可以由 c、φ 值来具体计算。在直角坐标系中，任一点的横纵坐标乘积的几何意义为该点与坐标系原点所围成矩形的面积，这是直角坐标系的特性，是无条件成立的。

如图 5.46 所示，A 点是边坡的初始强度参数点，面积 S_0 的值为 A 点的纵横坐标的乘积，见式（5.26），其几何意义就是 A 点与坐标系原点所围成的矩形的面积，S_0 在这里称之为"初始强度储备面积"。同理，S' 为临界强度参数点 B（图 5.47）所对应的矩形的面积，可称为"临界强度面积"，见式（5.27）。

$$S_0 = c_0 \cdot \tan\varphi_0 \tag{5.26}$$
$$S' = c' \cdot \tan\varphi' \tag{5.27}$$

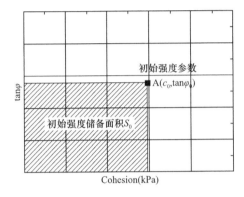

图 5.46　初始强度储备面积 S_0

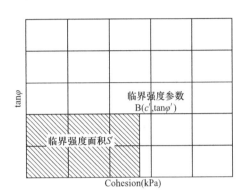

图 5.47　临界强度面积

对于 S' 与 S_0 的理解，需要指出的是，无论是"初始强度储备面积"还是"临界强度面积"，它们并不等于强度值本身，之所以利用这两个面积去代表不同状态下的强度值，是因为土体的强度是由 c、φ 共同决定的，而在图 5.46 或图 5.47 的坐标系中，面积值的大小也是由 c、φ 来共同决定的，土体强度参数值越大，其抗剪强度值就越大，所对应的面积值也就越大。它们之间并非是一种定量化的等价，而是一种概念性的正相关。同时，考虑到面积的定义是直角坐标系的特性，是无条件成立的，所以利用矩形面积去表示"强度"的概念是完全可以接受的，也是具有合理性的。这也是对于折减法的分析中，选择强度参数坐标系来作为分析工具的原因。

（2）边坡的临界状态

边坡失稳破坏的本质是土体抗剪强度的不断弱化，而强度储备概念定义的安全系数正好可以反映出这个理念；Duncan 提出了这样的安全系数定义方式，见式（5.28）。

$$F_{os} = \frac{\tau_0}{\tau} \tag{5.28}$$

式中，τ_0 为土体的初始强度；τ' 为土体临界失稳时的强度。

这种安全系数的定义方式，更能体现出强度储备或安全储备的概念，与此同时，该式也是建立在土体强度概念上的安全系数定义，而强度折减法中，无论是 SRM 还是 DRM 都是基于线性折减理论而实现的计算方法，其核心思想就是通过降低边坡的强度值，直至达到边坡的临界强度，以此来求解安全系数。所以，强度折减法中安全系数的定义选择强度储备概念是最为合适、合理的。

基于这种思路对于安全系数的求解，实际上，可以理解为分别求解初始强度值和临界强度值。边坡的初始强度值 τ_0，对于一个给定的边坡来说，初始的 c_0、$\tan\varphi_0$ 都是确定的，那么实际上主要问题就归结为求解该边坡的临界强度参数 c'、$\tan\varphi'$ 或者 τ' 的值。

1）基于 M-C 准则的临界状态

一般情况下，强度折减法较多地采用 Mohr-Coulomb 强度准则，式（5.29），M-C 准则主要体现土体的剪切破坏，且在特殊情况下，强度包络线可以简化为直线，见图 5.48。

$$\tau = c + \sigma\tan\varphi \tag{5.29}$$

$$\tau' = c' + \sigma\tan\varphi' \tag{5.30}$$

塑性力学的理论中，屈服准则就是判断材料是否处于塑性状态的判断条件，当屈服准则确定后，实际上，对边坡破坏时状态的描述就是确定。此外，在式（5.30）中，τ' 值只与临界状态参数 c'、φ' 有关，与初始强度参数 c_0、φ_0 是无关的，即临界强度包络线仅与临界值有关。通常，对于土体的破坏与否，可以利用强度包络线与应力莫尔圆的位置关系来确定。因此，边坡临界状态时，其强度参数点的分布是与初始强度参数无关的，它由屈服准则和边坡的具体尺寸来确定，考虑到计算时屈服准则一般都是事先确定好的，那么也就表明临界状态是边坡自身固有的一种属性。

在进行折减计算分析时，均采用的强度参数坐标系，在该坐标系下，M-C 准则对应为图 5.49 所示，由式（5.30）可得式（5.31）

$$\tan\varphi' = -\frac{1}{\sigma} \cdot c' + \frac{\tau'}{\sigma} \tag{5.31}$$

如图 5.49 所示，当土体的强度参数位于 M-C 包络线上时，边坡就达到临界状态，但是这并不代表该直线上点所对应的 τ' 都是相同的，它仅反映了边坡达到临界状态时强度参数 c'、φ' 的分布规律，当 c' 的值确定时，依据式（5.31），那么 φ' 的值也就确定了。

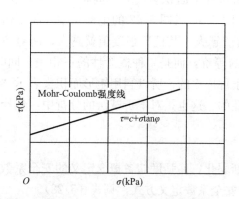
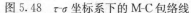
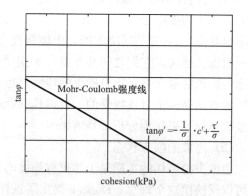

图 5.48　τ-σ 坐标系下的 M-C 包络线　　　　图 5.49　c-$\tan\varphi$ 坐标下的 M-C 包络线

在实际工程中，对于人工填方边坡，通常需要控制一定的坡率，坡率越缓越安全，就是因为较缓的坡率下，边坡的临界状态的包络线越靠近原点，边坡在较低的强度参数下就可以维持自身的稳定；对于填料的选择，采用越高强度参数的填料，虽然不会对边坡破坏时的临界状态造成影响，但是初始强度越高，边坡的安全储备也就越高。从作者提出的"强度面积"概念以及临界状态的观点结合安全系数的定义，可以很好地回答这个问题。

2）算例验证

根据上节的分析，可以得出以下认识：

① 对于一个边坡而言，它的临界状态是确定的，与边坡的初始强度参数无关，是该边坡的固有属性。也就说，对于同一个边坡，分别赋予不同的初始强度参数，进行折减计算，所得到的临界点的分布具有一定的规律。

② 当土体的屈服准则确定后，临界状态的固有性，并非指的是抗剪强度 τ 值相同，而是指 c'、φ' 的分布规律是确定的，即遵循强度包络线，这也符合塑性力学中屈服准则的相关理论。

为了使计算结果有对比性，仍然选取第 5.3.2 节中的算例 2 的计算模型[133]，这里记为算例 3，为了验证认识①，赋予边坡三组不同的初始强度参数，见表 5.11，采用相同方法计算不同初始强度参数下的边坡稳定性，若是最终的临界强度参数点分布满足 M-C 包络线的规律，则说明认识①是成立的。为了使得认识②更具有说服力，排除使用软件以及方法的影响，这里分别利用极限平衡法和有限元法来实现强度折减的计算，有限元软件采用 ADINA，极限平衡软件采用 Slide，进行四种不同的折减方式计算：只折减内摩擦角 φ、只折减黏聚力 c、传统强度折减法 SRM，双强度折减法 DRM。不同的折减方式，折减路径必定不同，所搜寻到的临界状态点必然不同，前文的几个算例的双折减法的计算中已有所体现，可以对比分析这些点是否在强度包络线上以及各自的 τ 值是否一样。

算例 3 强度参数　　　　　　　　　　表 5.11

参数组别	E(kPa)	v	c(kPa)	φ(°)	γ(kN/m³)
1	10^5	0.3	42	17	20
2	10^5	0.3	45	17	20
3	10^5	0.3	42	22	20

其中极限平衡采用 M-P 法来计算，使用 Slide 软件来实现，将折减后的参数带入计算，当 Slide 计算的边坡安全系数为 1 时，则说明该步的参数使得边坡处于临界状态；有限元法采利用 ADINA 来完成，M-C 屈服准则，不考虑剪胀角的影响，失稳判据为有限元计算不收敛，收敛准则为位移收敛准则，收敛容差 0.01。计算所得的临界参数点见表 5.12。

算例 3 临界参数点　　　　　　　　　　表 5.12

参数组别		ADINA			Slide		
		c'(kPa)	$\tan\varphi'$	F_{os}	c'(kPa)	$\tan\varphi'$	F_{os}
1	SRM	33.6000	0.2446	1.25	35.0000	0.2550	1.20
	只折减 φ	42.0000	0.1584	1.39	42.0000	0.1899	1.27
	只折减 c	27.8146	0.3060	1.23	30.0000	0.3060	1.18
	DRM	36.8421	0.2098	1.29	36.8421	0.2332	1.22
2	SRM	34.6154	0.2350	1.30	36.0000	0.2450	1.25
	只折减 φ	45.0000	0.1347	1.51	45.0000	0.1644	1.36
	只折减 c	27.7778	0.3060	1.27	29.8013	0.3060	1.23
	DRM	38.7931	0.1881	1.37	39.1304	0.2158	1.28
3	SRM	29.5775	0.2850	1.42	30.6596	0.2950	1.37
	只折减 φ	42.0000	0.1584	1.60	42.0000	0.1906	1.46
	只折减 c	20.0000	0.4040	1.45	21.9895	0.4040	1.38
	DRM	32.3077	0.2559	1.43	32.0611	0.2779	1.38

　　图 5.50 为三组参数下 DRM 的临界失稳时的水平塑性应变云图，潜在滑裂面的位置基本一致。

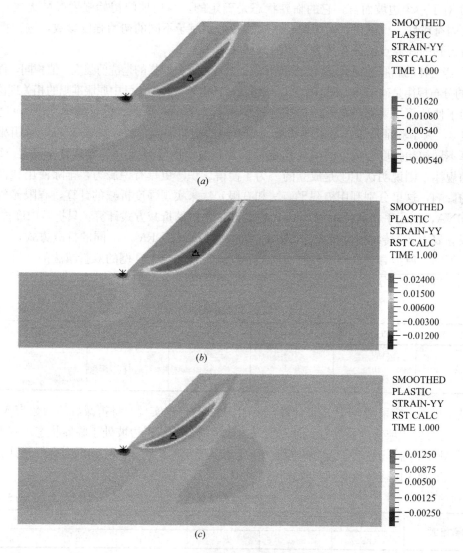

图 5.50　算例 3 水平塑性应变云图

(a) 算例 3（第一组参数）水平塑性应变云图；(b) 算例 3（第二组参数）水平塑性应变云图；
(c) 算例 3（第三组参数）水平塑性应变云图

　　表 5.12 为分别通过 M-P 法和有限元法所得的临界状态参数点以及各方法下的折减系数，将表中临界点投放在强度参数坐标系中，见图 5.51，并通过数据的回归分析，根据M-C 强度理论，数据回归分析函数模型可定为式（5.32），回归报表见表 5.13。

$$\tan\varphi = a \cdot c + b \tag{5.32}$$

则所得临界状态函数式，式（5.33）为 ADINA 计算所得，式（5.34）为 Slide 计算所得；

$$\tan\varphi = -0.01068 \cdot c + 0.60565 \tag{5.33}$$

$$\tan\varphi = -0.01009 \cdot c + 0.61052 \tag{5.34}$$

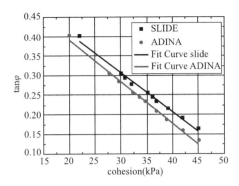

图 5.51　算例 3 临界状态点及拟合曲线

回归报表　　　　　　　　　　　　　　　　　　　　　　　　　　　　表 5.13

数据	a	b	R^2
ADINA	−0.01068	0.60565	0.99466
Slide	−0.01009	0.61052	0.98848

图 5.51 中，临界点分布十分接近直线分布，从回归拟合的结果也可以看出，与图 5.49 所示的 M-C 强度曲线吻合；赋予边坡不同的初始强度参数，并不会对临界状态分布产生影响，印证了认识①是正确、合理的。同时，极限平衡法所得到的临界点分布离坐标原点较远，即该条强度包络线上点的 c、φ 值均大于有限元法强度折减法所得的临界点的 c、φ 值，结合式（5.28）的安全系数定义，以及"强度面积"的概念，可知极限平衡法计算出的安全系数相比于有限元法所得安全系数是偏小的，这和已有的研究结论是相吻合的，有限元强度折减法的结果要比极限平衡法的结果偏大。

图 5.52 中，选取算例 3 中三组参数通过 DRM 计算的结果，提取 2054 号单元的主应力值，可以得到图 5.53 中的强度包络线和摩尔圆的关系图，图中三个切点的纵坐标（即 τ 值）并不相同。

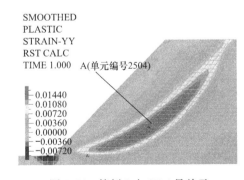

图 5.52　算例 3 中 2504 号单元

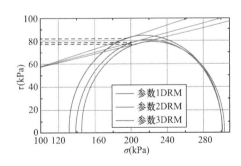

图 5.53　A 处（2504 单元）极限状态莫尔圆

综上所述，作者提出的"临界状态是边坡自身的固有属性"的观点以及对于固有属性的具体解释是合理的。

（3）DRM 与 SRM 差异分析

DRM 与 SRM 分别采取了不同的折减策略，使得它们的折减路径有所不同，而边坡的临界状态却是确定的，那么折减路径与临界状态包络线的交点就是各自所得到的临界点，因此两种方法所得的临界点是不同的；已有的文献均得出了双强度折减法所得安全系数小于传统强度折减法的安全系数的结论[97-99]，但都是从边坡的计算结果对比得出，并没有分析出原因并给出合理的理论解释；在算例3三组参数的计算中，双折减法DRM所得安全系数却是大于SRM的，见表5.12，不论是有限元法所得还是极限平衡法所得都是一样的结果，这与已有文献的结论相悖，值得进一步讨论。

通过5.3.2节的研究，可知传统强度折减法其实是双强度折减法的一种特殊情况，即折减比K为1时的双强度折减法。利用"强度面积"的概念可以直观地表示出边坡的安全储备的大小，即安全系数，由于初始强度参数对于一个给定的边坡而言，它是确定的，那么安全系数的不同，只可能是临界点的不同所造成的，即两种方法的"临界强度面积"不同对于安全系数的大小产生了影响。公式（5.23）可以清楚地反映出这种差异所在。作者认为，两种方法的折减策略的差异最终导致了临界点的不同，那么安全系数的差异应该受临界点的影响。

取算例3第一组参数的ADINA计算结果来进行分析，四种折减方式的临界点对应的"临界强度面积"值见表5.14及图5.54，可以发现在该M-C的包络线上，不同临界点的"临界强度面积"大小是有规律的，从包络线上部到下部，面积值是逐步降低的。

<table>
<tr><td colspan="5" align="center">算例2（参数1）临界点面积 　　　　　　　　　　　　　表5.14</td></tr>
<tr><td rowspan="2">算例3参数组别</td><td rowspan="2">折减方式</td><td>ADINA</td><td>Silde</td><td>初始强度参数</td></tr>
<tr><td>$\tan\varphi'\times c'$</td><td>$\tan\varphi'\times c'$</td><td>$\tan\varphi_0\times c_0$</td></tr>
<tr><td rowspan="4">1</td><td>SRM</td><td>8.2186</td><td>8.8200</td><td rowspan="4">12.8394</td></tr>
<tr><td>折减φ</td><td>6.0615</td><td>7.3980</td></tr>
<tr><td>折减c</td><td>8.5000</td><td>9.1192</td></tr>
<tr><td>DRM</td><td>7.2970</td><td>8.4443</td></tr>
</table>

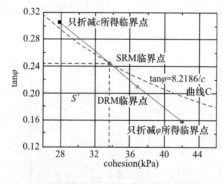

图5.54　算例3（第一组参数ADINA）临界点

为了便于对比几个面积的大小，可以利用反比例函数以及不等式的性质直观地反映出这种大小关系。因为在强度参数坐标系c-$\tan\varphi$坐标系中，临界强度面积为$S'=\tan\varphi'\times c'$，反比例函数表达式为式（5.35），这里的系数k实际上就是临界面积S'，式（5.35）变为式（5.36）：

$$\tan\varphi=\frac{k}{c} \tag{5.35}$$

$$\tan\varphi=\frac{S'}{c} \tag{5.36}$$

图5.54中，虚曲线是以传统强度折减法得到的临界点所做的反比例函数，$\tan\varphi=8.2186/c$，那么根据反比例函数的性质，可知，只要在该反比例函数曲线上的点，其乘积恒为8.2186，也就是说该反比例函数曲线上点的临界强度面积是相同的。同时，结合不等式的性质，该反比例函数曲线将坐标区域划分为两个区域。右上区域，该区域内点的临界强度面值均是大于反比例函数曲线上点的临界强度面值。同理有，曲线左下部的区域，该区域的点的面积值均小于反比例函数曲线上点的值。图5.54中，DRM的临界点位于

SRM 的反比例曲线 C 的左下部分，即其面积值小于 SRM 的，同时结合式（5.23），得出 DRM 的安全系数大于 SRM。所以，SRM 与 DRM 的结果大小关系，由临界点分布的相对位置来确定，并没有绝对的大小关系，需要根据具体情况来判断。

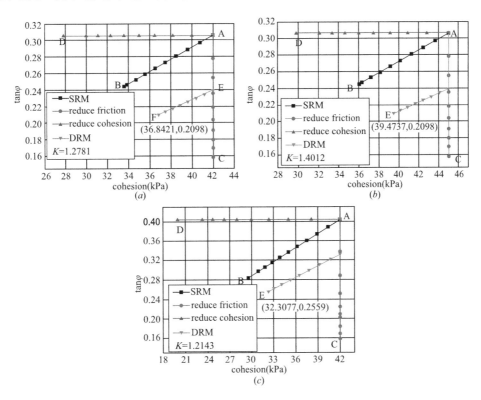

图 5.55　算例 3 ADINA 计算折减路径

（a）算例 3 ADINA 计算（第一组参数）折减路径；（b）算例 3 ADINA 计算（第二组参数）折减路径；
（c）算例 3 ADINA 计算（第三组参数）折减路径

图 5.54、图 5.55 为算例 3 中，有限元法计算的折减路径图。由于临界点是边坡的固有属性，同时，临界点数据的拟合也表明这种观点是成立的，而且对于算例 3 的模型来说，临界状态的分布直线是可以具体表达为式（5.33），按照本书对于安全系数的求解，那么只要确定出"临界面积"的大小即可。相当于已知自变量 c'、$\tan\varphi'$ 满足临界状态式（5.33）的关系式，而目标函数是"临界强度面积"，即 $S'=c' \cdot \tan\varphi'$。由此，可以得出临界点的黏聚力 c' 值与"临界面积" S' 的关系式，见式（5.37）。

$$S' = -0.01068c^2 + 0.60565c \tag{5.37}$$

在表 5.12 中，ADINA 计算第 1 组、第 2 组结果中，单独折减内摩擦角 φ 所得的安全系数是 4 种方式中最大的，而单独折减黏聚力 c 所得的安全系数是最小的；但是第 3 组数据结果却未出现上述现象。依据式（5.37）的函数图像可以清楚地解释出上述现象的原因，见图 5.56。

在图 5.56 中，曲线为临界面积与黏聚力的关系曲线，该曲线为二次函数形式，将表 5.12 的 ADINA 计算的结果的第 1 组、第 2 组临界点放在图 5.56 的坐标系中，可以看到，函数 S' 在区间上，并非是一个单调函数，其数值大小与黏聚力 c 的具体位置有关，反

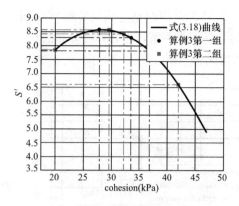

图 5.56 $S'\text{-}c$ 关系曲线（算例 3）

映出在临界状态分布的直线上，随着黏聚力 c 的增大，"临界强度面积"是先增加后减小的，单独折减黏聚力、内摩擦角所得的安全系数，并非一定大于 DRM 或者 SRM。

综上，对于一个固定的边坡而言，它的临界点的分布直线是确定的，直线上的点对应的"临界强度面积"值是需要根据二次函数的具体单调区间来确定的，同时根据本章提出的安全系数表达式（5.23），可以直观地反映出边坡的安全系数在直线上不同点位的具体数值大小情况。以此分析，不仅是对于 DRM 的一种定量地分析，同时也是对强度折减技术结合有限元法在边坡稳定性分析中的应用的一种很好的诠释、理解。

5.4 基于变模量双强度折减法的边坡稳定性分析

5.4.1 问题的提出

高填方边坡因地形地质复杂且高度较大，难以给出普遍性的建议坡率。《民用机场岩土工程设计规范》MH/T 5027 指出可根据边坡岩土类型和特点、可能存在的破坏模式等确定边坡分析计算方法，具体方法可分为解析法和数值法。从学术研究成果来看，能够考虑岩土材料应力-应变关系，将静力场与运动场结合起来的极限分析法，相对于经典极限平衡法较为合理，例如常用的 Morgenstern-Price 法等。从国内外相关规范来看，仍以解析法为主，对于大型的、破坏机制复杂的边坡工程，多利用数值法进行综合评价。

国内学者对有限元强度折减法做了大量研究，郑颖人、郑宏等对于该方法在安全系数定义、计算精度、收敛准则、边界范围及屈服准则等方面的问题做了大量研究。与极限平衡法相比，有限元强度折减法能够更好地适应复杂的地质条件、考虑土体的本构关系，不用事先设定潜在滑动面，它的计算更加贴近真实情况。随着研究的深入，唐芬、郑颖人等认为边坡的破坏是一个渐进累积破坏过程，边坡稳定分析时采用不同的安全系数对 c、φ 折减更为合理；此后对双安全系数折减机制、折减比例、路径等进行了深入研究。但是在应用中，如何确定边坡安全系数表达式？由于折减起步方式的不同将产生不同的折减路径，对于边坡安全系数和临界状态参数值影响如何？这些问题亟待深入探索。

另外，不论天然的还是人工形成的岩土体材料而言，岩体的变形参数与强度参数存在必然的内在联系[133]。然而现有强度折减法（包含较为先进的双强度折减法）用于边坡分析时，通常采用的是理想弹塑性模型，仅折减强度参数，不折减变形参数，即不考虑强度降低后土的变形参数的真实变化，这样获得的结果主要是相应的强度安全系数，而其变形场则并不是真实的变形。因此，要充分发挥数值方法的优点，在采用双强度折减法对土体两个强度指标进行折减的同时，对其变形参数也进行相应折减，以便能获得更加真实的应力应变场或塑性区分布，对边坡稳定性评价将会更有意义。

5.4.2　变模量双强度折减法的建立

（1）双强度折减法安全系数计算

双强度折减法即单独折减黏聚力达到边坡失稳，得到黏聚力折减系数 SRF_c，单独折减内摩擦角直至边坡失稳，得到内摩擦角折减系数 SRF_φ，求得折减比 $K=SRF_\varphi/SRF_c$。然后考虑共同作用下的计算，在折减的过程中，对黏聚力和内摩擦角同步折减且始终保持折减系数 SRF_1 和 SRF_2 之比恒为 K，直到边坡失稳，然后得到边坡临界状态对应的折减系数，把此时的折减系数作为安全系数。

基于折减比 K 的双强度折减法，唐芬、郑颖人等提出取两者的平均值作为最终安全系数，即式（5.38），该种关系虽然计算简单，且考虑了 $SRF_1=\tan\varphi_0/\tan\varphi'$ 和 $SRF_2=c_0/c'$ 共同的影响，但缺乏理论上的证明，没有明确的物理意义。陈冉[134] 取 SRF_1 和 SRF_2 中的最小值作为最终的安全系数，即式（5.39），该式其实是一种偏于保守和安全的选择，仅考虑到了 SRF_1 和 SRF_2 中的一个，而忽略了另一个的影响，且没有理论依据，计算所得的结果是偏小的。袁维等利用多个不同坡角的算例计算，以安全系数-位移的关系曲线拟合的方法，求解出安全系数的 $f(SRF_1,SRF_2)$ 函数关系式，见式（5.40），其相对于前两种表达式具有理论意义，但是因为基于数据拟合得出，故样本数量、样本差异均会影响其实用性。

$$F_{os}=\frac{SRF_1+SRF_2}{2} \tag{5.38}$$

$$F_{os}=\min[SRF_1,SRF_2] \tag{5.39}$$

$$F_{os}=\frac{\sqrt{2}SRF_2\cdot SRF_1}{\sqrt{SRF_1^2+SRF_2^2}} \tag{5.40}$$

分析式（5.38）~式（5.40）可知，当 $SRF_1=SRF_2$ 时，即内摩擦角和黏聚力的折减程度是相同的，这三式就是传统强度折减法的表达式，说明传统强度折减法为双强度折减法在 $K=1$ 时的特例。另外，就折减方式来说，$K=1$ 时双强度折减法的折减系数的定义与传统强度折减法的完全一致，见式（5.19）。

$$F_{os}=SRF_1=SRF_2 \tag{5.19}$$

将式（5.19）两边同时取平方恒有

$$F_{os}^2=SRF_1^2=SRF_2^2 \tag{5.20}$$

将 $SRF_1=\tan\varphi_0/\tan\varphi'$ 和 $SRF_2=c_0/c'$ 代入式（5.20）有

$$F_{os}^2=SRF_1\times SRF_2=\frac{\tan\varphi_0}{\tan\varphi'}\times\frac{c_0}{c'} \tag{5.21}$$

式中，c_0、φ_0 为初始强度参数；c'、φ' 为临界时刻的强度参数。则安全系数关系式可以定义为式（5.23）。

$$F_{os}=\sqrt{\frac{\tan\varphi_0}{\tan\varphi'}\cdot\frac{c_0}{c'}}=\sqrt{SRF_1\cdot SRF_2} \tag{5.23}$$

（2）变模量双强度折减法的提出

边坡的变形破坏是一个渐变的过程，岩土体材料变形和强度参数内在的联系是一种客观存在。首先对黏聚力 c 和内摩擦角 φ 分别进行折减，得到一组新的 c' 和 φ'，见式（5.41），SRF_1 和 SRF_2 的关系符合式（5.23），将这组强度参数继续进行折减，直到边坡恰好达到临界破坏状态，此时对应的折减系数 F_{os} 称为边坡的最小安全系数 F_s，具体计算公式如下：

$$\varphi' = \arctan\left(\frac{\tan\varphi_0}{SRF_1}\right) \tag{5.41a}$$

$$c' = \frac{c_0}{SRF_2} \tag{5.41b}$$

在采用双强度折减法对强度参数进行折减的过程中，为了更好地模拟高填方坡体强度的折减对变形参数的影响，得到更加符合实际的变形场，基于前文修正 Duncan-Chang 模型，根据非饱和土破坏时的强度准则（4.22），可知一般应力条件下的切线变形模量 E_t 为式（4.23）。切线泊松比 u_t 采用式（4.13）确定，同时需满足式（5.42）要求。

$$\sin\varphi \geq 1 - 2\mu_t \tag{5.42}$$

如此一来，在强度参数 c' 和 φ' 按照双强度折减的过程中，土体屈服前变形参数 E_t 和 u_t 分别相应弱化，屈服时可以按照弹塑性模型计算坡体的塑性变形，故可称其为“变模量双强度折减法”。

理论上讲，采用变模量双强度折减法进行高填方边坡稳定性分析时，与强度折减法（包括较为先进的双强度折减法）相比，可以克服其不折减变形参数的缺陷，能够在准确求得边坡安全系数的同时获得更加符合实际的变形场；与变模量弹塑性强度折减法相比，可以避免其强度或变形仅采用一个折减系数的不足，本章采用两个不同折减系数的折减机制更加符合高填方工程实际，所求得的边坡安全系数或变形场理论上讲更加可靠。

5.4.3 变模量双强度折减法的验证

同杨光华[101]等提出的“变模量弹塑性强度折减法”实现手段一致，亦可利用 FLAC 软件内置的 Fish 设计语言，定义新的变量和函数。将式（5.41）、式（4.23）和式（4.13）转换成 Fish 函数，该 Fish 函数即可反映变形参数 E_t、u_t 随强度参数 c、φ 的折减而变化的情况。

为便于计算，将试验段高填方边坡进一步简化，坡高 60m、坡比 1:2，原地基及其计算参数同 4.4.1 节，不同之处是算例中暂未考虑斜坡影响。数值计算模型中，坐标原点取在模型的右下角，约束条件为：两侧水平方向（X）约束，底边双向（X 和 Y）约束，计算中各层土体采用 Mohr-Coulomb 本构模型。

对比验证计算分为两种工况，工况一为采用双强度折减法进行计算，计算得到的边坡破坏时的位移云图和塑性区分布图分别见图 5.57（a）、（b）。工况二为本书提出的变模量双强度折减法计算，强度折减同第一步，但是在计算 c' 和 φ' 的同时，对各地基土层和填筑体的变形模量和泊松比分别按照式（4.23）和式（4.13）计算，由此计算得到边坡破坏时的位移云图和塑性区分布图分别见图 5.58（a）、（b）。

分析图 5.57 和图 5.58 可知，当两种工况均达到破坏时，工况一的最大沉降大于工况二，也就是说高填方地基采用沉降量评价其是否破坏时，工况二会先于工况一达到破坏；边坡塑性区分布总体相似，shear-n 代表的曾经屈服区在破坏时已经退出，但是工况二的当前塑性区分布范围比工况一略大，由此说明，与变模量双强度折减法相比，双强度折减法评判的边坡稳定性应当是偏于危险的，采用本章建议算法更符合填筑体强度和变形指标耦联变化的客观性。故可以在本书提出的变模量双强度折减法的基础上进一步探讨高填方边坡稳定性评价问题。

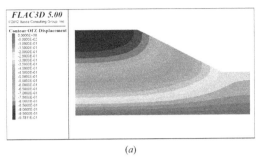 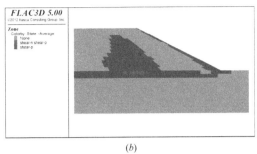

(a)　　　　　　　　　　　　　　(b)

图 5.57　双强度折减法计算结果

(a) 沉降云图；(b) 塑性区分布示意图

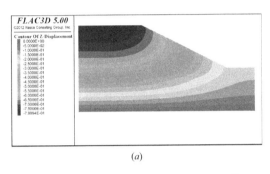 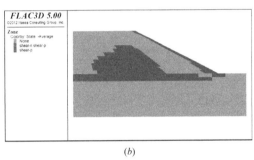

(a)　　　　　　　　　　　　　　(b)

图 5.58　变模量双强度折减法计算结果

(a) 沉降云图；(b) 塑性区分布示意图

5.5　基于滑面上应力控制的边坡主动加固计算方法

5.5.1　基于滑面上应力控制的边坡主动加固计算模型

考虑到土体的非线性，通过建立边坡加固非线性有限元平面应变计算模型，并借助遗传算法建立边坡应力控制智能优化模型，提出基于滑面上应力控制的边坡主动加固计算方法，其主要目的在于实现预应力锚固支挡结构主动加固下土体边坡稳定性控制的设计与计算[136]。

（1）应力控制过程及关键问题

1）应力控制过程

以边坡开挖与加固问题为例，通过外部荷载控制边坡应力状态过程示意如图 5.59 所示。

P 为坡体内任意点，在图 5.59 中处于相同的位置；$\overline{A_0B}$、$\overline{A_1B}$ 分别表示边坡未开挖和开挖后坡面位置；β_0、β_1 分别表示边坡未开挖和开挖后坡面与水平面夹角；q 表示开挖后边坡支护的外部荷载。边坡应力状态控制过程可描述为：边坡由图 5.59（a）所示的原状态开挖至图 5.59（b）所示状态，再由外部荷载 q 进行加固，最终使得图 5.59 中同一位

置处 P 点的应力状态相同。

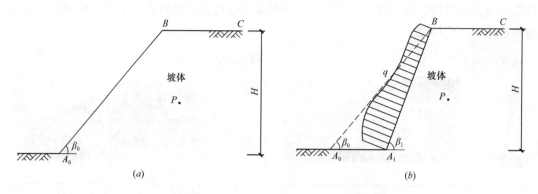

图 5.59 边坡开挖与加固示意图
(a) 边坡未开挖状况；(b) 边坡加固状况

2）应力控制关键问题

在应力状态控制过程中，需要解决以下几个关键问题：

① 是否能使得边坡开挖后坡体内任意一点的应力状态都还原为未开挖时的原应力状态？

事实上，由于土体的复杂性，这一点不能够完全实现。如此可将该问题进行简化，仅要求在坡体内给定应力控制点处应力状态能够还原，即可认为坡体内其他各点应力状态近似还原。该问题可描述为：如何确定有效的应力控制点。

② 应力控制点处开挖后应力状态与原应力状态用什么指标衡量？开挖后应力状态与原应力状态是否相同如何判别？

对物体中任意一点应力状态还原，必须要考虑各个应力分量状态的还原，如何使各个应力分量均能有效还原，必须寻找能体现各个应力分量的指标，且要建立包括该指标控制函数，以确定开挖后应力状态与原应力状态是否相同。该问题可描述为：寻找有效的应力控制函数。

③ 如何实现各应力控制点处的开挖后应力状态与原应力状态相同？

这一问题最有效的方法就是施加外部荷载加固边坡，补偿或修复原应力状态的损失，该问题可描述为：求解最优的边坡加固荷载及加载方式。

（2）土体本构模型及非线性有限元分析方法

1）邓肯张 E-B 模型

土体本构模型采用 Duncan 和 Chang 等（1970，1980）建立的 E-B 模型。土的切线模量 E_{t}、卸荷和再加荷模量 E_{ur}，以及体积模量 B 为：

$$E_{t} = KP_{a}\left(\frac{\sigma_{3}}{P_{a}}\right)^{n}\left[1 - \frac{R_{f}(1-\sin\varphi)(\sigma_{1}-\sigma_{3})}{2C\cos\varphi + 2\sigma_{3}\sin\varphi}\right]^{2} \tag{5.43}$$

$$E_{ur} = K_{ur}P_{a}\left(\frac{\sigma_{3}}{P_{a}}\right)^{n} \tag{5.44}$$

$$B = K_{b}P_{a}\left(\frac{\sigma_{3}}{P_{a}}\right)^{m} \tag{5.45}$$

上述 E-B 模型共有 8 个参数，K，K_{ur}，n、c、φ、R_{f}、K_{b} 和 m，通过常规三轴试验

测定。

定义加载函数：

$$f = \frac{S}{S_{crit}}, \quad S = \frac{(\sigma_1 - \sigma_3)}{(\sigma_1 - \sigma_3)_f}, \quad S_{crit} = \frac{SS_{max}}{(\sigma_3/p_a)^{0.25}} \tag{5.46}$$

$SS = S(\sigma_3/p_a)$，$f > 1.0$ 为加载，否则为卸荷或再加荷状态。由于卸荷再加荷模量和加载模量相差较大，常引起计算的不稳定，采用以下方法处理[137]：当 $f < 0.75$ 时，土体为卸载再加载状态；当 $0.75 < f < 1.0$ 时，计算所用的弹性模量 E 按式 $E = E_t + (E_{ur} - E_t)(1-f)/(1-0.75)$ 计算内插。

在加载过程中判断每个单元的加卸载状态、是否拉裂或剪切破坏，然后计算相应的弹性模量。对于拉裂或剪切破坏的单元进行降低模量处理，具体方法如下：当小主应力 $\sigma_3 < 0$ 时，发生拉裂破坏，取 $\sigma_3 = 0.1Pa$ 计算体积模量 B，弹性模量等于体积模量的 $1/10$，当单元应力水平 > 0.95 时，认为单元剪切破坏，取 $R_f S = 0.95$，计算弹性模量 E_t。

2）非线性有限元分析方法

邓肯张模型属于非线性弹性模型，对于平面应变条件，弹性矩阵为

$$[D] = \frac{3B}{9B - E} \begin{bmatrix} 3B+E & 3B-E & 0 \\ 3B-E & 3B+E & 0 \\ 0 & 0 & E \end{bmatrix} \tag{5.47}$$

式中，E 为切线模量；B 为体积模量，由常规三轴试验确定。

对于非线性有限元分析，只涉及材料非线性问题，并采用增量法求解非线性方程。

5.5.2　基于应力控制的边坡加固计算模型

（1）有限元计算模型与求解

根据边坡受力特点、几何尺寸及边界条件等，建立有限元平面应变模型如图 5.60 所示。土体本构关系采用上述邓肯张 E-B 非线性弹性模型，非线性有限元求解方法采用中点增量法。平面应变问题有限元分析的表达格式及详细过程详见文献[138]。

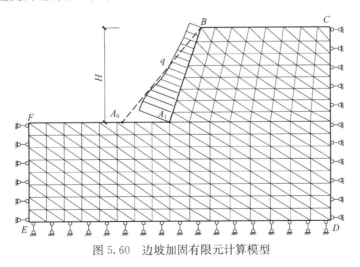

图 5.60　边坡加固有限元计算模型

（2）滑面上应力控制点选取

边坡产生滑移的原因是多方面的，但其主要内因是应力状态的改变和发展所致。因

此，如果应力控制点恰好处于边坡潜在最危险滑移位置时，则可通过控制滑移位置的应力状态阻止边坡产生滑移。

对于土体及软岩质类边坡，如均质黏性土，类均质黄土，岩体的全、强风化残积层及人工堆填的类均质土坡，其破坏模式属旋转式滑动破坏。由此，在图 5.60 所示的边坡有限元平面应变模型基础上，以边坡开挖后脚点 A_1 为原点，建立直角坐标系，应力控制点选取如图 5.61 所示。

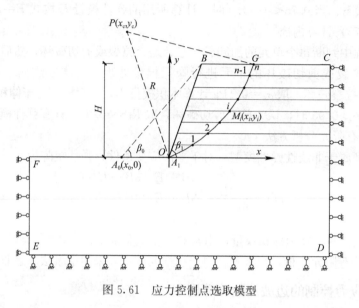

图 5.61　应力控制点选取模型

$\overline{A_0B}$、$\overline{A_1B}$ 分别表示边坡未开挖和开挖后坡面位置，β_1、β_2 分别表示边坡未开挖和开挖后坡面与水平面夹角，圆弧 OG 表示边坡潜在圆弧滑移面，$P(x_c,\ y_c)$ 点滑移面圆心位置，R 为圆弧半径，$M_i(x_i,\ y_i)$ 表示坡体内第 i 个应力控制点，由圆弧滑移面与直线 $y=y_i$ 的交点确定，y_i 为边坡高度第 i 等分位置处 y 轴坐标，n 为边坡高度等分数，该值决定控制点的数量。图 5.61 中所示最危险圆弧滑移位置采用文献［139］所述方法确定，这里不再详解。

由上述方法确定点 $M_i(x_i,\ y_i)$，$i=1,\ 2,\ \cdots,\ n$，即为所求应力控制点，第 i 个应力控制点坐标可由下式求得：

$$\begin{cases} x_i = x_c + \sqrt{R^2 - (y_i - y_c)^2} \\ y_i = \dfrac{i \cdot H}{n} \end{cases} \tag{5.48}$$

（3）应力控制函数

对于平面应变问题，物体内任意一点应力状态由三个独立的分量表示，要使应力状态还原，就必须考虑各个应力分量状态的还原，从而确定应力控制方程。

1）应力控制判别准则

根据弹塑性力学理论，屈服条件是表示弹性应力状态的界限，可由 $f(\sigma_{ij})=0$ 写出，这是以应力分量为坐标的应力空间中的一个曲面，当应力 σ_{ij} 位于此曲面之内，即 $f(\sigma_{ij})<0$ 时，材料处于弹性状态；当应力 σ_{ij} 位于此曲面之上，即 $f(\sigma_{ij})=0$ 时，材料开始屈服进

入塑性状态，而屈服的判别标准也是取决于应力状态，一般用应力不变量来表示。对于一般的土质和岩质材料来说，随着静水压力的增加，屈服应力和破坏应力都有很大的增长，此时屈服条件由 $f_0(I_1, J_2, J_3) = 0$ 表示。

对于岩土介质来说，目前得到普遍认可的屈服条件主要是 Drucker-Prager，可由下式表示：

$$f = \alpha I_1 + \sqrt{J_2} - k = 0 \tag{5.49}$$

式中，α、k 为广义 Mises 准则材料常数，由 C 和 φ 确定；I_1 为主应力第一不变量，J_2 为偏应力第二不变量，其中 J_2 可由下式表示：

$$J_2 = \frac{1}{6}\left[(\sigma_{11} - \sigma_{22})^2 + (\sigma_{22} - \sigma_{33})^2 + (\sigma_{33} - \sigma_{11})^2 + 6(\sigma_{12}^2 + \sigma_{23}^2 + \sigma_{31}^2)\right] \tag{5.50}$$

式中，σ_{ij} 为任意一点应力状态的六个分量。

另外 J_2 也可由偏应力张量 s_{ij} 表示为：

$$J_2 = \frac{1}{2}s_{ij}s_{ij} \tag{5.51}$$

由此，以偏应力第二不变量 J_2 或与 J_2 直接相关的变量作为边坡应力控制判别准则，能反映出各个应力分量的变化，具有代表性。再进一步分析，与 J_2 相关的等效应力 $\bar{\sigma}$ 可表示为：

$$\bar{\sigma} = \sqrt{\frac{3}{2}s_{ij}s_{ij}} \tag{5.52}$$

联立式（5.50）～式（5.52）可得：

$$\bar{\sigma} = \sqrt{\frac{1}{2}\left[(\sigma_{11} - \sigma_{22})^2 + (\sigma_{22} - \sigma_{33})^2 + (\sigma_{33} - \sigma_{11})^2 + 6(\sigma_{12}^2 + \sigma_{23}^2 + \sigma_{31}^2)\right]} \tag{5.53}$$

由此，式（5.53）即可作为任意一点应力状态控制判别准则。

2）应力控制函数

要使得边坡维持原有的稳定状态，必须满足边坡加固后各控制点处等效应力近似等于边坡开挖前各控制点处等效应力。另外，由等效应力与 J_2 或屈服准则之间的关系可知，边坡从未开挖→开挖→加固过程中，等效应力的变化为：低→高→低，边坡稳定状态变化为：稳定→欠稳定（或不稳定）→稳定。由此，可通过比较边坡开挖加固过程中等效应力差值的大小衡量边坡稳定性。

在应力修复第 i 控制点处，将边坡开挖前等效应力表示为 $\bar{\sigma}_{0i}$，边坡开挖加固后等效应力表示为 $\bar{\sigma}_{1i}$，并建立如下函数：

$$f_i(\bar{\sigma}_{0i}, \bar{\sigma}_{1i}) = (\bar{\sigma}_{1i} - \bar{\sigma}_{0i})^2 + (\bar{\sigma}_{1i} - \bar{\sigma}_{0i}) \tag{5.54}$$

式（5.54）右边由两项构成，第一项表示边坡开挖前和边坡开挖加固后等效应力差的平方，第二项表示边坡开挖前和边坡开挖加固后等效应力差。要得到函数 $f_i(\bar{\sigma}_{0i}, \bar{\sigma}_{1i})$ 最小值，等式右边第一项、第二项必须同时取最小值。如此做法，一方面，可使得边坡开挖加固后第 i 控制点处等效应力近似于开挖前第 i 控制点处等效应力；另一方面，又可使得边坡开挖加固后第 i 控制点处等效应力尽量小于开挖前第 i 控制点处等效应力，使得土体具有一定的强度储备。

当函数 $f_i(\bar{\sigma}_{0i}, \bar{\sigma}_{1i})$ 在各个应力修复控制点处均取最小值时，就可使得边坡开挖加固后的应力状态近似恢复为边坡开挖前的应力状态。因此，由式（5.54）建立应力修复控制函数如下：

$$f(\bar{\sigma}_0,\bar{\sigma}_1) = \sum_{i=1}^{n} (\bar{\sigma}_{0i} - \bar{\sigma}_{1i})^2 + (\bar{\sigma}_{0i} - \bar{\sigma}_{1i}) \tag{5.55}$$

（4）基于应力控制的边坡加固智能优化模型

如图 5.60 所示，作用于坡体表面分布荷载 q，即为加固坡体时作用于坡体表面的外部加固荷载，在实际中呈曲线形分布。外部荷载大小及分布形式决定坡体内部应力状态的变化，要实现边坡开挖前及开挖加固后应力状态的恢复，必须合理控制外部荷载的大小和分布。由此，为了计算简化，将坡体外部作用荷载 q 进行近似简化，将连续分布的荷载曲线离散为 n 个荷载变量，易于控制外部作用荷载的大小和分布，也便于与上述有限元计算模型相适应，如图 5.62 所示。

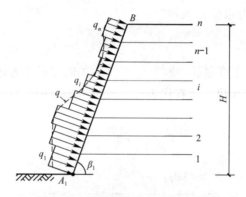

图 5.62　加固荷载等效简化示意图

虚线表示坡体外部作用荷载 q，$\overline{A_1B}$ 为边坡开挖后坡体表面，H 为边坡高度，将坡面 $\overline{A_1B}$ 沿边坡高度分为 n 等份，并假定在每等份高度内外部荷载为均匀分布，第 i 段内的荷载表示为 q_i，其大小取该段中点位置处荷载分布曲线上的对应值，n 值越大，简化后各段荷载大小及分布越趋近于实际荷载分布曲线，且 n 的取值与图 5.60 中 n 的取值相等，与有限元单元划分数相关。

以边坡开挖前、开挖加固后，各个应力修复控制点处应力状态相近为目标，通过遗传算法智能求解外部加固荷载的大小与分布，实现边坡开挖前、开挖加固后稳定状态的还原。目标函数及约束条件表达形式如下：

$$\begin{cases} \min: f(\bar{\sigma}_0,\bar{\sigma}_1) = \sum_{i=1}^{n} (\bar{\sigma}_{1i} - \bar{\sigma}_{0i})^2 + (\bar{\sigma}_{1i} - \bar{\sigma}_{0i}) \\ q_{min} < q_i < q_{max}, \quad i = 1,2,\cdots n \end{cases} \tag{5.56}$$

式中，q_{max}、q_{min} 为给定加固荷载的最大、最小限值。

5.5.3　边坡稳定性加固智能优化实现

作者通过自编有限元计算程序，并结合遗传算法工具箱 GAOT 实现实现边坡加固荷载的优化求解，在遗传算法优化过程中，式（5.56）所含目标函数 $f(\bar{\sigma}_0,\bar{\sigma}_1)$ 即为适应值函数，其计算模型框图如图 5.63 所示，具体程序编制过程不再详述。

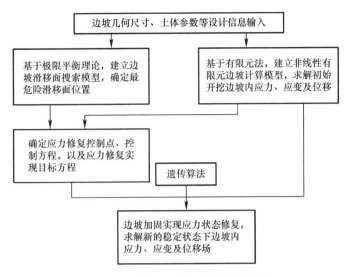

图 5.63 边坡主动加固计算模型框图

5.6 地震下框架锚杆支护边坡简化分析方法

5.6.1 框架锚杆支护结构模型

框架锚杆支护结构由框架、锚杆和墙后土体组成，其立面及剖面分别如图 5.64 所示。立柱、横梁及挡土板三者连接构成框架部分，从而形成类似楼盖的竖向梁板结构体系。锚杆锚头与框架连接，相交于立柱与横梁交叉处，内端锚固在土体中，而挡土板所受的土压力通过锚头传至钢拉杆，再由拉杆周边砂浆握裹力传递至水泥砂浆中，然后再通过锚固段周边地层的摩擦力传递到锚固区的稳定地层中，以承受土压力对支护结构的作用力。横梁、立柱与锚杆构成空间框架，协同钢筋混凝土挡土板一起共同承担边坡的土压力，即墙后土体产生的土压力通过框架结构传给锚杆。

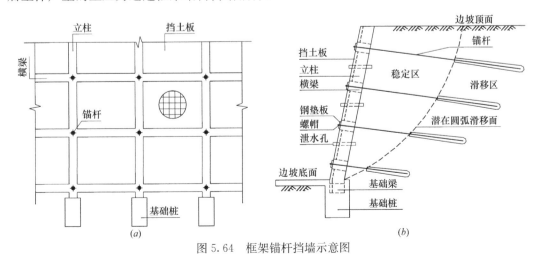

图 5.64 框架锚杆挡墙示意图

（a）框架锚杆挡墙立面；（b）框架锚杆挡墙剖面

在建立框架锚杆支护边坡的水平地震动分析模型时，采用了下述假设[140]：

（1）由于在框架锚杆支护边坡体系中，主动土压力起控制作用，为简化计算只考虑主动土压力的影响；

（2）不考虑锚杆轴向变形，锚杆锚固段与土体作用以弹簧支座的形式代替；

（3）在水平地震下，坡后土体的竖向沉降忽略不计。

5.6.2 动土压力模型的建立

对于一个土质均匀的边坡，地震时假定其破坏模式为圆弧破坏，这样滑动区土体由坡顶至坡脚就近似呈倒三角形分布。"5.12"地震及以往地震中，大量的边坡破坏情况表明地震时的最大位移发生在边坡的顶部，往下则逐渐减小，土压力最大值发生在坡顶处。当土坡被支挡结构挡住，不能发生位移时，那么原来位移大的部位，动土压力就会大，原来位移小的部位，动土压力就会较小。因此，地震时作用在支挡结构上的土压力，在支挡结构顶部最大，向下逐渐减小[141]。作者认为地震土压力的分布图形是一个倒三角形[142]，如图 5.65 所示，而传统的拟静力法则认为土压力的分布图为一正三角形，与支护边坡在地震作用下的响应不相符合。

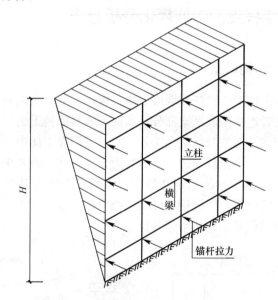

图 5.65　框架锚杆挡墙地震土压力的分布

对于土体任意点，地震时所产生的位移：

$$u_t = u_0 \sin\omega t \tag{5.57}$$

则土对挡土墙产生的地震动土压力强度为：

$$p_a = -m_{si} u_0 \omega^2 \sin\omega t \tag{5.58}$$

分布在框架结点处的土层质量 m_{si}，如图 5.66 所示，图中 β 为支护边坡与水平面的夹角，ψ 为边坡滑移面与水平面的夹角。

$$m_{si} = \rho_i S_H S_V h_i \left(\frac{1}{\tan\psi} - \frac{1}{\tan\beta} \right), \quad i = 2, \cdots, n-1 \tag{5.59}$$

式中，ρ_i 为土层质量块的密度；S_H、S_V 分别为锚杆水平向间距，竖向间距；h_i 为框架结

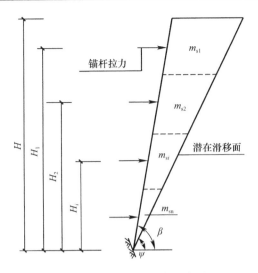

图 5.66　土层质量分布示意图

点处到坡脚的距离。其中

$$m_{s1} = \rho_1 S_H \left(\frac{S_V}{2} + S_0 \right) h_1 \left(\frac{1}{\tan\psi} - \frac{1}{\tan\beta} \right) \tag{5.60}$$

$$m_{sn} = \rho_n S_H \left(\frac{S_V}{2} + S_P \right) h_n \left(\frac{1}{\tan\psi} - \frac{1}{\tan\beta} \right) \tag{5.61}$$

土体颗粒的最大位移可由下式求得[141]：

$$u_0 = \frac{1}{2\pi} K' \gamma_t T \frac{1-\mu}{E_s} \frac{y}{H} f(\zeta) \tag{5.62}$$

式中，K' 为地震系数，$K'=a/g$；γ 为土的重度；υ_t 为地震纵波在土中的传播速度；T 为土的振动周期，$T = \frac{2\pi\cos\omega t}{\omega}$；$\mu$ 为土的泊松比；E_s 为土的总变形模量；y 为挡墙计算点的纵坐标，坐标原点位于墙底处。

根据式（5.57）～式（5.62），地震时支挡结构上的土压力强度：

$$p_a = \frac{m_{si} K' \gamma_t T (1-\mu) f(\zeta) \omega^2 \sin\omega t}{2\pi E_s H} y \tag{5.63}$$

$f(\zeta)$ 为无穷函数 $z=(\zeta)$ 的导数，其值可由 Swas-Chrisdorfer 变换求得：

$$z = C \int_0^\zeta x^{\left(\frac{1}{2}+a\right)} (x-1)^{\left(b-a-\frac{1}{2}\right)} (x-2)^{-b} \mathrm{d}x \tag{5.64}$$

k 为常量，根据初始条件 $\alpha=a\pi$ 和 $\beta=b\pi$ 来确定。

则作用在框架锚杆结点处的动土压力为：

$$E_{ai} = \frac{[p_a H + p_a (H - s_0 - (i-1)s_v)][s_0 + (i-1)s_v]}{2}, \quad i=1,2,\cdots,n \tag{5.65}$$

5.6.3　框架结构动力分析模型及控制方程

本书仅考虑水平地震作用，为简化计算，采用集中质量法进行框架结构地震响应分析，把锚杆简化为弹簧支座，以锚杆与框架相交结点为中心，上下各取锚杆竖向间距的一半对柱和面板进行质量集中，左右各取锚杆水平间距的一半对梁和面板进行质量集中，框架的最上层质量的一半集中在第一个支座处，最下层质量的一半集中在最后一个支座处，如图 5.67 所示。取一榀框架柱为计算单元，如图 5.68 所示，按 n 个多自由度系统的运动方程进行分析，其反应的控制微分方程如下[140,142]：

$$[M]\{\ddot{U}\} + [C]\{\dot{U}\} + [K]\{U\} = -[M]\{I\}\ddot{u}_g + \{E_a\} \tag{5.66}$$

式中，$\{I\}$ 为单位向量；u_g 为水平地震激励；$[M]$ 为框架体系质量矩阵；$[C]$ 为阻尼矩阵，在地震反应振型分析中不需要考虑阻尼矩阵，仅考虑振型阻尼比 ζ_n；$[K]$ 为刚度矩阵；质量矩阵：

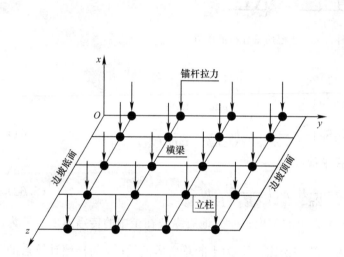

图 5.67　框架结构动力分析模型平面布置简图

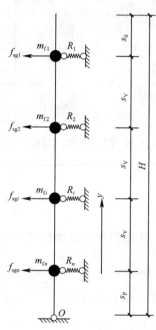

图 5.68　立柱计算单元简图

$$[M] = \begin{bmatrix} m_{f1} & & & & \\ & m_{f2} & & & \\ & & \ddots & & \\ & & & m_{fn} \end{bmatrix} \tag{5.67}$$

刚度矩阵：

$$[K] = [K]^k + [K]^m \tag{5.68}$$

式中，$[K]^k$ 为框架和挡土板的等效剪切刚度矩阵；$[K]^m$ 为锚杆支座的弹性矩阵。

$$[K]^k = \begin{bmatrix} k_{11}^k & k_{12}^k & & & & \\ k_{21}^k & k_{22}^k & \ddots & & & \\ & \ddots & \ddots & \ddots & & \\ & & \ddots & \ddots & \ddots & \\ & & & \ddots & k_{n-1,n-1}^k & k_{n-1,n}^k \\ & & & & k_{n,n-1}^k & k_{n,n}^k \end{bmatrix} \tag{5.69}$$

$$[K]^{\mathrm{m}} = \begin{bmatrix} k_{11}^{\mathrm{m}} & & & & & \\ & k_{22}^{\mathrm{m}} & & & & \\ & & \ddots & & & \\ & & & \ddots & & \\ & & & & k_{n-1,n-1}^{\mathrm{m}} & \\ & & & & & k_{n,n}^{\mathrm{m}} \end{bmatrix} \quad (5.70)$$

集中质量表达式：

$$m_{\mathrm{f1}} = \left[(s_0 + s_{\mathrm{V}}/2)ab + s_{\mathrm{H}}cd\right]\rho_{\mathrm{k}} + (s_{\mathrm{H}} - a)(s_0 + s_{\mathrm{V}}/2 - c)l\rho_{\mathrm{t}} \quad (5.71)$$

$$m_{\mathrm{f}i} = (s_{\mathrm{V}}ab + s_{\mathrm{H}}cd)\rho_{\mathrm{k}} + (s_{\mathrm{H}} - a)(s_{\mathrm{V}} - c)l\rho_{\mathrm{t}}, \quad i = 2, \cdots, n-1 \quad (5.72)$$

$$m_{\mathrm{fn}} = \left[(s_{\mathrm{P}} + s_{\mathrm{V}}/2)ab + s_{\mathrm{H}}cd\right]\rho_{\mathrm{k}} + (s_{\mathrm{H}} - a)(s_{\mathrm{P}} + s_{\mathrm{V}}/2 - c)l\rho_{\mathrm{t}} \quad (5.73)$$

式中，s_{H}、s_{V} 分别为锚杆水平间距和竖向间距；a、b 为立柱截面尺寸；c、d 为横梁截面尺寸；l 为挡土板厚度；ρ_{k}、ρ_{t} 为分别为梁柱的密度和挡土板的密度。

框架和面板的等效剪切刚度矩阵，按连续剪切梁计算，其宽度取锚杆的水平间距[143]。

弹性支座刚度系数计算：

$$k_{ij}^{m} = \frac{1}{c_{ij}^{m}} \quad (5.74)$$

式中，c_{ij}^{m} 为柔度系数，其含义为在单位力作用下支座的变形量，支座的变形量主要考虑锚杆锚固段在稳定土体中的弹性变形 L_{a}。因此在单位力作用下锚杆支座弹性变形量为：

$$c_{ij}^{m} = \frac{L_{\mathrm{a}}}{R} = \frac{L_{ij}^{\mathrm{a}}}{A_{\mathrm{d}ij}E_{\mathrm{d}ij}} \quad (5.75)$$

式中，$A_{\mathrm{d}ij}$ 为第 i 层、第 j 排锚杆锚固段截面面积；$E_{\mathrm{d}ij}$ 为第 i 层、第 j 排锚杆锚固段弹性模量；L_{ij}^{a} 为第 i 层、第 j 排锚杆锚固段长度。

5.6.4　框架结构振型反应分析及支座反力求解

对于水平简谐振动，设 $u_{\mathrm{g}} = U_{\mathrm{g}}\sin\bar{\omega}t$，其中，$U_{\mathrm{g}}$ 为简谐运动振幅。

由于式（5.66）是多自由度体系的运动方程，为求得其解，采用振型分解法，与其对应的 n 个独立单自由度方程式为：

$$\ddot{q}_n + 2\zeta_n\omega_n\dot{q}_n + \omega_n^2 q_n = \eta_l\bar{\omega}^2 U_{\mathrm{g}}\sin\bar{\omega}t + E_l \quad (5.76)$$

式中，$\eta_l = \dfrac{\{\phi\}_n^{\mathrm{T}}[M]\{I\}}{\{\phi\}_n^{\mathrm{T}}[M]\{\phi\}_n}$，$E_l = \dfrac{\{\phi\}_n^{\mathrm{T}}[E_{\mathrm{a}}]}{\{\phi\}_n^{\mathrm{T}}[M]\{\phi\}_n}$；$\zeta_n$ 为振型阻尼比；ω_n 为固有频率；$\{\phi\}_n$ 为固有振型；η_l 为振型参与系数；E_l 为振型控制土压力。

由于初位移和初速度都为零，式（5.76）的解为：

$$\begin{aligned} q_n(t) = {} & \frac{\eta_l}{\bar{\omega}_n}\int_0^t e^{-\xi_n\bar{\omega}(t-\tau)}\bar{\omega}^2 U_{\mathrm{g}}\sin\bar{\omega}t\sin\bar{\omega}_n(t-\tau)\mathrm{d}\tau \\ & + \frac{E_l}{\bar{\omega}_n}\int_0^t e^{-\xi_n\bar{\omega}(t-\tau)}\sin\bar{\omega}_n(t-\tau)\mathrm{d}\tau \end{aligned} \quad , \quad (l = 1, 2, \cdots, N) \quad (5.77)$$

其中，$\bar{\omega}_n = \omega_n\sqrt{(1-\xi_n)}$。

则方程（5.66）的解为：

$$\{u(t)\} = \sum_{n=1}^{N} \{\phi\}_n q_n(t) \tag{5.78}$$

即框架结构的动力位移为：

$$\{u(t)\} = \sum_{n=1}^{N} \{\phi\}_n q_n(t) \tag{5.79}$$

拟静力位移为：

$$\{u^{s}(t)\} = \sum_{l=1}^{N_g} \{\eta_l\} u_{gl}(t) \tag{5.80}$$

其中，$u_{gl}(t)$ 为支座位移，其值与式（1）中地震时土体颗粒产生的位移相等，即 $u_{gl}(t) = u_t$。

从而得框架结构各自由度的总位移：

$$\{u^{t}(t)\} = \sum_{l=1}^{N_g} \{\eta_l\} u_{gl}(t) + \sum_{n=1}^{N} \{\phi\}_n q_n(t) \tag{5.81}$$

基于等效静力的方法，框架结构沿支座方向的等效静力，即支座反力可表示为：

$$\{f_{sg}(t)\} = k_n^m \{u^{t}(t)\} = k_n^m \Big(\sum_{l=1}^{N_g} \{\eta_l\} u_{gl}(t) + \sum_{n=1}^{N} \{\phi\}_n q_n(t) \Big), \quad (n = 1, 2, \cdots, N)$$

$$\tag{5.82}$$

从而得出框架锚杆支挡结构中锚杆轴力为：

$$N_n(t) = \frac{k_n^m \Big(\sum_{l=1}^{N_g} \{\eta_l\} u_{gl}(t) + \sum_{n=1}^{N} \{\phi\}_n q_n(t) \Big)}{\cos\alpha} \tag{5.83}$$

式中，α 为锚杆与水平面的夹角。

5.7 本章小结

本章首先基于国内现有山区机场高填方边坡变形案例和对 3# 高填方边坡滑移变形过程进行监测，同时，根据推测滑移面位置对滑带土强度参数进行反演分析。其次，提出了山区高填方边坡不同变形阶段的时空演化特征与变形速率预警判据，揭示了其变形破坏机理。第三，初步探讨了变模量双强度折减法评价高填方边坡稳定性的新思路。最后，依据框架锚杆支护体系的作用机理，在建立分析模型时分为两步，即把框架锚杆支护边坡结构体系分为动土压力模型和框架锚杆支挡结构动力模型两部分。获得主要结论如下：

（1）首次对这种高填方边坡变形全过程及机制进行时空综合分析，取得多项认识。

① 山区高填方边坡变形以沉降为主、兼有明显水平侧向位移，属于典型的人工加载的"后推式"滑移类型；填筑土体或原地基土体中相对软弱夹层一般最先发展为前缓后陡的滑移面，地下水位上升可显著降低滑带土黏聚力和边坡稳定系数。

② 从空间上来看，裂缝形成与发展主要包括后缘拉裂缝形成、中部侧翼剪切裂缝产生、前缘隆胀裂缝形成 3 步；时间上，变形一般经历初始变形、匀速变形、稳定收敛或加速变形 3 个阶段，不同变形阶段裂缝演化与变形规律不同。

③ 正常施工过程中高填方边坡变形速率连续 3 天大于 0.3mm/d 应引起警示，连续 3 天大于 0.8～1mm/d 应当报警，若变形速率超过 20～50cm/d，则整个滑面贯通，坡体开

始整体滑移。

④ 剪切试验过程中试样变形和应力状态在宏观上与高填方边坡变形时空演化与破坏机理对应；后缘首先发生变形，常处于破坏后区状态，变形破坏渐近发展，前缘处于峰值应力之前的状态，前缘和后缘之间处于临界应力状态。

⑤提高填筑土体压实度、降低水位、设置土工织物均能有效提高填方的稳定性，但原地基处理合格与否直接决定其上部高填方边坡能否稳定。

（2）基于双强度折减法，结合修正的 Duncan-Chang 模型和非饱和土破坏时的强度准则，建立了变模量双强度折减法。进行高填方边坡稳定性分析时，与强度折减法（包括双强度折减法）相比，能够在准确求得边坡安全系数的同时获得更加符合实际的变形场；与变模量弹塑性强度折减法相比，本书方法折减机制更加符合实际，所求得的边坡变形场应当更加可靠，值得进一步探索。

（3）分别建立水平地震作用下，土压力的动力计算模型和框架锚杆结构的动力计算模型，求解了在地震力作用下的土压力和框架结构的位移响应以及支座反力。给出的计算模型可以比较准确地反映框架锚杆的受力情况，能够实现框架、锚杆和土体的协同工作计算，保证了支护结构的安全、可靠；通过该简化计算模型可以得到框架锚杆支护边坡在水平地震作用下锚杆的轴力响应。

第6章　高填方时空综合监测与分析

当前，平山填沟造地、填海造地和山区高填方机场等大面积高填方工程急剧增多，高填方设计和施工仍处于初级的经验积累阶段。实际施工过程中，虽然工程师们也采用了一些信息化设计施工技术，主要包括外部变形监测（采用水准仪、经纬仪、全站仪、GPS等）和内部变形监测（采用测斜仪、多点位移计等），并及时将观测成果反馈。但对于近年具有地域特点和大量难点的高填方工程而言，监测手段也在不断进步（常用监测项目及监测方法见表6.1），但大多需要通过人工频繁观测方式（采集数据样本有限），测量干扰因素多、误差大、耗时费力、与施工相互干扰大，对工程师们的主观经验依赖性强，在需要加密或全天候监测时显得盲目与被动，监测预警不准确及时，因此，有不少发生失稳或沉降变形过大而未预警的实例。

高填方常用监测项目及监测方法　　　　　　　　　　　　　　　　　　表 6.1

监测项目				监测方法
高填方地基	变形	表面变形	地表沉降	沉降标、水准仪、全站仪
			水平位移	位移观测标、全站仪
		内部变形	分层沉降	分层沉降标或分层沉降仪、单点沉降计
			水平位移	测斜仪
		地表裂缝		观测标、直尺
	应力	孔隙水压力		孔隙水压力计
		土压力		土压力盒
	其他	地下水位		观测孔、水位计
		盲沟出水量		水量计、流速仪、围堰等
高填方边坡	变形	地表变形监测		观测标、水准仪、全站仪
		内部变形监测		测斜仪、分层沉降计
		裂缝监测		观测标、直尺、裂缝仪
	应力	孔隙水压力监测		孔隙水压力计
		土压力监测		土压力盒
	其他	降雨量监测		雨量计
		地表水监测		流量计、流速仪、围堰等
		地下水监测		水位观测孔、水位计、流量计等

解决此问题最有效的途径就是开发一种新的综合监测系统，伴随施工过程和工后对高填方进行实时原位监测[144]，提高监测对工程的反馈效率和精度，真正实现信息化设计和施工，有效减少高填方地基施工过程或工后沉降，对高填方边坡变形及坡体内孔隙水压力改变等可能引发的滑坡灾害提前预警，具有重要理论和应用价值。

6.1　监测内容与监测方案

6.1.1　监测目的

依托机场位于陇南成县丘陵区，地形起伏变化较大，跑道施工需要对原场地进行大规模的挖填改造，最大填方高度约 60m，填方量约 1260 万 m^3。场区工程地质条件复杂，勘察揭露地层依次为：填土层 Q_1^{ml}、粉质黏土层 Q_4^{dl+pl}、强风化泥质砂岩层 N_2、中风化泥质砂岩层 N_2，基岩表面起伏较大，覆盖土层厚度不均。场地地下水以第四系松散类孔隙潜水为主，局部为地表水下渗形成的上层滞水和基岩裂隙水，埋深 0.40～10.00m，在跑道山梁两侧沟谷低洼处均有分布，主要分布于梁峁及缓坡洼地的粉质黏土覆盖层厚度较大地段，全场粉质黏土层分布厚度不均，且渗透系数很小，使得沉降变形速率较慢。因而经过深挖高填改造后，本机场高填方地基的沉降和差异沉降、高填方边坡稳定等问题需要从时间和空间上做出准确判断和处理，同时为确保机场建设过程和工后运营安全，均需对高填方地基变形、应力及地下水进行综合监测：

（1）通过对原地基土体、填筑体内部及道面的沉降监测，研究填方加载期和工后一定时间内原地基土体固结过程与填筑体压缩变形过程，为高填方地基的沉降与不均匀沉降分析提供依据，根据高填方地基沉降变形规律预测其工后沉降。

（2）通过对原地基土体、填筑体内部及坡面的水平位移监测，为高填方边坡局部稳定与整体稳定判定提供依据。

（3）通过对原地基土体和填筑体内部的土压力、孔隙水压力监测，掌握填方加载期和工后一定时间内地基中土压力、孔隙水压力的变化规律，为高填方变形机理分析和计算提供依据。

（4）通过上述综合原位监测，确保本机场建设的信息化设计和施工，为相关高填方工程建设和规范制定提供参考。

6.1.2　监测内容与方法

高填方变形包括高填方地基和高填方边坡变形，变形主要指竖向沉降和侧向位移，其中高填方地基主要监测分层沉降与总沉降、土压力、孔隙水压力及含水量等时空变化。高填方边坡主要监测坡顶沉降、深层水平位移、坡体内部孔隙水压力的时空变化。高填方地基和高填方边坡变形主要采用无线远程综合监测。其中无线远程综合监测在机场试验段进行，常规工后变形监测分布于全场区典型部位（道槽区、土面区和航站区），下面主要介绍无线远程综合监测。

6.1.3　无线远程综合监测方案

（1）监测系统设计[126,144]

根据设计挖填方高度情况，按照潜在危险性较大部位、工程重点部位及地质条件较差部位、尽量节约投资，合理缩短工期的原则，结合机场平面布置和场区实际条件，选择场区西端头一段道槽区及北侧土面区试验段（图 2.1）。试验段位于道槽最大填方区，同时包含挖方和填方高边坡及大面积施工所遇到的各种工况，在此进行现场监测具有代表性（图 6.1），对后续施工具有典型指导意义。

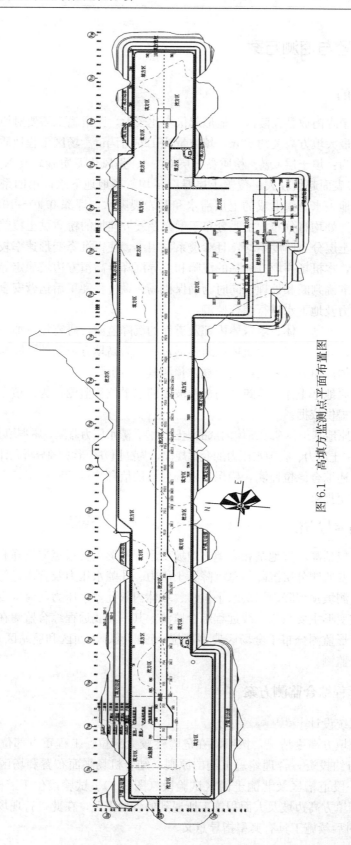

图 6.1 高填方监测点平面布置图

根据现场实际地形可知试验段冲沟填筑体可近似为"簸箕"形，且道槽部位距坡面临空方向最近有 100 余米距离，对填筑体稳定性要求很高，针对本机场高填方地基变形和高填方边坡稳定性问题，沿着试验段最深的冲沟在道槽区、土面区和边坡区分别进行监测，监测的主要内容与测点布置如下：

① 高填方地基深部监测

结合试验段地下水与盲沟走向及泉眼分布，兼顾典型与重要区域，沿冲沟向外在土基区选择 1# 点（坐标 P：4006、H：4027.5）、土面区选择 2# 点（坐标 P：4006、H：4071.5）、边坡区选择 3# 点（坐标 P：4006、H：4112.5），分别在 3 个地基监测点处伴随填方施工每 6m 高布置一个电感式分层沉降计，测试填土分层沉降；每一级边坡填至设计标高时，埋设一个单点沉降计，测试填筑体的总沉降与分层沉降；每填 6m 高布置一个孔隙水压力计、TDR 水分计和 2 个土压力盒（2 个土压力盒对角布置），测试填土内部的孔隙水压力、含水量和土压力。

② 高填方地基地表监测

填至设计标高后，结合原始地形，沿巡场路边线和跑道中心线布置地基表面沉降监测点，测试填土较厚、地形起伏较大和挖填交界等部位的地表沉降。

③ 高填方边坡深部监测

伴随填方施工的进行，每一级边坡填至设计标高时，分别在第一、三、五级边坡埋设孔隙水压力计，从马道地表孔口向下每隔 6m 布置一个孔隙水压力计，测试坡体内部孔隙水压力变化；分别在第二、四、六级边坡埋设管内固定式测斜仪，测斜探头从马道地表孔口向下每隔 6m 布置一个，测试边坡深层土体侧移变化。

④ 高填方边坡地表监测

每一级边坡填至设计标高时，在马道地表从刷坡线一侧向下一级坡脚一侧后退 50cm 埋设边坡沉降位移监测点，每级马道埋设 3 个测点，第 2# 测点与孔隙水压力或测斜仪位置一致，第 1#、3# 测点分别位于 2# 测点两侧 30m 处，测点采用预制的长宽高为 30cm×30cm×40cm 混凝土块，测试每级边坡竖向沉降和水平向位移变化。

（2）监测系统构成

高填方变形无线远程综合监测系统[144]由传感器系统、信息采集系统、无线远程传输系统和数据管理分析系统构成；高填方施工过程中和工后的多种信息可通过传感器系统和数据采集系统采集、存储数据，利用基于移动互联网的传输系统将监测结果直接传递到监测单位上网电脑的数据管理分析系统，如图 6.2 所示。

传感器系统包括监测高填方地基总沉降和分层沉降的单点沉降计、监测高填方地基不同填高土层土压力的土压力盒、监测高填方地基不同填高土层内孔隙水压力的孔隙水压力计、监测高填方地基不同填高土体内含水量的土壤湿度传感器和监测高填方边坡不同填高坡体内孔隙水压力的孔隙水压力计、监测高填方边坡不同填高坡体深层水平位移的测斜仪；各传感器伴随填土施工埋设到设计点位，通过测试导线与数据采集系统连接，埋设测试导线前套上 PVC 钢丝软管。

数据采集系统依据接入各传感器信号传输的不同有 A 型数据采集模块和 I 型数据采集模块，二者通过太阳能供电设备供电；其中单点沉降计、土压力盒和孔隙水压力计属于智能型弦式传感器，用 A 型数据采集模块采集数据；测斜仪输出电压信号，用 I 型数据采集模块采集数据，土壤湿度传感器输出电流信号，根据其软件通信协议，添加高精密电阻后，将电流信号转变为电压信号，接入Ⅰ型数据采集模块采集数据。数据采集系统的各采集模块用测试导线串联。

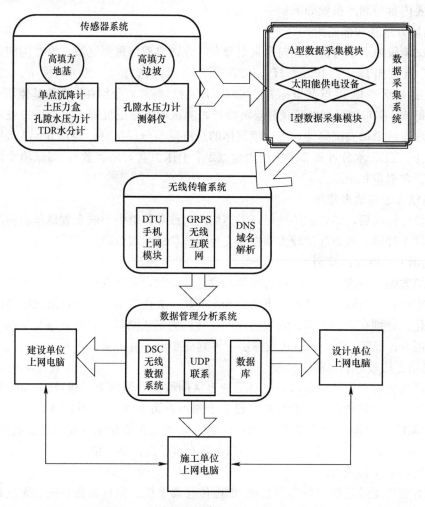

图 6.2　无线远程综合监测系统构成示意图

无线传输系统主要包括 DTU 手机上网模块、GRPS 无线数据互联网和 DNS 域名解析。其中域名服务商提供的域名设置到现场的 DTU 手机上网模块中，通过太阳能供电设备供电，用户电脑在现场或远程通过域名服务商提供的登录软件，建立使用者电脑的 IP 与域名联系；现场 DTU 手机上网模块通过 GRPS 无线数据互联网上网，经 DNS 域名解析找到与该域名对应的 IP 地址，实现传感器采集的数据无线远程传输。

数据管理分析系统主要包括 DSC 无线数据系统、UDP 联系和数据库。其中 DSC 无线数据系统在使用者的上网电脑上安装，利用 GRPS 无线数据互联网的互联网功能，通过约定域名的方式，建立 DTU 手机上网模块与上网电脑之间的 UDP 联系，采集积累数据、形成数据库。

（3）监测系统安装

1）传感器系统埋设安装

监测开始施工时，现场填方高程约为 1100m，即三级平台，为便于施工控制，将一～三级平台施工作为第一工况，后续每级平台施工分别为第二、三、四工况。伴随填方施工过程，分层布设传感器；同时在一～六级边坡平台上选择相应点位钻竖直孔布置传感器，坐标为 P：4006m、H：距起坡线约 1m 处，传感器剖面布置见图 6.3，第一层传感器位于原地基的粉质黏土层内。现场埋设见图 6.4，具体埋设安装过程如下：

单点沉降计埋设安装。①原地基平整、清理后，在工况一土基区 1# 点、土面区 2# 点单点沉降计埋设位置处钻孔，孔径 110mm，钻孔铅垂，孔深达到基岩；②根据孔深分别计算出所需加长杆的长度，并配齐加长杆接头；③将底层锚头、PVC 管、加长杆等按说明组装，第一节加长杆与组装好的部分连接，并向 PVC 管内灌入砂浆；④采用预先准备好的细绳将组合件送入孔底，同时逐节接好加长杆，具体过程详见文献［144］；⑤最后连接单点沉降计，挖槽引出导线至高填方坡面处，待下一步施工。

伴随高填方施工的进行，在 1# 点和 2# 点不同设计标高处分别安装 4 个单点沉降计，将测试导线套上 PVC 钢丝软管，挖槽引出至高填方坡面处，待下一步施工；如此，即可实时监测高填方地基施工过程和工后不同填高土体处的分层沉降和总沉降。

土压力盒埋设安装。①原地基平整、清理后，在工况一土基区 1# 点、土面区 2# 点和边坡区 3# 点土压力盒埋设位置处挖孔，深约 40cm，孔径不小于 30cm，其中 1# 点和 2# 点每个测点处土压力盒对称布置 2 个；②孔底平铺 8～12cm 细砂，然后土压力盒承压膜面朝上水平放入孔内，再用细砂回填压实，油压清零；③土压力盒的测试导线套上 PVC 钢丝软管进行保护，挖槽引出至高填方坡面处，待下一步施工。

伴随高填方施工的进行，在土基区 1# 点、土面区 2# 点和边坡区 3# 点土压力盒不同设计标高处分别埋设 16 个、18 个和 9 个土压力盒，将测试导线套上 PVC 钢丝软管，挖槽引出至高填方坡面处，待下一步施工；如此，即可实时监测高填方地基施工过程和工后不同填高土体处所受压力。

孔隙水压力计埋设安装。①原地基平整、清理后，在工况一土基区 1# 点、土面区 2# 点和边坡区 3# 点孔隙水压力计埋设位置处挖孔，挖孔深约 40cm，孔径不小于 20cm；②孔隙水压力计竖直放入孔内，底部填入 5cm 深中砂压实垫平，在其周围用中砂填满、压实；③孔隙水压力计的测试导线套上 PVC 钢丝软管进行保护，挖槽引出至高填方坡面处，待下一步施工。

伴随高填方施工的进行，在高填方地基的土基区 1# 点、土面区 2# 点和边坡区 3# 点孔隙水压力计不同设计标高处分别埋设 8 个、9 个和 9 个孔隙水压力计，在高填方边坡一三五级平台钻孔中分别埋设 2 个、5 个和 7 个孔隙水压力计；将测试导线套上 PVC 钢丝软管，前者挖槽引出至高填方坡面处，后者在高填方边坡平台上适当保护，待下一步施工；如此，即可实时监测高填方施工过程和工后不同填高处地基和边坡内部土体孔隙水压力的大小。

土壤湿度传感器埋设安装。①原地基平整、清理后，在工况一土基区 1# 点、土面区 2# 点和边坡区 3# 点土壤湿度传感器埋设位置处挖孔，挖孔深约 40cm，孔径不小于 20cm，土壤湿度传感器为 TDR-3 型；②用填料制作泥浆，土壤湿度传感器竖直插入孔内，底部填入 5cm 深中砂压实垫平，在其周围用泥浆填满；③土壤湿度传感器的测试导线套上 PVC 钢丝软管进行保护，挖槽引出至高填方坡面处，待下一步施工。

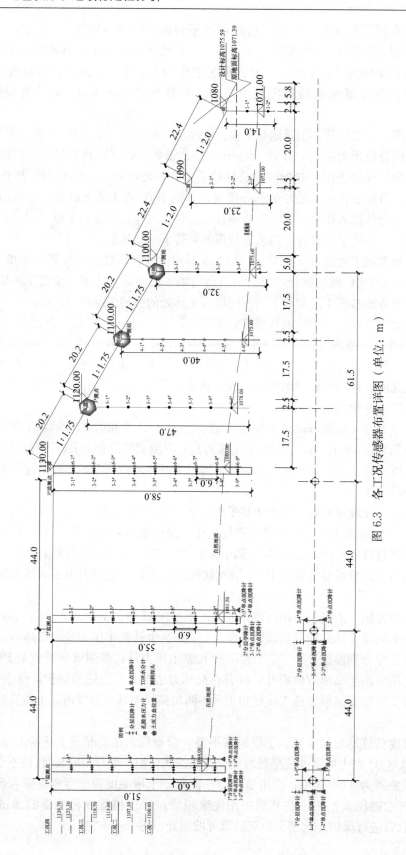

图 6.3 各工况传感器布置详图（单位：m）

图 6.4　传感器系统与数据采集系统埋设图

(*a*) 2# 地基测点部分传感器；(*b*) 分层沉降计与单点沉降计安装；(*c*) 刻槽埋导线；(*d*) 边坡测斜仪埋设；
(*e*) 边坡孔隙水压力计埋设；(*f*) 数据采集基站

伴随高填方施工的进行，在土基区 1# 点、土面区 2# 点和边坡区 3# 点土壤湿度传感器不同设计标高处分别埋设 8 个、9 个和 9 个土壤湿度传感器，将测试导线套上 PVC 钢丝软管，挖槽引出至高填方坡面处，待下一步施工；如此，即可实时监测高填方地基施工过程和工后不同填高土体处含水量的大小。

测斜仪埋设安装。①高填方边坡施工至二级平台设计标高处后，将平台平整、清理后，在设计点位处钻孔，孔径 127mm，钻孔铅垂、达到基岩；②根据实际孔深，将测斜管一节一节连接、放入孔内，节与节连接牢靠，再用土工布缠绕 2～3 圈把接头部分全部包裹，防止泥沙等异物从接头部位进入管内；③根据孔深和滑动式倾角综合探头自身长度计算出所需加长杆的长度，并配齐加长杆万向接头；④采用万向接头和加长杆将滑动式倾角综合探头连接，依次安装放入钻孔内；⑤测斜仪的测试导线套上 PVC 钢丝软管进行保护，在高填方边坡二级平台上挖槽保护，待下一步施工。

伴随高填方施工的进行，在高填方边坡二四六级平台设计标高处分别安装测斜仪，并将测试导线套上 PVC 钢丝软管，在高填方边坡平台上适当保护，待下一步施工。如此，即可实时监测高填方施工过程和工后不同填高处边坡内部土体侧向位移的大小。

2）数据采集系统设计与安装

单点沉降计、土压力盒和孔隙水压力计属于智能型弦式传感器，用 A 型数据采集模块采集数据，根据接入测试导线线路个数的多少，选择 1A、8A、16A 和 32A 四种 A 型数据采集模块进行组合，组合模块的总通道数等于或略大于传感器个数；测斜仪输出电压信号，用 I 型数据采集模块采集数据，土壤湿度传感器输出电流信号，根据其软件通信协议，添加高精密电阻后，电流信号转变为电压信号，可接入 I 型数据采集模块实现实时无线远程监测，采用 510Ω、15W 的高精密电阻，根据接入测试导线线路个数的多少，选择 1 I 、8 I 、16 I 和 32 I 四种 I 型数据采集模块进行组合，组合模块的总通道数等于或略大于传感器个数。根据不同填方高度处埋设传感器的个数，考虑 A 型数据采集模块和 I 型数据采集模块的布设位置及个数，同时使得各传感器接入采集模块的测试导线最短、施工过程中采集数据最大化。

数据采集系统具体安装步骤如下：①根据现场实际情况，在三级平台孔隙水压力计埋设点东侧 3m 靠坡脚处修筑 1# 测站，预埋太阳能电池板钢管支架，同时安装好太阳能供电设备；测站侧面预留洞口，供导线穿入；②分别安装 2 个 32A 采集模块、1 个 16 I 采集模块；将导线接入采集模块；③连接好电源线和 485 通信线；在计算机端连接 USB 转 485 转换线，转换线 485 端与采集模块 485 线相连；在计算机上安装总线型传感器软件和转换线的驱动；④给采集模块供电，电路启动检测一次，如果绿灯亮后熄灭，则确定仪器和传感器连接正常；当传感器未连接好时绿灯闪烁后熄灭，重新连接传感器线；⑤打开计算机总线型传感器软件，对采集模块各项功能进行测试；⑥依次完成四、五级边坡 2# 测站和 3# 测站的各项安装工序；最后将 1# ～3# 测站的所有模块串联。

3）将数据采集模块用测试导线串联，安装手机上网流量卡，进行无线传输系统安装与调试。

4）数据管理分析系统安装：①在用户电脑上安装数据采集系统，建立 DTU 手机上网模块与用户的联系；②运行花生壳程序，登陆相应域名，等待花生壳将域名解析为对应的 IP 地址；③启动服务，选择 UDP 联系模式，拨打手机终端中放置的电话卡，将终端唤醒，使终端登录到因特网；④等待一段时间后，手机终端登录到软件上，在软件中出现终端登录号；⑤点击相应的终端号码，则此终端号码会在选择操作对象的终端号码框中出现；⑥设置相应的模块编号、模块类型即可同有线采集一样进行其他操作。

5）监测系统调试正常后，开始运行无线远程监测系统：监测单位上网电脑采集到的数据通过互联网传递到建设单位上网电脑、设计单位上网电脑和施工单位上网电脑，实现高填方变形无线远程综合监测。

6.1.4 常规工后变形监测方案

（1）监测系统设计

根据机场建设项目的特点和总平面规划图，《民用机场岩土工程设计规范》按照用地功能一般将场地分为飞行区道面影响区、飞行区土面区、航站区工作区、预留发展区和填方边坡稳定影响区 6 个区域。规范仅对飞行区道面影响区和土面区地基沉降变形指标作了初步规定，见表 6.2。但由于高填方地质条件的复杂性和不均匀性，实际工程中通过理论准确预测使用年限内的工后沉降很难做到，需要根据实测变形数据并结合具体工程条件进行预测和判断，力求相对合理；对于道面开始施工时间，则需要根据工程特点并参考类似高填方机场工程的经验确定，一般当连续两个月的变形量均在 5mm 以内时，初步认为接近道面工程施工的条件，具体需结合变形收敛情况和地质条件进行综合判断。

飞行区地基工后沉降和工后差异沉降　　　　　　　　　　　　　　　　　　表 6.2

场地分区		工后沉降（m）	工后差异沉降（%）
飞行区道面影响区	跑道	0.2～0.3	沿纵向 1.0～1.5
	滑行道	0.3～0.4	沿纵向 1.5～2.0
	机坪	0.3～0.4	沿排水方向 1.5～2.0
飞行区土面区		应满足排水、管线和建筑物等设施的使用要求	

考虑监测点能反映整个填方体和原地基的变形情况，且少受施工影响、便于实施监测和利于保护，土方填筑完成后，结合地形和实际施工情况，在高填方顶面及填挖交界线附近的部位布置沉降监测点，具体位置及编号见图 6.1。根据监测数据变化情况和工程实际需要监测点进行适当加密。沉降监测采用测量精度 ±0.3mm 的水准仪进行，水平位移监测采用测角精度 2″、测距精度 3000m、2mm＋2ppm 的徕卡全站仪进行。

（2）监测频率

参照建筑、铁路和公路监测规范，对于不同监测对象，在施工期间的监测频率结合施工速率和天气等影响及时调整。工后初期的 3～6 个月，监测频率逐步由 1 次/7d 扩大到 1 次/15d，根据监测趋势，监测频率逐步扩大为 1 次/30d。工作基点与水准基点定期联测。

6.2　无线远程综合监测结果分析

监测开始时，现场填方高程已施工至约 1100.0m（三级边坡高度），设计填方高程为 1130.0m，故将一～三级边坡填方平台监测作为第一工况，剩余四、五、六级边坡逐步施工，后续每级平台监测记为第二、三、四工况。

6.2.1　高填方地基沉降时空监测

试验段高填方地基时空变形监测分为填方加载期沉降变形监测和加载完成后（工后一定时间）沉降变形监测两个阶段，仪器采用单点沉降计和分层沉降计两种传感器。第一工况 1# 地基监测点处的单点沉降计为 1-1#、分层沉降计为 1# 孔（自三级平台向下间隔 6m 布置一个沉降磁环，分别是 1-1#、1-2#、1-3# 和 1-4# 沉降磁环），2# 地基监测点处的单点沉降计为 2-1#、分层沉降计为 2# 孔（自三级平台向下间隔 6m 布置一个沉降磁环，分别 2-1#、2-2#、2-3# 和 2-4# 沉降磁环），第二、三、四工况 1# 地基监测点处的单点沉降计为 1-2#、1-3# 和 1-4#，2# 地基监测点处的单点沉降计为 2-2#、2-3# 和 2-4#，平面、剖面布置见图 6.1 和图 6.3。监测系统可以实时测量传感器数据并且将数据保存在模块中，考虑采集数据量过大会影响后期数据处理时效性，故设定每天正午 12 点和夜间 24 点分别采集 1 次，为避免施工等因素干扰，下文对夜间 24 点的监测结果进行分析。

（1）加载期填方沉降变形监测结果

虽然单点沉降计正常工作时加长杆周围存在填充砂子的侧限约束，但当上部填方荷载较大时，其加长杆（长径比大于 1000）会产生挠曲变形。假定单点沉降计底部固定，则顶端会随着挠曲变形产生下降，该部分变形包括在总沉降量中；参考不同杆端约束下细长压杆临界力的欧拉公式和文克勒地基上梁的计算，求出最大侧向挠曲变形对应的侧压力后，根据虚功原理可计算出最大侧向挠曲变形对应的杆端沉降量。分析上部填土产生的累计沉降变形时将加长杆挠曲沉降变形减除。

① 单点沉降计监测结果

在 2014 年 8 月 10 日至 2015 年 1 月 10 日填方加载期间，各级填方平台的单点沉降计监测的其下填土和原地基沉降量与沉降速率监测结果见图 6.5。

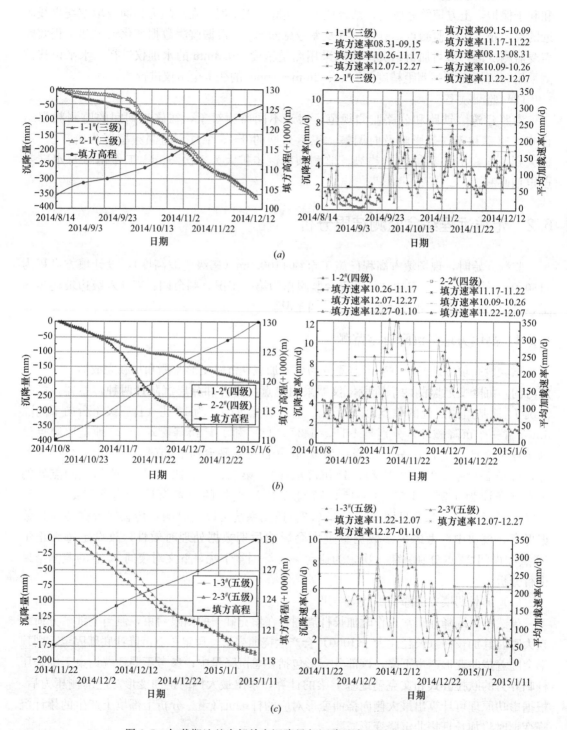

图 6.5 加载期地基内部单点沉降量与沉降速率历时曲线（一）

（a）三级平台单点沉降量（左）与沉降速率（右）历时曲线；（b）四级平台单点沉降量（左）

与沉降速率（右）历时曲线；（c）五级平台单点沉降量（左）与沉降速率（右）历时曲线

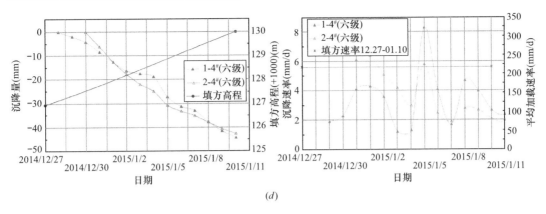

图 6.5　加载期地基内部单点沉降量与沉降速率历时曲线（二）

（d）六级平台单点沉降量（左）与沉降速率（右）历时曲线

分析图 6.5 可知，三级平台 1-1$^#$ 和 2-1$^#$ 单点沉降计自 2014 年 8 月 14 日、15 日安装后，随着填方加载沉降量增大，二者累计沉降量均于 2014 年 12 月 18 日到达满量程（400mm）；截至加载停止，其上部实际填土高度约为 27m，累计沉降量分别为 355mm、361mm，沉降速率分别界于 0.7～7.6mm/d、0.3～10.8mm/d。1-1$^#$ 点、2-1$^#$ 点 2014 年 9 月 27 日后随着平均填土速率的增加而明显增大，由图 6.5（a）知沉降速率增大为 2～6mm/d，其随填方高程、填土速率详细变化结果见表 6.3。

加载期地基内部单点沉降量与沉降速率变化　　　　表 6.3

边坡		四级边坡部分			五级边坡部分			六级边坡部分		
填筑日期		8.13～8.31	8.31～9.15	9.15～10.9	10.9～10.26	10.26～11.17	11.17～11.22	11.22～12.7	12.7～12.27	12.27～1.10
H_i(m)		3.5	1	2.0	3.1	5.2	1	3.8	3.5	3.1
H(m)		3.5	4.5	6.5	9.6	15.8	16.8	20.6	24.1	27.2
H_i'(mm/d)		194.5	66.7	120.9	182.4	236.4	200	253.4	172.5	217.9
1-1$^#$	s_i(mm)	30.2	17.3	64.4	77.7	71.4	12.1	40.5	41.4	
	s(mm)	30.2	47.5	111.9	189.6	261	273.1	313.6	355	
	s_i'范围(mm/d)	0.9～3.8	0.8～1.7	0.7～7.1	2.6～7.6	0.8～7	1.7～3.3	1.3～5.1	1.7～4.6	12.18 满程
	s_i'(mm/d)	1.9	1.2	3.1	4.6	3.4	2.5	2.3	3.8	
2-1$^#$	s_i(mm)	13	6.3	73.5	66.6	95.3	19.1	43.5	43.7	
	s(mm)	13	19.3	92.8	159.4	254.7	273.8	317.3	361	
	s_i'范围(mm/d)	0.4～1.9	0.3～0.8	0.5～10.8	1.4～8.1	1.4～7.8	3.3～5	1.5～4.4	2.1～5.9	12.18 满程
	s_i'(mm/d)	0.9	0.42	3.4	4.0	4.5	3.9	2.9	4	
1-2$^#$	s_i(mm)	10.10 开始监测			43.5	50.5	10.5	22.3	51.6	22.1
	s(mm)				43.5	94	104.5	126.8	178.4	200.5
	s_i'范围(mm/d)				1.3～4.3	1～4.8	0.7～4.2	0.5～3.1	1.3～3.5	0.8～2.3
	s_i'(mm/d)				2.3	2.5	2.1	1.5	2.6	1.6

边坡		四级边坡部分	五级边坡部分			六级边坡部分		
2-2#	s_i(mm)	10.11 开始监测	44.2	156.9	38	85.4	36.5	12.13 满程
	s(mm)		44.2	201.1	239.1	324.5	361	
	s'_i范围 (mm/d)		1.6～4.2	2.9～11.8	5.7～9.7	2.7～9.8	4.7～7.8	
	s'_i(mm/d)		3	7	8	5.9	6.0	
1-3#	s_i(mm)	12.1 开始监测				32.1	103.9	45.3
	s(mm)					32.1	136	181.3
	s'_i范围 (mm/d)					1.4～8.8	2.1～9.8	1～6.5
	s'_i(mm/d)					5.3	5.3	3.3
2-3#	s_i(mm)	11.27 开始监测				54.7	79.7	51.1
	s(mm)					54.7	134.4	185.5
	s'_i范围 (mm/d)					3.7～8.2	1.1～6.2	1.3～6.7
	s'_i(mm/d)					5.7	4.3	3.6
1-4#	s_i(mm)	12.28 开始监测						44.2
	s(mm)							44.2
	s'_i范围 (mm/d)							1.2～8.3
	s'_i(mm/d)							3.4
2-4#	s_i(mm)	12.30 开始监测						42.6
	s(mm)							42.6
	s'_i范围 (mm/d)							1.9～6.4
	s'_i(mm/d)							3.8

注：H_i 为某阶段内该测点上部填土高度，H 为截至某阶段末该测点上部填筑体累计高度，H'_i 为某阶段内该测点上部平均填土加载速率，s_i 为某阶段内该测点所测得的沉降量，s 为截至某阶段末该测点所测得的累计沉降量，s'_i 为某阶段内该测点处平均沉降速率。

四级平台 1-2# 和 2-2# 单点沉降计自 2014 年 10 月 10 日、11 日安装后，随着填方加载沉降量增大，其中 2-2# 累计沉降量于 2014 年 12 月 14 日到达满量程；截至加载停止，二者上部实际填土高度约为 20m，累计沉降量分别为 200.5mm、361mm，沉降速率分别界于 0.5mm/d～4.8mm/d、1.6mm/d～11.8mm/d。由图 6.5（b）知 1-2# 点沉降速率基本为 1～4mm/d，2-2# 点在 2014 年 10 月 29 日后随着平均填土速率的增加而明显增大，沉降速率增大为 4～8mm/d，二者随填方高程、填土速率详细变化结果见表 6.3。

五级平台 1-3# 和 2-3# 单点沉降计自 2014 年 12 月 1 日和 11 月 27 日安装后，随着填方加载沉降量基本呈线性增大，截至加载停止，其上部实际填土高度约为 10m，累计沉降量分别为 181.3mm、185.5mm，沉降速率分别界于 1～9.8mm/d、0.7～8.4mm/d。由图 6.5（c）知，2014 年 12 月 22 日前，1-3# 点、2-3# 点沉降速率基本为 4～8mm/d，12 月 22 日至加载停止期间，沉降速率基本为 2～6mm/d，其随填方高程、填土速率详细变化结果见表 6.3。

六级平台 1-4# 和 2-4# 单点沉降计自 2014 年 12 月 28 日、30 日安装后，随着填方加载沉降量基本呈线性增大，截至加载停止，其上部实际填土高度约为 3m，累计沉降量分别为 44.2mm、42.6mm，沉降速率分别介于 1.2～8.3mm/d、1.9～6.4mm/d。由图 6.5（d）知，1-4# 点、2-4# 点沉降速率基本为 2～5mm/d，其随填方高程、填土速率详细变化结果见表 6.3。

② 分层沉降计监测结果

分层沉降监测均布置于地基监测 1# 孔和 2# 孔，自三级平台向下每隔 6m 布置一个分层沉降计磁环，分别编号为环 1、环 2、环 3 和环 4，其中 1# 孔环 1 和 2# 孔环 1 均在三级边坡填方平台处，与 1-1# 和 2-1# 单点沉降计标高基本相同（监测结果反映其高程以下填筑体和原地基总沉降量），1# 孔环 4 和 2# 孔环 4 在填筑体与原地基交界处（监测结果代表其高程以下原地基沉降量），详见图 6.3 各工况传感器布置详图。

在 2014 年 8 月 10 日至 2015 年 1 月 10 日填方加载期间，以 1# 孔、2# 孔环 1 和 1# 孔、2# 孔环 4 为例对监测结果进行分析，见图 6.6。

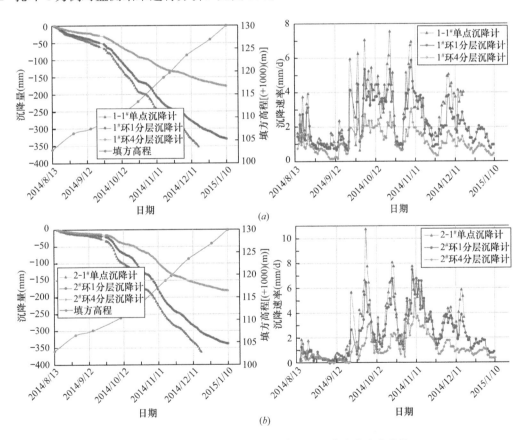

图 6.6　加载期分层沉降累计沉降量、沉降速率变化曲线

（a）加载期 1# 孔环 1、环 4 沉降量、沉降速率变化；（b）加载期 2# 孔环 1、环 4 沉降量、沉降速率变化

分析图 6.6 可知，位于三级平台的分层沉降计 1# 孔、2# 孔的环 1 累计沉降量随着填方加载过程不断增大，与单点沉降计变化规律基本一致，沉降变化速率也与单点沉降计变化规律一致；但是截至 2014 年 12 月 18 日，1-1# 单点沉降计和 2-1# 单点沉降计分别沉降

361mm、355mm，$1^\#$孔环 1 和 $2^\#$孔环 1 分别沉降 303.5mm、293.6mm，差值分别为 57.5mm 和 61.4mm，分析原因认为，单点沉降计顶端托盘受荷面积大，填方加载后可以快速发生变化，而分层沉降计磁环的 3 个插片在钻孔中虽然有细砂填充，但有时难免存在滞后或产生误差，不过从其整体效果而言，分层沉降计在该处高填方加载期间的过程监测是可靠的。同时自三级平台上方填方加载高度大于 20m 后，$1^\#$孔、$2^\#$孔的环 1 沉降变化速率受填方加载影响逐渐减小，佐证了填筑体荷载竖向压力扩散影响范围基本为 20m 左右的认识。

（2）加载期填方沉降变形影响因素分析

① 填土速率对沉降的影响分析

综合分析图 6.5 和表 6.3，填方加载期间填土速率和填土高度对沉降变形影响较大。考虑同一级边坡填方加载速率随时间不断变化，故将每一级平台上单点沉降计安装后第一阶段填土的监测结果进行整理，可得到不同阶段平均填土加载速率对个单点沉降计沉降速率和沉降变形量影响的关系曲线，如图 6.7 所示。其中 $1\text{-}s_i'$ 和 $2\text{-}s_i'$ 分别表示 $1^\#$、$2^\#$ 地基监测点处某阶段该测点以下填筑体和原地基土体平均沉降速率，$1\text{-}s_i$ 和 $2\text{-}s_i$ 分别表示 $1^\#$、$2^\#$ 地基监测点处某阶段内该测点以下填筑体和原地基土体沉降量。

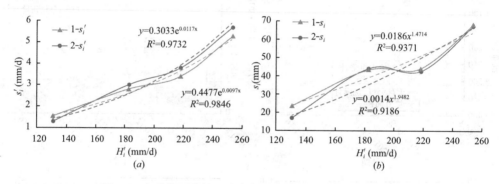

图 6.7 加载期平均填土速率与沉降速率、沉降量关系曲线

（a）$H_i'\text{-}s_i'$ 关系曲线；（b）$H_i'\text{-}s_i$ 关系曲线

由图 6.7 可知，加载期填筑体和原地基土体沉降速率和沉降量随平均填土速率的增大而增大，较小填土速率（处于监测初期）时，位于道槽区的 $1\text{-}s_i'$ 处沉降速率略大于边坡影响区的 $2\text{-}s_i'$ 处沉降速率，当加载一定阶段后，靠近坡面的 $2\text{-}s_i'$ 处沉降速率明显大于 $1\text{-}s_i'$ 处沉降速率，其关系可用式（6.1a）表示，当 $H_i'=200$mm/d 时，$1\text{-}s_i'=3.1$mm/d、$2\text{-}s_i'=3.2$mm/d，$H_i'=300$mm/d 时，$1\text{-}s_i'=8.2$mm/d、$2\text{-}s_i'=10.2$mm/d。因此，填方加载施工期间，高填方地基（填筑体和原地基土体）沉降速率随着填土速率增大整体呈指数函数趋势增长，当平均填土的速率提高 50%，填筑体和原地基土体沉降速率至少增大 2.7 倍，且越靠近坡面差异沉降速率越大。

$$s_i' = ae^{bH_i'} \tag{6.1a}$$

$$s_i = cH_i'^d \tag{6.1b}$$

式中，a、b、c、d 为拟合参数。

由于原地基粉质黏土厚度存在不一致，故位于道槽区的 $1\text{-}s_i$ 处沉降量略大于边坡影响区的 $2\text{-}s_i$ 处沉降量，当加载一定阶段后，靠近坡面的 $2\text{-}s_i$ 处沉降量逐渐大于远离坡面的

$1\text{-}s_i$ 处沉降量，其关系可用式（6.1b）表示，当 $H_i'=200\mathrm{mm/d}$ 时，$1\text{-}s_i=45.2\mathrm{mm}$、$2\text{-}s_i=42.6\mathrm{mm}$，$H_i'=300\mathrm{mm/d}$ 时，$1\text{-}s_i=82.1\mathrm{mm}$、$2\text{-}s_i=93.8\mathrm{mm}$。因此，填筑加载施工期间，填筑体和原地基土体沉降变形量与平均填土速率呈幂函数增长关系，平均填土速率增大 50%，其沉降变形量可增大 1.9 倍以上，且越靠近坡面差异沉降量越大。综上，在大面积填土施工期间，严格控制填土加载速率可有效减少填筑体和原地基土体沉降变形速率和沉降变形量，同时可以减小差异沉降，特别是可以有效减少靠近坡面处与远离坡面处地基沉降变形差，确保填方地基和边坡稳定。

② 填土高度对沉降的影响分析

将每一级平台上单点沉降计安装后不同阶段的监测结果进行整理，可得到填土高度（荷载）对填筑体和原地基土体沉降速率和沉降变形量影响的关系曲线，如图 6.8 所示。

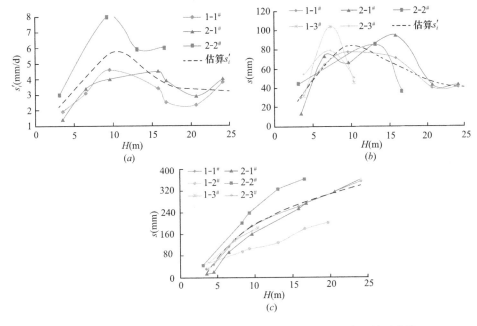

图 6.8　加载期填土高度与沉降速率、沉降量、累计沉降量关系曲线
(a) $H\text{-}s_i'$ 关系曲线；(b) $H\text{-}s_i$ 关系曲线；(c) $H\text{-}s$ 关系曲线

由图 6.8（a）、（b）可以发现，单点沉降计安装后，随着填土厚度的增加，填筑体和原地基土体的沉降速率、沉降量呈非线性增大，在填筑高度为 10m 左右时沉降速率达到最大值（其中填土高度较小时，最大值出现的填土高度小于 10m）；随着先期填土的压密，填土高度继续增加时，底层土体沉降速率 s_i' 和沉降量 s_i 逐渐呈非线性减小，当填土高度大于 20m 后趋于等速变形。由此可认为，填筑土体附加压力影响深度约为 20m，超出该影响深度的土压力一部分消耗于上层新填土体的沉降变形，另一部分在边坡影响区发生扩散（消耗于土体侧向位移），变形如此累计，宏观上即可形成填筑体竖向沉降和水平位移。

由图 6.8（c）可知随着填土高度增加，填筑体和原地基土体累计沉降量呈非线性增大，二者关系可以用式（6.2）表示，当填土高度不同时，可以求得填方加载期填筑体和原地基土体累计沉降量及其与填土高度之比，见表 6.4。随着填方高度增大，累计沉降量呈非线性增大，约占填筑体高度的 0.83%～2.21%，鉴于目前加载期高填方地基沉降量控制尚无标准，建议类似工程采用式（6.2）进行估算，为施工期高填方沉降变形控制提供依据。

填方加载期填筑体和原地基土体累计沉降量变化 表 6.4

h(m)	10	20	30	40	50	60
预测 s(mm)	220.5	314.1	379.8	427.1	463.6	493.7
s/h（%）	2.21	1.57	1.27	1.07	0.93	0.83

$$s = A\ln H + B \tag{6.2}$$

式中，A、B 为拟合参数。

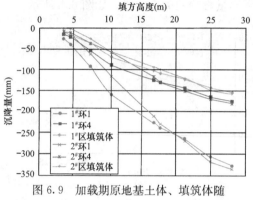

图 6.9 加载期原地基土体、填筑体随填方高度沉降变化曲线

③ 实测沉降量分析

分析 $1^\#$ 孔、$2^\#$ 孔的环 4，其沉降变化量和沉降变化速率与环 1 一样，均保持良好的一致性，证明在填方加载期间可以准确反映其原地基土体沉降变化。则根据环 1 和环 4 沉降量可得到填土层该工况下填筑体沉降，见式（6.3）；由此可求得加载期填筑体、原地基土体随填筑高度的变化情况，如图 6.9 所示。

$$s_{填} = (s_4 - s_3) + (s_3 - s_2) + (s_2 - s_1) = s_4 - s_1 \tag{6.3}$$

用对数方程进行拟合图 6.9 中各曲线，可求得不同填筑高度时原地基土体沉降量（环 4）和填筑体沉降量（$s_{填}$）在总沉降（环 1）中的占比，结合加载期既有监测数据，则可求得类似工况不同填筑高度的 $s_{填}/H$，见表 6.5。

填方加载期填筑体和原地基土体沉降量变化 表 6.5

H(m)	10	20	30	40	50	60
$1^\#$ $s_原/s$(%)	54.96	54.18	53.96	53.85	53.78	53.73
$1^\#$ $s_填/s$(%)	45.12	45.87	46.09	46.20	46.27	46.32
$2^\#$ $s_原/s$(%)	55.23	54.36	54.13	54.02	53.95	53.91
$2^\#$ $s_填/s$(%)	44.80	45.66	45.88	45.99	46.06	46.11
平均 $s_原/s$(%)	55.09	54.27	54.05	53.94	53.87	53.82
平均 $s_填/s$(%)	44.96	45.77	45.99	46.10	46.17	46.22
平均 $s_原/h$(%)	1.01	1.42	1.71	1.92	2.08	2.21
平均 $s_填/H$(%)	0.99	0.72	0.58	0.49	0.43	0.38

由表 6.5 可知，在加载期原地基沉降占总沉降的比例相对较高，约为 55.09%～53.82%，平均为 54.4%，由此可知，原地基软弱土层处理对地基总体沉降影响较大；同时，加载期填筑体沉降约占总沉降的 44.96%～46.22%，平均为 45.6%，可见在本机场试验段中，填筑体压实度严格按 0.90～0.93 控制，加载期变形控制较为理想。平均原地基沉降量与原地基粉质黏土层厚度之比为 1.01%～2.21%（填方高度大者取大值），平均填筑体沉降量与填方高度之比为 0.38%～0.99%（填方高度大者取小值），可作为填方加

载期原地基和填筑体变形控制依据。

（3）工后变形监测结果

① 单点沉降计监测

在 2015 年 1 月 10 日填方施工至设计高程 1130.0m 后，截至 2016 年年底，各级填方平台的单点沉降计的工后变形监测结果见图 6.10。

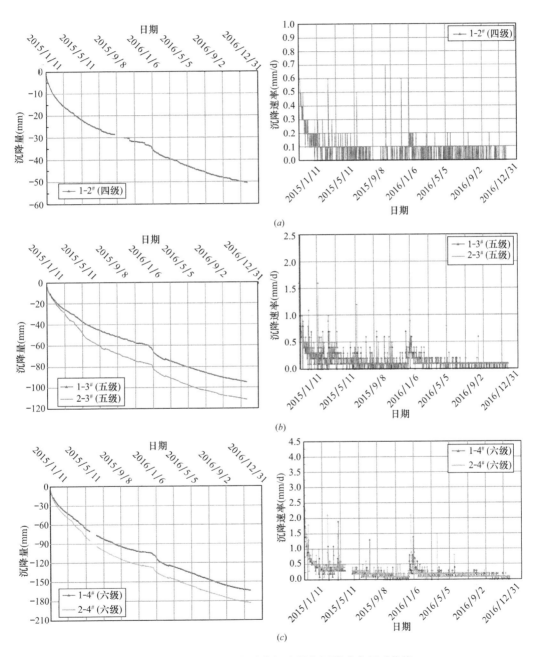

图 6.10　工后地基内部单点沉降量与沉降速率历时曲线

（a）四级平台单点沉降量（左）与沉降速率（右）历时曲线；（b）五级平台单点沉降量（左）与沉降速率（右）
历时曲线；（c）六级平台单点沉降量（左）与沉降速率（右）历时曲线

根据图 6.10 可知，自填方加载停止以后，从时间方面看，填筑体内部各级平台单点沉降计监测的累计沉降量随时间延长呈非线性增大，初期沉降变形量较大，后期沉降量增加幅度逐渐减小并趋于稳定；沉降速率呈非线性衰减，工后初期迅速衰减，中期随施工荷载或天气变化而波动，后期趋于较小的稳定值。从空间方面看，相同时间内，竖直方向六级平台单点沉降变形增大量、变形速率衰减量最大，五级平台次之，四级平台最小；水平方向靠近坡面一侧沉降变形增大量、变形速率衰减量均大于远离坡面监测点的变化量，但随着时间的推移，二者差异逐步减小，具体变化见表 6.6。工后累计沉降量、沉降速率随时间的变化关系可以用式（6.4a）、式（6.4b）表示：

$$s_{后} = A\ln T + B \qquad (6.4a)$$
$$s'_{后} = C\ln T + D \qquad (6.4b)$$

式中，A、B、C、D 为拟合参数。

工后地基内部单点沉降量与沉降速率变化　　　表 6.6

点位	填土高 H(m)	填土速率 (mm/d)	工后第一年 2015.1.11～2016.1.10		工后第二年 2016.1.11～2017.1.10	
			$s_{后}$ (mm)	$s'_{后}$ (mm/d)	$s_{后}$ (mm)	$s'_{后}$ (mm/d)
1-2#	19.7	216.5	35.7	0.104	15.4	0.047
1-3#	10.4	220.8	67.1	0.184	29.3	0.092
2-3#	10.4	236.4	83.4	0.232	29.9	0.094
1-4#	3.1	238.5	115.9	0.320	47.5	0.149
2-4#	3.1	281.8	136.9	0.372	48.4	0.150

② 分层沉降计监测

在 2015 年 1 月 10 日填方施工至设计高程 1130.0m 后，截至 2016 年年底，以 1# 孔环 4、2# 孔环 4 和 1-4#、2-4# 单点沉降计监测结果为基础，可以求得填筑体工后累计沉降量变化，原地基土体、填筑体工后沉降变形监测结果如图 6.11 所示。

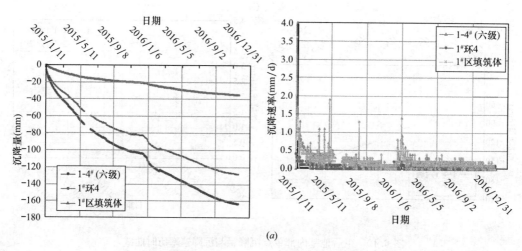

(a)

图 6.11　工后原地基土体、填筑体沉降量与沉降速率变化曲线（一）

(a) 道槽区原地基土体、填筑体沉降量与沉降速率变化曲线

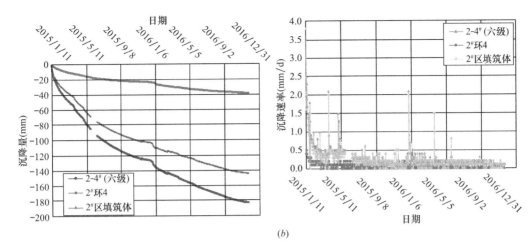

图6.11　工后原地基土体、填筑体沉降量与沉降速率变化曲线（二）

(b) 边坡区原地基土体、填筑体沉降量与沉降速率变化曲线

分析图6.11可知，填方加载停止以后，从时间方面看，填筑体内部原地基土体、填筑体累计沉降量、总沉降量均随时间延长呈非线性增大，同各级平台单点沉降计监测结果一致，初期沉降变形量较大，后期沉降量增加幅度逐渐减小并趋于稳定，沉降速率呈非线性衰减，衰减规律同前；从空间方面看，相同时间内，竖直方向填筑体沉降变形增大量、变形速率衰减量明显比原地基土体变化大，水平方向靠近坡面一侧沉降变形增大量、变形速率衰减量仍大于远离坡面监测点的变化量，但随着时间的推移，二者差异逐步减小，具体变化见表6.7。工后累计沉降量、沉降速率随时间的变化关系可以用式（6.5a）、式（6.5b）表示：

$$s_{后} = A \ln T + B \tag{6.5a}$$
$$s'_{后} = C \ln T + D \tag{6.5b}$$

式中，A、B、C、D为拟合参数。

工后地基内部分层沉降量与沉降速率变化　　　　表6.7

点位	工后第一年 2015.1.11~2016.1.10		工后第二年 2016.1.11~2017.1.10	
	沉降量（mm）	沉降速率（mm/d）	沉降量（mm）	沉降速率（mm/d）
$1^{\#} s_{总}$ (mm)	115.9	0.320	47.5	0.149
$1^{\#} s_{原}$ (%)	23.2	0.064	12.5	0.035
$1^{\#} s_{填}$ (%)	92.7	0.256	35	0.099
$2^{\#} s_{总}$ (mm)	136.9	0.372	48.4	0.150
$2^{\#} s_{原}$ (%)	26.6	0.073	12.7	0.036
$2^{\#} s_{填}$ (%)	110.3	0.301	35.7	0.100
平均 $s_{原}/s_{总}$ (%)	19.65		26.28	
平均 $s_{填}/s_{总}$ (%)	80.35		73.72	
平均 $s_{原}/h$ (%)	0.21		0.11	
平均 $s_{填}/H$ (%)	0.22		0.08	

由表6.7可知，工后沉降主要发生在工后第一年，工后第一年的总沉降变形速率平均

为 0.346mm/d，工后第二年的沉降变形速率为 0.15mm/d；工后沉降变形主要由填筑体压密变形引起，工后第一年填筑体沉降变形量占工后总沉降量的 80.35%，原地基土体沉降变形量占工后总沉降量的 19.65%，工后第二年填筑体沉降变形量占工后总沉降量的 73.72%，原地基土体沉降变形量占工后总沉降量的 26.28%；工后第一年原地基沉降变形与原地基粉质黏土层厚度之比为 0.21%，第二年为 0.11%，工后第一年填筑体沉降变形与填方高度之比为 0.22%，第二年为 0.08%。

（4）工后沉降变形影响因素分析

① 填土速率对沉降的影响分析

综合分析图 6.10 和表 6.6，同填方加载期变形影响因素一样，工后填筑体变形也主要受填土速率和填土高度等影响。将每级平台上单点沉降计在工后第一年和第二年的监测结果进行整理，可得到不同平均填土加载速率对总工后沉降速率和沉降变形量影响的关系曲线，如图 6.12 所示。

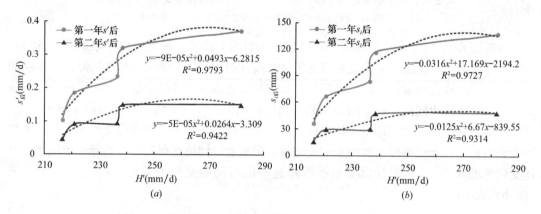

图 6.12　平均填土速率与总工后沉降速率、沉降量关系曲线
（a）填土速率与总沉降速率曲线；（b）填土速率与总沉降量曲线

由图 6.12 可知，填筑体和原地基土体总工后沉降速率和沉降量随平均填土速率的增大而增大，其关系均可用式（6.6a）、（6.6b）表示，当 $H_i'=250\text{mm/d}$ 时，工后第一年 $s_{后}'=0.34\text{mm/d}$、第二年 $s_{后}'=0.166\text{mm/d}$，第一年 $s_{i后}=123.1\text{mm}$、第二年 $s_{i后}=46.7\text{mm}$；$H_i'=275\text{mm/d}$ 时，工后第一年 $s_{后}'=0.46\text{mm/d}$、第二年 $s_{后}'=0.169\text{mm/d}$，第一年 $s_{i后}=137.6\text{mm}$、第二年 $s_{i后}=49.4\text{mm}$。即平均填土速率增大 10%，工后第一年填筑体和原地基土体总沉降变形速率增大 35.3%、第二年增大 2%，工后第一年填筑体和原地基土体总沉降变形量增大 11.8%、第二年增大 5.8%，由此可知，平均填土速率增大，主要影响工后第一年的沉降速率和沉降量，同时也可发现工后沉降主要发生在工后第一年。

$$s_i' = aH'^2 + bH' + c \tag{6.6a}$$
$$s_{i后} = dH'^2 + fH' + g \tag{6.6b}$$

式中，a、b、c、d、f、g 为拟合参数。

② 填土高度对沉降的影响分析

将每一级平台上单点沉降计工后 2 年的监测结果随填方高度变化进行整理，可得到填方高度对填筑体和原地基土体总沉降速率与沉降变形量影响的关系曲线，如图 6.13 所示。

由图 6.13（a）、（b）可以发现，随着填土厚度的增加，填筑体和原地基土体总工后沉降速率与沉降量呈非线性减小，其中填土厚度较小时，沉降速率 $s'_后$ 和沉降量 $s_{i后}$ 减小幅度大于填土厚度较大时的减小幅度；相同填土高度时，在工后第一年靠近坡面处的沉降变形明显大于远离坡面处的沉降变形，工后第二年这种变形差异可以忽略。填筑体和原地基土体总工后沉降速率与沉降量、填土高度之间的关系可以用式（6.7a）和式（6.7b）表示。由图 6.13（c）可知填筑体和原地基土体工后累计沉降量随填土高度呈非线性增大，二者关系可以用式（6.8）表示，当填土高度不同时，可以计算出填筑体和原地基土体工后 2 年内累计沉降量及其与填土高度之比，见表 6.8。

$$s'_后 = Ae^{BH} \tag{6.7a}$$

$$s_{i后} = Ce^{DH} \tag{6.7b}$$

$$s_后 = M\ln H + N \tag{6.8}$$

式中，A、B、C、D、M、N 为拟合参数。

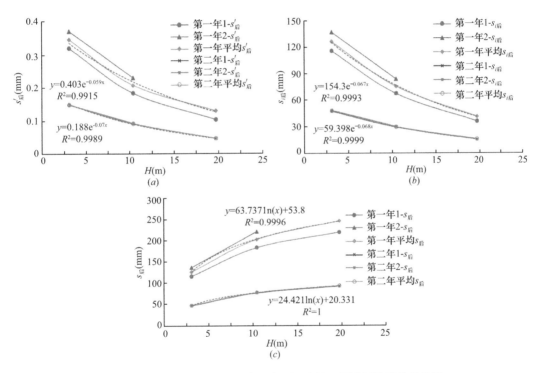

图 6.13　填土高度与工后沉降速率、沉降量、累计沉降量关系曲线

（a）填土高度与总沉降速率关系曲线；（b）填土高度与沉降量关系曲线；（c）填土高度与累计沉降量关系曲线

工后填筑体累计沉降量变化　　表 6.8

H(m)	10	20	30	40	50	60
$s_{1后}$(mm)	200.6	244.7	270.6	288.9	303.1	314.8
$s_{1后}/H$(%)	2.0	1.2	0.9	0.7	0.6	0.5
$s_{2后}$(mm)	76.6	93.5	103.4	110.4	115.9	120.3
$s_{2后}/H$(%)	0.8	0.5	0.3	0.3	0.2	0.2
$(s_{1后}+s_{2后})$(mm)	277.1	338.2	374.0	399.3	419.0	435.1
$(s_{1后}+s_{2后})/H$(%)	2.8	1.7	1.2	1.0	0.8	0.7
$s_{1后}/(s_{1后}+s_{2后})$(%)	72.4	72.4	72.4	72.3	72.3	72.3
$s_{2后}/(s_{1后}+s_{2后})$(%)	27.6	27.6	27.6	27.7	27.7	27.7

由表 6.8 可知，工后第一年填筑体和原地基土体累计沉降量占填筑体高度的 0.5%～2.0%，工后第二年填筑体和原地基土体累计沉降量占填筑体高度的 0.2%～0.8%。假设工后两年认为填筑体沉降基本达到稳定，则工后 2 年内填筑体和原地基土体总工后沉降量占填筑体高度的 0.7%～2.8%，工后第一年填筑体和原地基土体累计沉降量占总工后沉降量的 72.3%～72.4%，工后第二年填筑体和原地基土体累计沉降量占总工后沉降量的 27.6%～27.7%，可为高填方工后沉降变形控制提供依据。

综上所述，从各级平台总沉降量与填筑施工加载关系可知，随着加载速率的变化明显，即快速加载快速沉降，缓慢加载缓慢沉降，加载停止，沉降速率随之减小。深入分析其变形机理认为，高填方地基的沉降变形主要包括自重作用下填筑体自身压缩变形和原地基软弱土体在填筑体压力作用下的压缩变形。对于填筑体而言，加载期上覆荷载增加较快，填筑体来不及排水固结，孔隙水压力快速增加，形成超孔隙水压力，从非饱和土体四相组成分析可知，加载期非饱和填筑土体的快速自重压密变形应当以排气固结为主，且来不及排出的高压缩性气体溶解于孔隙水中；间歇期或工后，荷载相对稳定，孔隙水压力逐渐降低引起变形，孔隙气压力趋于恒定。而对于原地基而言，经历长期自重固结或填方前地基处理之后，排气固结基本完成，在较大的填土荷载作用下仍会进一步压缩，且随着荷载增加沉降量增大，加载超过一定高度后出现明显的拐点，与填筑体相比，沉降速率受填土加载影响的敏感性略低；停止加载后的一段时间内，沉降速率才逐渐降低，此均反映出原地基软弱土体的缓慢排水固结特征。因此，高填方工程加载期填筑体和原地基软弱土体均会产生较大的变形，填筑体变形以排气固结为主，原地基软弱土体以排水固结为主；间歇期或工后期，填筑体变形量大于原地基软弱土体，填筑体变形以排水固结为主，原地基软弱土体为排水固结缓慢发展。

基于前文分析，可以得到加载期和工后一定时间内原地基土体、填筑体沉降变形时空规律与控制指标总结如下：

① 加载期原地基土体、填筑体沉降变化与填方高度呈对数关系，累计沉降量为 220.5～493.7mm，约占填筑体高度的 0.83%～2.21%；其中，原地基沉降量占总沉降量的 54.4%，与原地基粉质黏土层厚度之比为 1.01%～2.21%，填筑体沉降量占总沉降量的 45.6%，与填方高度之比为 0.38%～0.99%；

② 加载期平均填土速率增大 50%，填筑体和原地基土体沉降变形速率至少增大 2.7 倍，变形量至少增大 1.9 倍，且越靠近坡面差异沉降量越大；

③ 工后 2 年内填筑体和原地基土体总工后沉降量占填筑体高度的 0.7%～2.8%，工后第一年占填筑体高度的 0.5%～2.0%，工后第二年占填筑体高度的 0.2%～0.8%；工后沉降主要发生在工后第一年，工后第一年填筑体和原地基土体累计沉降量占总工后沉降量的 72.3%～72.4%，第二年占总工后沉降量的 27.6%～27.7%。

工后第一年原地基沉降变形与原地基粉质黏土层厚度之比 0.21%，第二年为 0.11%，工后第一年填筑体沉降变形与填方高度之比为 0.22%，第二年为 0.08%。工后第一年填筑体沉降量占工后总沉降量的 80.35%，原地基土体沉降量占工后总沉降量的 19.65%，工后第二年填筑体沉降变形量占 73.72%，原地基土体沉降变形量占 26.28%。

④ 平均填土速率增大 10%，工后第一年填筑体和原地基土体总沉降变形速率增大

35.3%、第二年增大 2%，工后第一年填筑体和原地基土体总沉降变形量增大 11.8%、第二年增大 5.8%。

6.2.2　高填方边坡深部变形时空监测

伴随填方边坡的施工，分别在二级、四级、六级边坡平台上布置深层测斜孔，孔深为从设计平台标高到原地面下 5m，从管口（边坡平台）向下约每隔 6m 在孔内安装滑动式倾角综合探头，通过导线接入现场的采集箱，进行定时采集。

（1）各级马道不同测点累计位移随时间变化

自 2014 年 9 月至 2016 年 12 月，各级马道不同测点累计水平位移随时间变化结果见图 6.14。

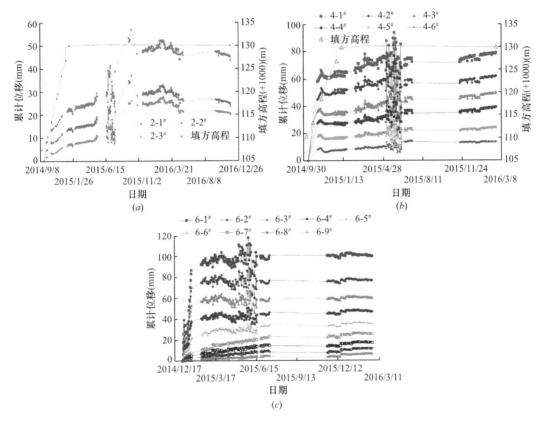

图 6.14　各级马道深部变形监测时程曲线

(*a*) 二级边坡；(*b*) 四级边坡；(*c*) 六级边坡

由图 6.14 可知：①二级马道平台以下坡体自监测开始至 2015 年 1 月 10 日的加载期内，随着填方加载，坡体位移增大，但填方加载高度超过 20m 以后，位移增大幅度受加载影响程度减小，坡体 2-1# 测点水平位移最大为 22.9mm；2015 年 5 月～6 月马道平台修整，各测点受临时施工荷载影响，位移产生明显波动，位移迅速增大，最大值为 57mm，工后第一年累计水平位移为 48.5mm，工后第二年为 45.3mm。

② 四级马道平台以下坡体自监测开始至 2015 年 1 月 10 日的加载期内，累计水平位移

随填方加载迅速增大，坡体 4-1# 测点水平位移最大为 65.9mm，明显大于二级边坡，究其原因，一方面填方加载的侧向附加应力增大，另一方面，二级边坡测斜仪埋设时，三级边坡基本填筑完成，而四级边坡测斜仪埋设完成后，五级边坡开始施工；工后受坡面临时施工荷载影响，位移最大值为 93.9mm，工后第一年累计水平位移为 79.2mm。

③ 六级马道在加载期内，累计水平位移变化同四级边坡，坡体 6-1# 测点水平位移最大为 34.2mm；工后受坡面临时施工荷载影响，位移最大值为 117.5mm，工后第一年累计水平位移为 99.7mm。综合二、四、六级边坡不同测点累计位移随时间变化可知，填方加载期，已填筑好的坡体随着其上部填方加载施工，水平位移约为总位移的 0.3~0.5 倍，工后第一年受坡面施工或降雨等因素影响较大，可使位移平均提高约 0.2 倍的总位移，故坡面施工不宜在工后第一年进行。

（2）各级马道不同测点累计位移随深度变化

自 2014 年 9 月至 2016 年 12 月，各级马道不同测点累计水平位移随深度变化结果见图 6.15。

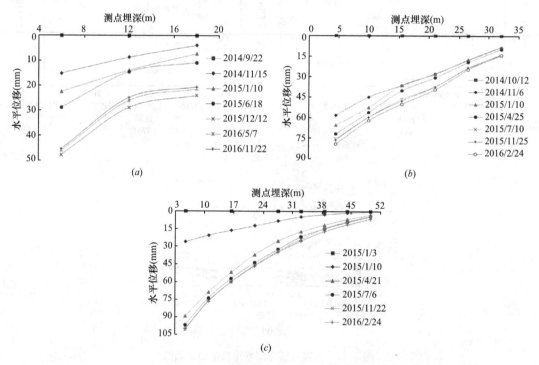

图 6.15 各级马道不同深度测点水平位移曲线
(a) 二级边坡；(b) 四级边坡；(c) 六级边坡

由图 6.15 可知，各级马道平台下第一个测点坡体位移最大，埋深越深的测点水平位移越小，工后第一年 2-1# 测点累计最大位移为 48.5mm，2-3# 测点最大位移为 24mm，4-1# 测点累计最大位移为 79.2mm，4-6# 测点最大位移为 14mm，6-1# 测点累计最大位移为 99.7mm，6-9# 测点最大位移为 7mm；且不同测点水平位移随埋深变化曲线基本平滑，未产生明显凸凹变化，由此即可以判定填筑体内部和原地基土体基本稳定。

（3）各级马道不同测点变形速率随时间变化

自 2014 年 9 月至 2016 年 12 月，各级马道不同测点水平位移变形速率随时间变化结果见图 6.16。由图 6.16 可知，填方加载期内，随着填方边坡高度的增加，最大变形速率增大，二级边坡最大变形速率为 1.1mm/d、四级边坡为 3.5mm/d、六级边坡为 11.8mm/d。工后中上部坡体水平位移受坡面施工或降雨等因素影响较大，二级边坡最大变形速率为 13.7mm/d、四级边坡为 23mm/d、六级边坡为 18.8mm/d；随着时间延长，工后一年后水平位移变形速率逐步趋于稳定，最后半个月 2-1# 水平位移变形速率平均值为 0.04mm/d、2-3# 为 0.02mm/d，4-1# 水平位移变形速率平均值为 0.12mm/d、4-6# 为 0.02mm/d，6-1# 水平位移变形速率平均值为 0.08mm/d、6-9# 为 0.01mm/d。因此，高填方边坡加载期应严格控制填土加载速率、提高压实质量来减小坡体位移，工后第一年坡面不宜受重荷载扰动。

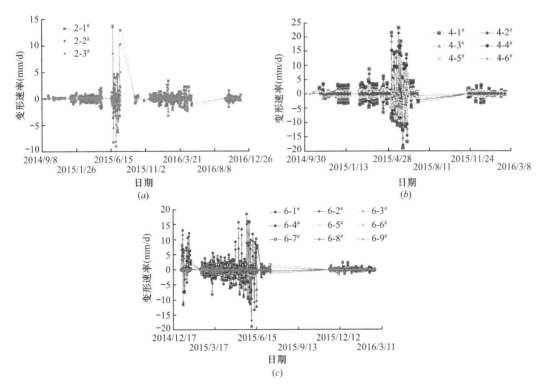

图 6.16　各级马道不同深度测点变形速率时程曲线
（a）二级边坡；（b）四级边坡；（c）六级边坡

6.2.3　填筑体内部孔隙水压力监测

（1）高填方地基孔隙水压力监测

伴随现场填筑体的施工，从工况一到工况四每填 6m 高，分别在地基 1#～3# 测试点布置孔隙水压力计，剖面如图 6.3 所示，通过导线接入现场的采集箱，进行定时采集，以测定高填方地基加载过程和工后填筑体和原地基土体孔隙水压力变化情况。不同部位孔隙水压力计累计增量、填方高程随时间变化结果见图 6.17；其中"地基 i-j#"表示第 i# 地基监测点，从道面设计高程向下第 j 个孔隙水压力监测点。

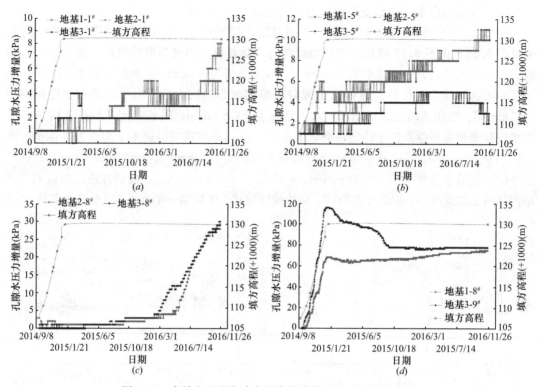

图 6.17 高填方地基孔隙水压力累计增量随时间变化曲线

(*a*) 填筑体 *i*-1# 点孔压变化；(*b*) 填筑体 *i*-5# 点孔压变化；(*c*) 填筑体 *i*-8# 点孔压变化；(*d*) 原地基土体孔压变化

从图 6.17 (*a*)～(*c*) 可以看出，加载期填筑体内孔隙水压力随着时间不断波动，总体随填土施工而增加，增幅小于 5kPa；工后 2 年填筑体孔隙水压力尚未稳定，累计增量随着孔隙水压力计的埋深而增大，i-1# 点孔压累计增量为 2～7kPa，i-5# 点孔压累计增量为 1～7kPa，i-8# 点孔压累计增量为 27～29kPa，但随着时间的推移，靠近坡面的中上部填筑体孔压逐步开始降低。分析原因认为，填土施工时现场填料含水量基本为最优含水量±2%，压实度均在 0.90～0.93 以上，加载速率控制相对合理，填筑体压密以排气为主，排水固结占比较小，少量未来得及排出的孔隙水压力转化为超静孔压；工后一定时间内，填筑体在自重作用下变形速率较大，部分孔隙水压继续转化为超孔隙水压力，超过该阶段后，靠近坡面的孔隙水压力逐渐降低。

从图 6.17 (*d*) 可以看出，加载期原地基土体孔隙水压力随着填土荷载的增加基本呈线性增大，每填筑 1m 孔隙水压力增大 2.5～4.3kPa，平均增幅 3.4kPa/m；工后停止加载，原地基土恢复固结排水，孔隙水压力明显降低，随着消散速率减慢，孔隙水压力趋于恒定值，累计增大 74～77kPa，结合孔隙水压力计埋设高程，可以推算出 1# 地基监测点地下水位高出地面约 5.2m，3# 地基监测点地下水位高出地面约 3.3m。

（2）高填方边坡孔隙水压力监测

伴随现场填筑体的施工，分别在一级、三级、五级边坡平台上钻孔，孔深为从设计平台标高到原地面下 5m 左右，从边坡平台向下每隔 6m 布置一个智能弦式数码渗压计（孔隙水压力计），通过导线接入现场的采集箱，进行定时采集，以测定高填方边坡加载过程和工后填筑体和原地基土体孔隙水压力变化情况。不同部位孔隙水压力计累计增量、填方高程随时间变化结果见图 6.18。其中"边坡 *i*-*j*#"表示第 *i* 级边坡，从地面向下第 *j* 个监测点。

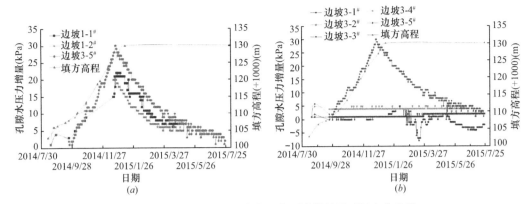

图 6.18　高填方边坡孔隙水压力累计增量随时间变化曲线
(*a*) 原地基土体孔压变化；(*b*) 三级边坡各测点孔压变化

分析图 6.18 可知，填方加载期原地基土体孔隙水压力随填方高度增加基本呈线性增大，一级坡增幅约为 0.15kPa/m、三级坡增幅约为 1.1kPa/m，工后孔隙水压力迅速消散，整体近似呈倒"V"形分布。以三级边坡为例，高填方施工过程中，主要影响原地基土体孔隙水压力变化，由坡体（3-1$^\#$点）向下，孔隙水压力逐渐增大，基本为 0～5kPa，但 3-1$^\#$点孔隙水压力受自然降雨影响明显，正常状态下一般为 0～−5kPa，即处于非饱和状态。

6.2.4　填筑体内部土压力监测

伴随现场填筑体的施工，从工况一到工况四每填 6m 高，分别在地基 1$^\#$～3$^\#$测试点布置双膜油囊土压力盒，剖面如图 6.3 所示，通过导线接入现场的采集箱，进行定时采集，以测定高填方地基加载过程和工后填筑体和原地基土体内部土压力变化情况。为保证道槽区土压力测试准确，在 1$^\#$和 2$^\#$地基测试点的不同填高处对称布置 2 个土压力盒，3$^\#$地基测试点的不同填高处布置 1 个土压力盒。从工况二到工况四，加载期不同部位土压力累计增量、填方高程随时间变化结果见图 6.19、随填方高度变化结果见图 6.20，从安装到工后相对稳定监测结果见图 6.21；其中"地基 i-$j^\#$"表示第 $i^\#$地基监测点，从道面设计高程向下第 j 个土压力监测点。

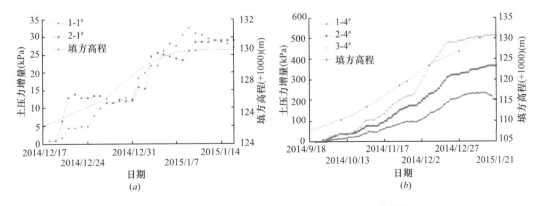

图 6.19　加载期高填方地基土压力累计增量随时间变化曲线（一）
(*a*) 填筑体 i-1$^\#$点土压力变化；(*b*) 填筑体 i-4$^\#$点土压力变化

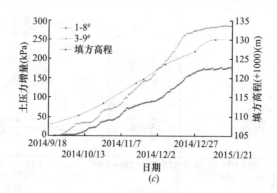

图 6.19　加载期高填方地基土压力累计增量随时间变化曲线（二）

（c）原地基土体土压力变化

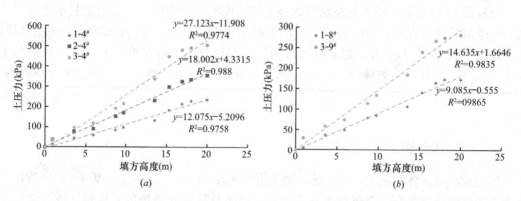

图 6.20　加载期填筑体和原地基土体土压力累计增量随填方高度变化曲线

（a）填筑体；（b）原地基土体

分析图 6.19 知，加载期不同点位土压力增量随填方高程的增加而增大，二者具有较好的一致性。位于设计标高下－3m 的 1-1# 点和 2-1# 点受填筑体顶部荷载或天气变化等影响较大、不断波动，与现场填方分工作面施工的实际情况一致，二者交叉增大。从工况二到工况四，i-4# 点和原地基土体相同加载高度时出现了明显的压力差，填筑体中最靠近坡面的 3-4# 点土压力增量最大，远离坡面的道槽区 1-4# 点土压力增量最小；原地基土体土压力增量差异变化同原地土体，由此认为，道槽区 1-j# 和边坡区 3-j# 监测点之间的土压力差正是高填方侧向变形的力源。

由图 6.20 可知，加载期填筑体和原地基土体土压力随填方高度增加呈线性增大，其线性关系可以统一用式（6.9）表示。

$$p = AH + B \tag{6.9}$$

式中，A、B 为拟合参数。

图 6.21 可见，填筑体或原地基土体应力在加载期随填方荷载急剧增大到一定程度，在工后除受道面铺装等影响外总体变化不大。但填筑体在工后初期土压力会有不同程度降低，分析认为这是工后初期地基内部复杂的应力变化所致。

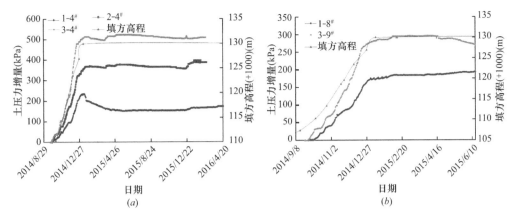

图 6.21　加载期与工后高填方地基土压力累计增量随时间变化曲线

(a) 填筑体；(b) 原地基土体

6.3　工后沉降及差异沉降控制标准

高填方过程中，普遍较为关心的问题是地基沉降估算，特别是填筑地基的施工期和工后期沉降；对变形超过设计所能容许的变形和差异沉降时，应采取处理措施。由此可见地基或填筑体沉降稳定的标准对上部结构能否开始进行施工至关重要，因地基和填筑等因素的复杂性和资料积累的有限性，目前均采用根据变形监测数据进行分析，但是首先统一山区机场高填方地基沉降量及差异沉降控制标准是前提。因此，基于前文对时空监测数据的系统分析，本节通过对相关规范及填方工程的对比分析，给出山区机场高填方工后沉降及差异沉降控制标准建议值。

6.3.1　现有民航规范和其他规范要求

（1）《民用机场岩土工程设计规范》

考虑到飞机在跑道的运行速度明显大于滑行道和机坪，其容许的工后沉降和工后差异沉降相对也严格些。机坪的沉降标准主要是从排水角度考虑提出的，应确保机坪不出现反坡或积水现象。本规范规定飞行区道面影响区和飞行区土面区设计使用年限内的工后沉降和工后差异沉降不宜大于表 6.9 的要求。

民航规定工后沉降和工后差异沉降　　　　　　　　　　表 6.9

场地分区		工后沉降（m）	工后差异沉降（‰）
飞行区道面影响区	跑道	0.2～0.3	沿纵向 1.0～1.5
	滑行道	0.3～0.4	沿纵向 1.5～2.0
	机坪	0.3～0.4	沿排水方向 1.5～2.0
飞行区土面区		满足排水、管线和建筑等设施的使用要求	

（2）其他规范

《公路路基设计规范》JTGD 30 对软土地区路基容许工后沉降量要求见表 6.10；连续 2 个月沉降量小于 5mm/月为进入沉降稳定的标准。《铁路特殊路基设计规范》TB 10035 对铁路路基的工后沉降控制标准见表 6.11。

公路路基容许工后沉降 表 6.10

工程位置	桥台与路堤相邻处	涵洞、通道处	一般路段
高速公路、一级公路容许工后沉降（mm）	100	200	300
二级公路容许工后沉降（mm）	200	300	500

铁路路基的工后沉降控制标准 表 6.11

速度（km/h）	120 及以下	120～160	200
一般地段允许工后沉降（mm）	300	200	150
路桥过渡段允许工后沉降（mm）	—	100	80
沉降速率（cm/年）	—	50	40

《碾压式土石坝设计规范》DL/T 5394 对碾压式土石坝土质防渗体分区坝的工后沉降要求为，不宜大于坝高的 1%。《建筑变形测量规范》JGJ 8 规定，重点工程中最后 3 次监测结果中每次监测值小于或等于 2 倍的监测差值时，非重点工程沉降速率小于 0.01～0.04mm/d 时，可判定沉降稳定。

另外，谢春庆等[12]指出机场对填筑体要求最高，除一般要求的均匀、稳定、密实外，差异沉降和工后沉降均应小于 5cm，实际中可以用 4cm 控制。大理机场高填方地基最终剩余沉降量不大于 4cm，差异沉降量倾斜值不大于 1.5‰。昆明新机场认为工后沉降不大于 25cm，沉降速率小于 0.17mm/d 即可认为沉降达到稳定状态。

综上可知，对于高填方地基变形而言，由于上述标准的侧重点不同，故判定标准尚存在差异的，目前工程实践中，主要依据设计经验和工程类比及参照国家现行有关标准的进行估算，并通过对原场地处理、填筑地基以及边坡等的质量要求控制措施解决。

6.3.2 工后沉降和差异沉降控制标准建议

根据大量监测结果和高填方机场研究经验，山区机场高填方填筑地基工后沉降量和差异沉降建议如下：

（1）飞行区道槽区工后沉降

对于采用级配良好的块石、碎石填筑地基，工后地基沉降量一般可控制在 20～40mm；地基差异沉降，一般控制在 1.0‰～1.5‰。对于采用土料和土夹石混合料高填方填筑地基，工后地基沉降量一般控制在 100～200mm；运行期的地基差异沉降，一般控制在 1.5‰～1.8‰。

（2）飞行区土面区、边坡区与边坡稳定影响区的工后地基沉降量控制

对于采用块石、碎石填筑的地基，工后地基沉降量一般控制在 100～200mm。

采用土料和土夹石混合料填筑地基时，工后地基沉降量，一般控制在 200～300mm。

（3）一般建筑区工后地基沉降量控制

采用块石、碎石填筑地基时，工后沉降量一般可控制在 40～60mm。采用土料和土夹石混合料填筑的地基，工后沉降量一般控制在 60～80mm；运行期地基差异沉降一般控制在 1‰～3‰。

另外，实际工程也经常采用沉降速率来判定沉降是否稳定，国内软土地区高速公路和部分软弱土机场有类似标准，实践证明也是有效的。但是山区机场受场地条件、地基处理

方法、施工工况等多种因素影响，具体工程的沉降稳定标准各异，且现阶段这方面积累的经验较少，目前尚难给出统一的沉降速率稳定标准；实际工程中，可将工后总沉降量和沉降速率结合起来进行初步判别，逐步积累经验。

6.4　本章小结

本章伴随施工过程，沿着试验段最深的冲沟对道槽区、土面区和边坡区高填方地基进行无线远程综合监测，在此基础上提出了山区机场高填方填筑地基工后沉降量和差异沉降控制建议。获得主要结论如下：

（1）设计并安装了山区高填方无线远程综合监测系统，高填方地基主要监测分层沉降与总沉降、土压力、孔隙水压力变化等；高填方边坡主要监测坡顶沉降、深层水平位移、坡体内部孔隙水压力变化。基于监测结果，全面揭示了施工加载期和工后一定时间内原地基土体和填筑体沉降变形时空变化规律。

（2）填方加载期内，随着填方加载，坡体位移增大，但填方加载高度超过 20m 以后，位移增大幅度受加载影响程度减小。二级平台位移最大值为 57mm，工后第一年累计水平位移为 48.5mm，工后第二年为 45.3mm；四级平台水平位移最大为 93.9mm，工后第一年累计水平位移为 79.2mm；六级平台位移最大值为 117.5mm，工后第一年累计水平位移为 99.7mm。

高填方加载期内，严格控制填土加载速率、提高压实质量来减小坡体位移，已填筑好的坡体随着其上部填方加载施工，水平位移约为总位移的 0.3～0.5 倍，工后第一年受坡面施工或降雨等因素影响较大，可使位移平均提高约 0.2 倍，故坡面施工不宜在工后第一年进行。

（3）加载期原地基土体孔隙水压力随着填土荷载的增加基本呈线性增大，每填筑 1m 孔隙水压力增大 2.5～4.3kPa；工后停止加载，原地基土恢复固结排水，孔隙水压力明显降低，随着消散速率减慢，孔隙水压力趋于恒定值，累计增大 74～77kPa，结合孔隙水压力计埋设高程，可以推算出 1# 地基监测点地下水位高出地面约 5.2m，3# 地基监测点地下水位高出地面约 3.3m。

（4）填方加载期，i-4# 点和原地基土体相同加载高度时出现了明显的土压力差，填筑体中最靠近坡面的测点土压力增量最大，远离坡面的道槽区测点土压力增量最小；原地基土体土压力增量差异变化同填筑体，土压力差正是高填方侧向变形的力源。

（5）受场地条件、地基处理方法、施工工况等多种因素影响，高填方地基工后沉降变形控制标准尚不统一，本书在对不同部位工后沉降监测结果和前人相关成果综合分析的基础上，给出了山区机场高填方填筑地基工后沉降量和差异沉降建议值。

（6）基于原位测试及监测数据，从时间和空间方面对高填方地基沉降进行分析，实时了解和掌握高填方地基性态变化，为合理确定机场道面开始施工时间提供依据，为评价道面使用年限内的工后沉降和工后差异沉降评估提供依据。

第7章 高填方工程实践

随着我国经济建设的发展，在山区及丘陵地区利用"开山填沟"解决工程建设用地的项目越来越多，由此形成了大面积、大土石方量的高填方地基。目前，对于该类高填方地基还没有统一的技术标准，在设计、施工过程中只能参考国内相关行业的标准。从已经完成的高填方地基的使用情况来看，有成功的例子，也有发生失稳和沉降变形过大的工程实例。本书针对山区高填方工程建设的关键科学问题：高填方原地基和填筑体的变形规律、变形理论及高填方边坡的稳定性，以非饱和土力学为基础，通过系统的室内外土工试验、非饱和三轴试验、现场施工过程监测和工后时空监测、理论推导和数值分析计算，取得了丰硕的成果，总体上可为山区高填方工程的设计和施工提供科学依据和理论支持。

7.1 陇南成州机场高填方工程

7.1.1 机场概况

陇南成州机场为国内支线机场，飞行区指标为 4C，跑道长 2800m，道面宽 45m，两侧各设 1.5m 宽道肩，总宽 48m；场地长度约 3800m，宽约 450m，面积约 171 万 m²。场区位于甘肃成县，地貌单元属中低山丘陵，地形起伏变化较大，地势北高南低，中间高、东西两端低，冲沟发育，其中有两条较大的冲沟南北发育，横穿整个场区，地面高程介于 1067～1181m 之间，相对高差 114m，跑道设计标高为 1130m，土方施工需大规模挖填改造，15 处填方边坡高度大于 20m，最高的 1# 填方边坡坡顶距坡脚总填高约 60m，机场挖填方分区和填方边坡分布示意图见图 7.1。结合场区实际地形地貌条件、水文地质条件等，在 P95+10 至 P103+20 段选择最大填方区的道槽区和坡面区为试验段。如图 7.2 所示，试验段同时面临正常施工将会遇到的软弱地基处理、填料选配与压实、挖填交界处理、深挖高填等各种工况，在此直接进行控制性试验施工，具有典型的代表性。

7.1.2 工程地质条件

根据地勘报告，场地在工程影响深度范围内的地层为：耕植土、第四系的粉质黏土、第三系强风化和中风化基岩，斜坡段典型工程地质剖面见图 7.3，其中，粉质黏土层和强风化泥岩层依山势地形起伏变化较大，厚度不均匀。具体地层分布与基本特征见表 7.1。

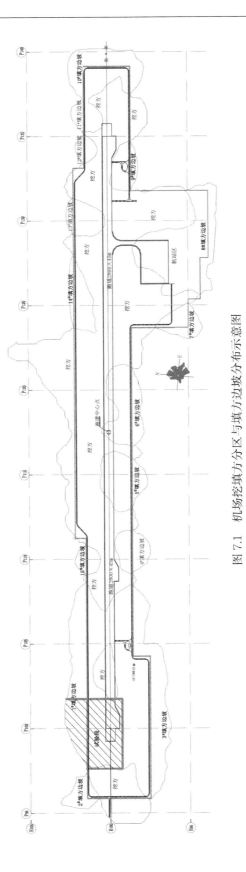

图 7.1　机场挖填方分区与填方边坡分布示意图

图 7.2　挖填方施工现场图

(a) 场地西侧施工现场侧视图；(b) 试验段北侧 1# 填方边坡施工正视图

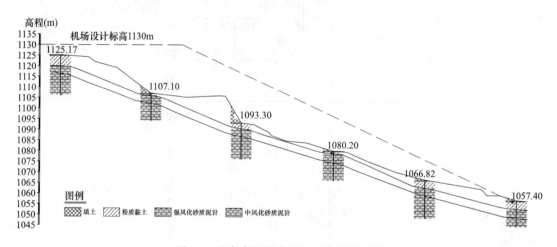

图 7.3　机场斜坡段典型工程地质剖面图

场区地层分布与基本特征　　　　　　　　　　　　　　　　　表 7.1

土层名称	层厚（m）	基本特征
填土层（Q_4^{ml}）	0.1～2.3	黄褐色，以耕植土为主，局部含少量姜结石和岩屑，稍湿、稍密。物理力学性质差，不宜用作天然地基
粉质黏土层（Q_4^{dl+pl}）	0.2～15.4	黄褐色—红褐色，粉质黏土为主，局部有薄粉土层，可塑—硬塑，局部富含地下水区段为软塑，依地形起伏变化较大。工程性能一般，不考虑作为跑道地基持力层
强风化基岩层（N_2）	3.0～5.8	半成岩，砖红色，泥钙质胶结，呈强风化状态，遇水易软化，致密。物理力学性质较好，可作为跑道地基持力层
中风化基岩层（N_2）	1.2～46.8	半成岩，砖红色，呈中风化状态，遇水易软化，致密，较坚硬。物理力学性质较好，是良好的跑道地基持力层和下卧层

　　根据不同工程地质分区分类取样，其中：飞行区跑道详勘取样位置主要分布于挖填零线设计标高附近（Ⅰ区）；高填方边坡工程勘察取样位置主要分布于填方区（Ⅱ区）；挖方区土石材料性质及土石比勘察取样位置主要分布于挖方区（Ⅲ区）。耕植土层在清表时基本被挖除，粉质黏土层主要物理力学性质指标平均值见表 7.2 (a)，强风化基岩层和中风化基岩层主要物理力学性质指标平均值见表 7.2 (b)。

粉质黏土层主要物理力学性质指标

表 7.2 (a)

粉质黏土层	密度 ρ(g·cm^{-3})	含水量 w(%)	塑限 w_p(%)	液限 w_l(%)	孔隙比 e	黏聚力 c(kPa)	内摩擦角 φ(°)	压缩系数 α_{1-2}(MPa^{-1})	压缩模量 E_s(MPa)
Ⅰ区	1.87	19.41	21.90	32.67	0.76			0.16	11
Ⅱ区	1.81	19.16	21.68	32.41	0.82	35	22	0.21	8.5
Ⅲ区	1.82	18.88	22.89	34.85	0.80			0.25	7.2

基岩层主要物理力学性质指标

表 7.2 (b)

基岩层		密度 ρ(g·cm^{-3})	含水量 w(%)	黏聚力 c(kPa)	内摩擦角 φ(°)	单轴抗压强度 R(MPa)	弹性模量 E(MPa)	泊松比 ν
强风化岩	Ⅰ区	2.10	15.00			0.14	249.8	0.33
	Ⅱ区	2.08	13.81	55	21	0.15	246.6	0.33
	Ⅲ区	2.04	11.33			0.14	240.3	0.32
中风化岩	Ⅰ区	2.16	14.29			5.62	772.9	0.31
	Ⅱ区	2.14	13.15	95	20	5.97	761.4	0.30
	Ⅲ区	2.09	10.73			5.55	756.2	0.30

场区粉质黏土层厚 8~12m，大部分埋深约为-2~-7m 区域的粉质黏土具有Ⅰ级非自重湿陷性，整体压缩性为中高压缩性，工程性能较差，是填方施工前应当重点处理的软弱地基。地勘揭示，粉质黏土层地基承载力特征值为 120kPa，强风化砂质泥岩层地基承载力特征值为 400kPa，中风化砂质泥岩层地基承载力特征值为 500kPa。当地年平均降雨量约为 650mm，65% 的降雨量集中在夏季（7~9 月）；地下水以上层滞水和孔隙潜水为主，水位约为-2~-11m，局部基岩含有裂隙水，均随地势起伏变化，结合经验，大面积填方施工前，应加强地下水导排处理与盲沟设置。

7.1.3　高填方工程设计

（1）土（石）方工程

1）设计原则

根据地形测量图中的场区地势条件，确定土方设计原则：①根据现有地形，进行土方优化设计，以减少土方量；尽可能减小借土量，减小对周边环境的破坏。②按照《民用机场飞行区技术标准》的规定，合理确定道面、土面区坡度。③与排水工程土面区防冲刷要求相结合，对飞行区土面进行平整（土面横坡控制在 25‰ 以下），使场区雨水能够自然、顺畅地流入场内排水沟排出场外。④场地填方边坡坡度考虑高填土的稳定性，填方高度比较大时采取防护措施，防止冲刷。

2）土方平整范围

本机场飞行场区平整范围在除导航台附近外，填方平整到距离跑道中心线 120m 处，挖方区按照净空要求放大了平整范围，在平整边界设计边坡。

3）方案比选

经过分析，本机场对土方量影响的关键因素有两个，一是跑道纵坡，二是边坡的坡度，为此进行了方案比较，现列其中四个方案，见表 7.3。

方案比较表

表 7.3

方案	西端标高（m）	东端标高（m）	边坡坡度（°）	土方量（m³）	主要优缺点
方案 1	1130	1125	1：2	+1384、−1515	填方偏多
方案 2	1130	1121.4	1：2	+1184、−1535	比较均衡
方案 3	1130	1124	1：2.2	+1414、−1485	填方多，边坡稳定性好
方案 4	1131	1119	1：1.75	+1484、−1435	挖方少，填方量略大，边坡稳定性在特殊条件下存疑

设计方案 1

① 新建跑道：根据可研报告，跑道西端标高定为 1130.0m，东端标高 1125m。跑道横坡采用 13.33‰。

② 土面区：在导航台站影响区域坡度小于 10‰，其余土面区设计坡度为 15‰～20‰。

③ 边坡坡度确定：本机场边坡高度较高，填方边坡采用 1：2 的平均坡度。挖方按净空要求处理。

设计方案 2

① 新建跑道：根据可研报告，跑道西端标高定为 1130.0m，东端标高 1121.4m。跑道横坡采用 13.33‰。

② 土面区：在导航台站影响区域坡度小于 10‰，其余土面区设计坡度为 15‰～20‰。

③ 边坡坡度确定：本机场边坡高度比较高，本次机场边坡的设计参考了勘察报告的抗剪指标，初步确定填方边坡采用 1：2 的综合坡度，分台阶为 2.5m 和 5m 的马道，每 10m 高度设置一个马道。挖方按净空要求处理。

设计方案 3

① 新建跑道：跑道西端标高定为 1130.0m，东端标高 1124.0m。跑道横坡采用 13.33‰。

② 土面区：在导航台站影响区域坡度小于 10‰，其余土面区设计坡度为 15‰～20‰。

③ 边坡坡度确定：本机场边坡高度比较高，本次机场边坡的设计参考了勘察报告的抗剪指标，初步确定填方边坡采用 1：2.2 的综合坡度，分台阶为 2.5m 和 5m 的马道，每 10m 高度设置一个马道。挖方按净空要求处理。

设计方案 4

① 新建跑道：根据可研报告，跑道西端标高定为 1131.0m，东端标高 1119.0m。跑道横坡采用 13.33‰。

② 土面区：在导航台站影响区域坡度小于 10‰，其余土面区设计坡度为 15‰～20‰。

③ 边坡坡度确定：本机场边坡高度比较高，本次机场边坡的设计参考了勘察报告的抗剪指标，初步确定填方边坡采用 1：1.75 的综合坡度，分台阶为 2.5m 和 5m 的马道，每 10m 高度设置一个马道。挖方按净空要求处理。

比选以上方案，认为方案 2 较优，采用方案 2 并在该基础上进行详细设计。

4）土方施工的主要技术要求

① 在土方施工过程中，应严格控制土方压实度。

② 在道槽区土方施工过程中，要把土中的草根清理干净。

③ 在施工过程中必须先做好临时排水设施，做到雨天不积水，雨后可以快速恢复施

工，在工作面上保持一定的排水坡度。基层和道面施工过程中要严格禁止养护水或其他各类水进入土基。

（2）地基处理与高填方边坡

1）道槽区地基处理

① 道槽挖方区：土方开挖至设计标高加上预留量高程时，碾压至设计标高。

② 道槽填方区：清除草皮土和腐殖土后，依据填方的高度采用 1000kN·m、1500kN·m、2000kN·m 的能级强夯。回填土分层碾压或冲击压实至土基设计标高，高填方道槽地区填方每填 4m 拍夯一遍。陇南成州机场强夯试验见图 7.4。

（a）　　　　　　　　　　　　　　　　（b）

图 7.4　陇南成州机场试验段原地基强夯试验

（a）强夯处理；（b）夯后原地基

③ 道槽区设置 0.6m 厚石灰土整片碾压层，以提高道槽的地基均匀性。本工程试验段填筑体压实试验见图 7.5。

（a）　　　　　　　　　　　　　　　　（b）

图 7.5　陇南成州机场试验段碾压试验

（a）冲击碾压；（b）振动碾压

2）边坡区地基处理

① 边坡接触面除修建台阶外，接触面每 4m 高度采用 1000kN·m 强夯，坡脚 1500kN·m 强夯以提高地基承载力。

② 全场清除表面 0.5m 厚草皮土，可以用于覆盖工后土质区表面。

③ 工后挖方边坡播草防护，填方区边坡采用人工护砌防护，在护砌方格中人工植草防护。

3）不良地质处理

本机场在试验段、航站区等区域均不同程度存在不良地质。主要表现为淤泥、泉眼、老滑坡等地质现象。

淤泥采用挖除大部分淤泥后再抛部分片石的措施处理，结合试验段效果分析，采用此方法处理淤泥效果好，成本较低。

泉眼区域一般采用引入盲沟的措施处理，在盲沟入口处扩大入口，利于将泉水引入盲沟，也可以适当防止填土后泉水位置的稍微改变。

老滑坡位于机场的边坡区，值得重视。经过认真分析和试验认为，本机场老滑坡的原因是多次高烈度地震引起，由于地下水的作用，在泥岩层和黄土层之间形成了一个富含水层，该层的内摩擦角大约只有 8 度左右。为此，解决水的问题是解决本机场老滑坡问题的核心。主要采取措施有：①挖除富含水层以上土；②在泥岩层上修建密集盲沟，解决水的出路问题；③在基础上用 CFG 桩提高基础的强度和承载力；④在地形平缓地区采用强夯加强地基强度；⑤个别地方采用修建挡土墙的办法减小边坡的放坡范围，避开老滑坡剪切面，防止在老滑动面上直接加载。

4）高填方边坡设计

填方边坡每个断面由坡顶对齐高程、采用 1∶2 的综合坡度确定坡脚，每级坡高约为 10m，每 10m 高设置一个马道，马道分 2.5 和 5m 两种，设计典型断面见图 7.6（a）。填料以挖方区强风化砂质泥岩和粉质黏土混合料为主，其中土基区下部（从自然地面到高程小于 1125m 范围内）填筑体压实度控制为 0.93，上部（高程 1125～1130m 范围内）控制为 0.95；土面区下部填筑体压实度控制为 0.88，上部控制为 0.93。填方施工采用压路机分层碾压或冲击压实至设计标高，坡脚及其外侧 3m 范围采用 4 排 1500kN·m 强夯进行处理；自然地面坡比大于 1∶5 时，结合其实际地形清表后修建 1～4m 高台阶，每填筑 4m 高在挖填交界面处采用 3 排 1000kN·m 强夯补强，见图 7.6（b）。

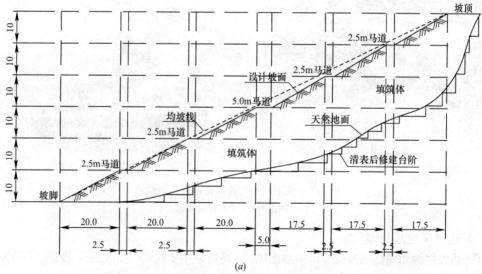

(a)

图 7.6 高填方边坡设计断面与挖填交界面处理示意图（单位：m）（一）

(a) 边坡设计断面示意图

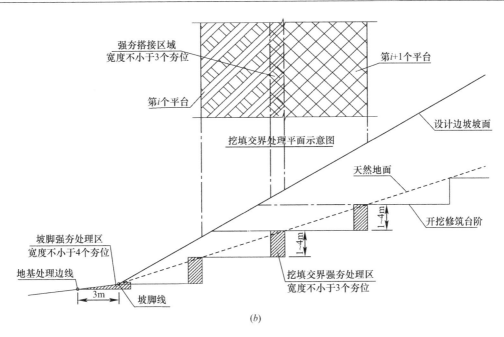

图 7.6 高填方边坡设计断面与挖填交界面处理示意图（单位：m）（二）

（b）挖填交界面处理示意图

5）高填方边坡坡面防护

填方边坡高度大于 2.0m 时均进行防护。坡面采用浆砌片石拱形骨架防护，骨架内人工制草，坡面上距坡顶和坡脚 0.5m 范围内采用浆砌片石满铺，片石强度不小于 MU30，采用 M7.5 砂浆砌筑。见图 7.7。

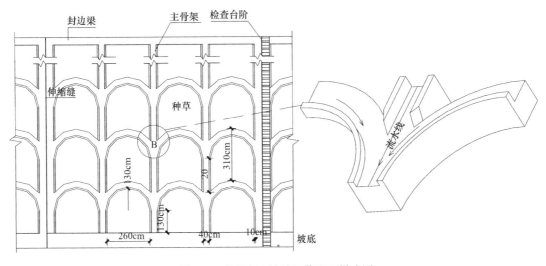

图 7.7 高填方边坡坡面浆砌石样式图

（3）排水工程设计

根据机场的地形、地貌和气候特点，飞行区排水工程的设计原则如下：①与地势设计相协调，合理规划排水系统，在满足排水功能要求的前提下，尽量减少工程量；②设计合理的边坡排水系统，减少边坡径流对高填方边坡的冲刷，保证边坡的稳定安全；③针对当地地势高差过大的特点，合理选择机场排水主出口，并尽可能减少机场排水主出口对边坡安全的影响。

1）暴雨强度公式及排水设计重现期

目前陇南没有暴雨强度公式，可研阶段采用天水市的暴雨强度公式。分析认为，天水的暴雨强度公式与成县的降水特点差异较大，特别是在降雨历时较长时差别比较明显。初步设计阶段收集了成县气象站 1980～2013 年的最大日雨量资料，2007～2013 年的短历时自记雨量资料（包括小时雨量资料和分钟雨量资料）进行了统计分析，并结合全国暴雨统计参数图集，编制了当地的暴雨强度公式，用于初步设计阶段的排水设计。

$$i = \frac{3.01 + 3.42\log P}{t^{0.474}} \tag{7.1}$$

式中，i 暴雨强度（mm/min）；P 为设计重现期（年）；t 为降雨历时（min）。

考虑高填方机场的特殊情况，暴雨超过设计重现期可能带来高边坡冲刷或失稳的工程危害较大，本次机场飞行区排水按 5 年重现期设计，在飞行区主出口段按 20 年重现期设计，以降低暴雨对高边坡的工程危害。

2）飞行场区排水系统设计

机场位于山梁上，场区四周以填方为主，局部外侧为挖方区，挖方区对应的汇水面积不大，因此机场基本不受场外洪水的威胁。飞行区排水设计主要是结合地势设计方案和飞行区总平面规划，保证场内径流能及时排出并尽可能减少对边坡的稳定的影响，同时适当考虑机场远期发展特别是航站区扩建的排水需要。由于场区周围只有东端有居民排水明渠可以作为接纳水体的容泄区，因此排水方案以自西向东为主。整个排水系统由三部分组成，包括跑道西端以西部分、跑道北侧飞行区和跑道南侧飞行区。

根据地势平整范围，两侧平整至距跑道中线 115m，局部大面积挖方段平整至距跑道中线 170m。为防止场区径流对边坡的冲刷，在飞行区北侧沿巡场路布置甲线沟自西向东排水，主要排出跑道北侧的径流。甲线沟距跑道中线 106m，在两端填方区距离巡场路中线 5m，在中部挖方区距离巡场路中线 69m。机场大填大挖容易产生不均匀沉降，考虑到排水沟在填方段距离边坡较近，一旦排水沟结构损坏渗漏对边坡安全影响较大，因此甲线沟采用钢筋混凝土结构。同时，受平整范围的限制，甲线沟距巡场路很近，结合飞行安全和行车安全需要，为减小排水沟开口宽度，甲线沟采用矩形明沟的形式，宽 0.8～1.2m，深 0.6～1.4m。

北侧中部外侧挖方区范围较大，为防止挖方边坡径流对围界的冲刷，沿围界外侧设置甲-1 支沟自西向东排水，在 P147+0.0/H104+13.0 位置向南接入甲线沟。甲-1 支沟采用浆砌片石梯形明沟的形式。北侧 V147+0.0 以东的挖方区面积较小，可作为取土区，使取土后的标高低于围界地梁标高，围界外侧不再设置排水沟。

在飞行区南侧主要沿巡场路布置乙线沟自西向东排水，主要排出跑道南侧的径流。乙线沟距跑道中线 106m，在飞行场地平整宽度为 115m 时，排水沟距离巡场路中线 5m，在西端平整范围扩大范围内距离巡场路中线87m。乙线沟主要采用钢筋混凝土矩形明沟的形式，宽0.8～1.2m，深0.6～1.4m。乙线沟在站坪区位置，考虑了站坪扩建后的流量，穿越联络道时采用钢筋混凝土盖板暗沟，断面尺寸为1.2m×1.2m，在消防水池和消防车道位置采用盖板明沟的形式。考虑到GP台保护区的要求，乙线沟在GP台保护区范围内采用钢筋混凝土盖板明沟，结构按汽车荷载设计。乙线沟在跑道西端头以东的径流汇流至东端节点B位置通过排水圆管引至飞行区围界外侧，再经急流槽排至江武公路附近消力后设置圆管穿越江武公路由主出水口B排至居民排水渠。

在站坪西侧布置乙-1支沟拦截站坪发展区的径流，在站坪东侧沿消防车道布置乙-2支沟，防止站坪区径流冲刷消防车道和边坡。乙-1和乙-2支沟向北汇入乙线沟。考虑到站坪区扩建改造拆除的便利，乙-1和乙-2支沟采用浆砌片石梯形明沟。

跑道西端头以西的径流在两侧分别汇入甲线和乙线沟，在飞行区西端沿巡场路布置丙线沟，乙线沟向西汇入西端的丙线沟，绕过西端安全区与甲线沟在节点A汇合后，通过圆管排至飞行区围界以外，通过急流槽引至农用路位置消力后设置排水圆管由主出口C排入附近天然冲沟。丙线沟距离巡场路中线13m，主要采用浆砌梯形明沟的形式，穿越端安全区时采用钢筋砼盖板明沟，盖板明沟断面为宽1.0m，深0.8～1.43m，设计荷载为汽车荷载。

3）边坡排水系统设计

在填方边坡坡脚设置坡脚沟，坡面设置纵向排水沟和横向排水沟。坡脚沟顺填方坡脚线布置，与边坡护脚的净距不小于1m，结构均采用浆砌梯形明沟。考虑坡脚外地形坡降较大，为减小开口宽度，同时满足结构稳定要求，浆砌坡脚沟采用1：0.5的边坡系数。边坡纵向排水沟沿边坡平台修建，采用浆砌片石矩形明沟，宽40cm，深40cm，浆砌厚度30cm。平台上纵向排水沟坡度与平整边线位置的坡度基本一致，径流排入坡脚沟，当平台纵向排水沟较长时每隔150～200m设置边坡横向排水沟沿坡面将径流引入坡脚沟，边坡横向排水沟采用宽60cm的浆砌片石矩形明沟，为减少水流溅出排水沟影响坡面稳定，横向排水沟沟深60cm。坡脚沟和横向排水沟坡度大、水流急，结构要求高，浆砌厚度为40cm，并要求用M10砂浆砌筑。

由于当地原边坡冲沟径流汇水面积不大，且比较分散，冲沟底部大都被开发利用为梯田，降雨条件下天然边坡径流下渗后地表径流非常有限。机场填方边坡形成后，径流路径发生改变，且比较集中，暴雨径流和泥沙易对下游耕地产生冲刷，需要对边坡径流进行收集处理。在机场15个填方边坡中，边坡附近均没有明显的水体通道。受地形地貌制约，只对汇水面积大的1#边坡、3#边坡和10#边坡的边坡径流引至明显的排水通道，其他填方边坡汇水面积小，收集处理后就近排放。其中1#边坡径流汇入主出水口C排入天然排水通道，10#边坡径流汇入东端居民排水渠，3#边坡修建穿石家沟村的排水通道接入农用路边的原天然排水通道。由于原排水通道接纳水体的能力有限，同时穿石家沟村的地形坡度较大且线路转弯多，需限制进入石家沟村排水通道的径流，因此在3#边坡底部平台位置离开坡脚10m以上修建调蓄池，通过控制调蓄池出口的流量减轻穿石家沟排水通道的泄洪压力。经计算，调蓄池上口55m×22m，深2.5m，采用浆砌片石结构，并在靠近坡脚一侧铺设防水土工布，减轻渗水对坡脚的影响。其他小边坡结合实际地形在坡脚设沉淀池并经消力后就近散排。

4）场外排水出口设计

机场填方高度大、坡度陡，径流对边坡影响大。飞行区径流在节点位置汇合后，通过埋设排水圆管引至飞行区围界外由急流槽引至坡底。考虑边坡的不均匀沉降，为防止沟槽沉降变形导致水流渗漏引起边坡病害，急流槽采用钢筋混凝土结构，并在底部交错布置消力墩，以减小流速。急流槽流量按 20 年的重现期设计，同时考虑水流飞溅的影响，加大急流槽沟深。为防止两侧径流冲刷，急流槽两侧及底部采用灰土回填，并在顶部两侧各 1.5m 宽范围内覆盖 20cm 厚 C25 混凝土，混凝土坡向沟内，坡度不小于 20％。整个场区分 4 个主出水口，其中飞行区主要径流由主出水口 A、B 排入居民排水渠，飞行区西端土面区径流由主出水口 C 排入天然冲沟，航站区径流由主出水口 D 排入天然冲沟。主出水口 A、B 径流量较大，对应的急流槽设计宽度为 1.8m，深度为 1.5m；主出水口 C、D 流量较小，对应的急流槽设计宽度为 1.2m，深度为 1.2m。急流槽末端设置 10～20m 长的消力池进行消能处理。

出水口 A、B 排入居民排水渠后，需要对出水口下游排水渠进行整治加固。出水口 C 排入天然冲沟，为降低出水口水流对天然冲沟的冲刷程度，出水口 C 视地形条件对下游 50～200m 范围内原冲沟进行整治，整治可采用浆砌梯形明沟将圆管出口径流沿原冲沟顺接至地形开阔的地段，整治沟的末端对径流进行扩散，扩散宽度不小于 5m，并在末端扩散宽度范围内的原冲沟上铺设直径不小于 30cm 的卵石，铺砌长度 10m，厚度不小于 50cm，减少径流对原冲沟沟底的冲刷。出水口 D 位置穿江武公路涵洞，需要疏通、整治。排水系统设计见图 7.8 示意。

5）设计流量计算

流量计算采用推理公式法，各主要控制点的设计流量及排水能力如表 7.4 所示。其中飞行区节点 A 设计流量 3.18m³/s，节点 B 设计流量 3.25m³/s，节点 C 设计流量 0.59m³/s。

7.1.4 试验段填筑加载过程

试验段冲沟的加载填筑过程如图 7.9 所示，加载过程主要包括冲沟内盲沟处理与软弱土处理、原地基粉质黏土层处理、填筑体分层碾压与夯实施工。在高程 1190m 以下时，因盲沟处理和原地基处理施工速率差异，冲沟中后部和盲沟两侧现场各填筑面之间形成多个临时搭接面，加载速率较慢；2014 年 3 月操作面基本形成，逐步开始大面积正常加载，3 月 15 日～5 月 18 日期间日平均加载速率为 0.22m/d，7 月 24 日～9 月 3 日期间日平均加载速率为 0.35m/d（8 月 31 日～9 月 3 日期间日平均加载速率最大为 0.63m/d），9 月 25 日～11 月 15 日期间日平均加载速率为 0.28m/d，2014 年 12 月 22 日～2015 年 1 月 8 日期间日平均加载速率为 0.4m/d。由此可见，受天气和管理等因素影响，试验段高填方填筑是个复杂的加载过程，除去 2013 年 12 月底至 2014 年 3 月初冬休外，试验段冲沟高填方地基加载历时约 10 个月，加载历时如图 7.10 所示。

由于试验段各项试验内容丰富，施工组织管理科学，施工质量可靠，成果为大面积填方提供了理论依据和有力指导，机场深挖高填土石方工程于 2015 年底完成，共计填方约 1260 万 m³，机场挖填方三维示意图见图 7.11。

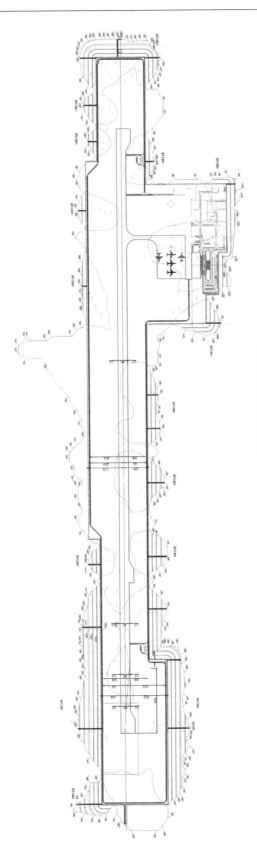

图7.8　陇南成州机场排水系统设计

	位置 参数	甲线沟 P147+0.0	节点 A	乙线沟 P147+20.0	乙线沟 P156+26.0 （暗沟）	节点 B	丙线盖板明沟	节点 C
道面区面积（ha）		4.51	6.86	4.56	11.61	13.18	0.14	0.29
土面区面积（ha）		22.50	48.07	19.84	26.09	37.79	6.46	10.40
综合径流系数 Ψ		0.442	0.462	0.493	0.54	0.529	0.362	0.365
汇流时间（min）		52.3	64.1	59.4	63.3	69.7	34.8	42.9
雨强（mm/min）		0.83	0.75	0.78	0.76	0.72	1.00	0.91
设计流量（m³/s）		1.65	3.18	1.56	2.63	3.25	0.40	0.59
断面尺寸		1.2×1.2	1.2×14	1.0×1.2	1.2×1.2	1.2×1.4	1.0×0.8	1.0×0.9
沟底坡度		0.003	0.006	0.004	0.005	0.006	0.002	0.002
排水能力（m³/s）		1.99	3.89	1.65	2.82	3.45	0.45	0.70

设计流量计算表　　　　　　　　　　　表 7.4

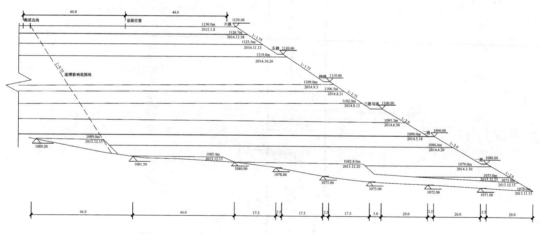

图 7.9　试验段高填方地基加载过程剖面图（P100）

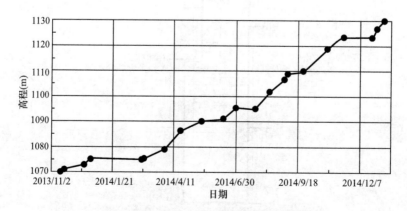

图 7.10　试验段高填方地基加载时程曲线

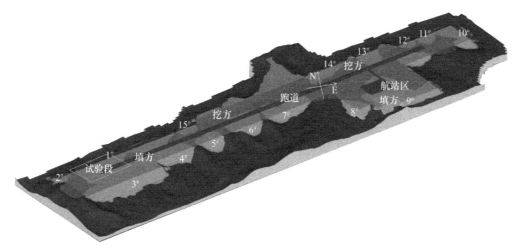

图 7.11 陇南成州机场挖填方三维效果图

7.2 兰永一级公路软基处理与填方监测

7.2.1 工程概况

兰永一级公路沿黄河快速通道工程，其起点位于兰州市西固区新城镇，经河口乡、达川乡、盐锅峡镇、太极镇，终点与永靖县新城区衔接。本工程项目的建设标准为：一级公路标准建设，设计车速：60km/h，整体式路基宽度：23m，分离式路基宽度：11.25m，路线全长：48.246km；全线共设特大桥 8 座（15431.5m），整体式大桥 9 座（2505.0m），分离式大桥 10 座（3090.0m）；整体式中桥 2 座（134.0m），分离式中桥 3 座（241.0m）；小桥 10 座（242.4m）；天桥 1 座（69.5m）；渡槽 3 座（180.0m）；涵洞 110 道；隧道 3 座共3941.0m（单洞长度）。由于路线经过河口电站、八盘峡电站、盐锅峡电站库区，软土主要分布于鱼塘和大坝库尾区芦苇地，软弱土主要由淤泥、淤泥质土组成；其工程特性为：土体饱和，承载力较低，呈流塑—软塑状态，厚度大约深 2～16m。地理位置如图 7.12 所示。

图 7.12 兰永一级公路卫星图

7.2.2　工程地质条件

根据工程勘察揭露，地层特性如下：

全新统冲积层（Q_4^{al}）：主要分布于黄河低阶地、河漫滩、水库淹没区及河床，包括黄土状砂土、细砂、淤泥、圆砾、卵石等，厚度 0.50～33.00m 不等，一般较松散，除砾石、卵石外，地基承载力相对较低。地基承载力一般都在 40～550kPa。

第四系晚更新统风积黄土（Q_3^{eol}）：主要分布于张家台、朱家台塬，及盐锅峡至恐龙湾山顶一带高阶地、谷坡或梁峁，灰黄色、灰白色，干燥，疏松多孔，大孔隙发育，垂直节理发育，一般具中等—强烈的湿陷性，地基承载力一般都在 120～200kPa。

第四系晚更新统冲积黄土（Q_3^{al}）：主要分布于张家台、朱家台等，黄褐色—浅红色，干燥，硬塑，具水平层理。晚更新统冲积砾石层，青灰色，干燥，中密，磨圆度较好，分选性一般。地基承载力一般都在 120～200kPa。

下白垩统河口群砂岩（K_1^{hk}）：薄层—中厚状，灰、灰青色，钙质、泥质胶结，成岩较好，薄层理发育，岩石较致密，中风化砂岩，锤击声较脆，岩石新鲜、坚硬，岩芯呈 5～30cm 柱状。强风化砂岩，岩芯多呈碎块。地基承载力一般都在 500～800kPa。是拟建桥梁等工程的良好桩端持力层。

下白垩统河口群黏土岩（K_1^{2c}）：主要为紫红色黏土岩夹细砂岩，为泥钙质胶结。岩石饱和单轴抗压强度较小，属极软岩—软岩，隔水性较好；岩体呈中厚层状结构，节理发育，岩石常破碎成小块或风化成红黏土。该组岩石抗风化能力总体较弱，易软化崩解，黏土层多具有弱膨胀性，差异风化易形成崩塌，工程中应注意防护。地基承载力一般都在350～500kPa，是拟建桥梁等工程的良好桩端持力层。

7.2.3　岩土工程技术问题

本项目所在区域以黄河阶地为主，表层土体大面积为软土和松软土，其主要分布于大约 0.5～12m 深处沿线黄河一级阶地中的鱼塘和大坝库尾区芦苇等地；其中软土以夹砂粉土、粉细砂、软塑—流塑状为主，其中工程土体为饱和状态，压缩性高，但其承载力低；部分河岸弯道处为原有黄河冲淤积处阶地，淤积层为深厚饱和粉细砂，厚度 10～20m。受软土不良土质影响，主要面临的工程地质问题有：

（1）翻浆、陷落：位于刘家峡水库附近的软土，由于常年被水浸湿，土体呈淤泥状，土体具有饱和、软塑、高压缩性等特性；加之所在区域地下水位偏高，路基极易陷落与翻浆，根据软土的厚度可采用换土垫层法、碎石桩基底处理法或直接修建桥梁通过此路段。

（2）地震液化：松散的砂土和黄土状粉土容易发生地震液化现象，因为这些土体在受到地震振动时有变为更加紧密的趋势。加之饱和砂土的孔隙均被水填充使其天然状态紧密，而紧密趋势的作用使得孔隙水压力的值增加速度较快，而一般情况下的地震作用时间较短，在这个时间段里由于孔隙水压力的增加值来不及向外扩散，这就使得原始砂粒所要传递的有效应力在接触面上大打折扣，随着时间的延长，有效应力逐渐消失，当完全消失时，砂粒层的状态变成类似于液体一样，其承载能力与抗剪强度紧接着也跟着丧失。因此，工程中对此种路基需进行处理。

（3）湿陷性黄土：试验路段地表土层含水量较大，加之农民耕植地的季节性灌溉，使得试验路段土层常年处于饱和状态。由于工程所遇土层属于过湿土，基底软弱，所以除了对地基基底做砂砾垫层处理外，还需加强防排水措施营造干燥施工环境，最后采用碾压夯实法把基底的湿陷性消除。

（4）不均匀沉降。因为试验段距离铁路距离不远，所以部分试验路段被以前修建铁路时所丢弃的土料所覆盖，其废弃土料中含量最多的为黏土岩和砂岩碎块石。而砂岩碎块石厚度一般为 $2\sim4$m 不等、结构松散并且岩性特性复杂；黏土岩具有地基承载力低、浸水易沉降、自身发生膨胀等特性。不宜用作高填方路基填料。

（5）边坡稳定性。位于后川和前川分界处的试验研究路段，其处于Ⅲ级阶地，此路段因受到自然地质构造与断层作用，岩土体裂隙发育完全，其中经过风化的黏土岩容易发生剥落；黄土边坡与黏土岩体边坡，由于土质松散，具有膨胀性，易坍塌，应加强坡面防护和防排水措施。

（6）膨胀性土。研究路段的土体大多数为黏土岩，其具有遇水膨胀，失水干裂的特性，加之若含水率过大还会出现翻浆现象，所以建议工程人员在做好防排水基础上，进行换填处理路床范围内的不良膨胀土。

（7）崩塌。横跨盐锅大沟的大桥，其桥台坐落处和路基处均有隐形崩塌的地质状况，其坡脚冲刷腐蚀严重、表面裂隙发育完全，因此在做好防排水措施的基础上，应对其上部结构进行荷载卸载、裂缝夯实、坡脚加固与坡面防护措施。

7.2.4 软弱地基处理

（1）不同工程地质处理原则

对于沿线冲沟内或灌溉农田及临河低阶地上，由于水的作用，出现盐渍化现象，经取样试验大部分为弱亚硫酸盐渍土，局部有中亚硫酸盐渍土。会对路基的安全和稳定构成一定的威胁，需进行处理。一般情况根据地下水、地表较长时间积水以及路基填筑高度进行处理。而对于桥梁跨越段，不再进行特殊处理，仅对混凝土基础的抗腐蚀性提出要求。

对填方路段的盐渍土，根据毛细水和气态水的影响高度，在施工前将地表盐结皮和松散土层铲除，再进行填筑路基，铲除厚度一般为 0.5m。为防止路基发生再盐渍化问题，一般需在路基下部设置隔断层。对于挖方路段，加深路堑边沟，将路基部分设计为低填方的形式，在路床 30cm 以下设置隔断层，隔断层的设置一般为 60cm 厚的砂砾，中间部位还需铺设一层防渗土工布。

对不良地质路段，设计中首先加强不良地质路段的排水设计。崩塌路段进行清方，设置挡土墙、护面墙等工程措施；黄土陷穴采用开挖回填，然后进行夯实一系列措施进行处理；杂填土全部清除换填，淤泥层采用排水清淤、换填砂砾、碎石桩的方法处理；湿陷性黄土，根据不同的湿陷等级，分别采用翻挖碾压、重锤夯实以及强夯等处理措施；对于膨胀土路堑，采用放缓边坡、换填的措施，根据需要设置挡墙或护面墙。

（2）特殊岩性土处理方法

松软土（局部软弱土）主要分布于沿线黄河一级阶地中。软弱土主要分布于鱼塘和大坝库尾区芦苇地，鱼塘底部有 $0.5\sim2.0$m 的淤泥质土，呈软塑—流塑状，土体饱和，承载力低。其次受大坝库区影响地下水位高，对路基有一定的影响。吊庄、罗家堡以及孔家寺段的大坝库尾区，由于本段地下水位高，两岸形成盐渍化软土，地表有盐霜。由于软弱土承载力低，压缩性高，不可作为路基及桥基础持力层。建议换填水稳性好的透水材料处理基底或以桥梁通过。

湿陷性黄土主要分布于黄土塬上、塬边地带及黄土梁、峁周围的冲沟两岸。黄土结构疏松，大孔隙及虫孔发育。沿线黄土陷穴主要分布在阶地冲沟内和高阶地边缘，主要因为黄土具有湿陷性以及地下水对其潜蚀作用的结果。陷穴一般呈竖井状，深度 2～25m，直径 1～30m，部分地段略有差异，大致呈串珠状或漏斗形，有些地段没有形成冲沟，但是在底部有地下暗沟连通。对于黄土陷穴，一定要查明水系及暗洞发育，在此基础上，最好选择开挖回填夯实，并布设完善的排水系统。

盐渍土主要分布在沿线黄河边的水浇地或洼地中，由于水位较高，地下水会由于毛细管作用向上升高，蒸发作用过程中，水分蒸发，盐分残留，凝聚在地表而形成。沿线盐渍土分布部位不深，且向深部逐渐减小。盐渍土也主要分布于软土路基段，软土路基换填处理后盐渍土无需另行处理。

膨胀性岩土主要分布于盐锅峡，岩性为下白垩统河口群棕红色黏土岩夹少量细砂岩及大量页岩等其他类岩石条带，具有弱膨胀性。对隧道要进行特殊设计；边坡要放缓坡率，加强防排水并且做好防护处置；膨胀性岩土不能作为路床填料。

人工填土主要分布于刘八路和刘盐路旁边，为填筑路基土和人工弃土，还有兰新高铁的弃土。主要由黄土、砂砾和黏土岩及砂岩组成，比较疏松，压实度不够，黏土岩具膨胀性，弃土颗粒较大，不满足路基填料要求。建议换填处理。

（3）本工程软基处理方法

① 浅层换填处理：依托工程 K14＋800～K23＋000 段路基位于八盘峡库区河岸低阶地，地势较低，为耕种水浇地或沼泽芦苇地，水浇地高于黄河水位 2～3m（局部低洼路段 1～2m），新建路基填土高度 2～4m。现场调研情况如图 7.13 所示。

(a)　　　　　　　　　　　　　　　*(b)*

图 7.13　软土路基现场图

该段水浇地长期灌溉及降水形成的地下径流丰富，且路线距八盘峡水库较近，处于地下径流和库区渗流共同影响的交汇区，下表层的含水量过高，土体性质软弱，土体季节性地处于过湿—饱和状态，具中—高压缩性，形成软弱路基，对路基稳定性影响较大，可能产生过量沉降或不均匀沉降。因此，施工图设计采用砂砾土对水浇地上部过湿土采取换填处理，换填厚度为 0.5m，并在地表以上铺设 0.5m 砂砾土作为隔断层，有效隔断水分上升。

由于施工期处于黄河水位回升和水浇地灌溉期，地下水水位高于勘察期水位，施工清表后地基普遍出现了碾压翻浆现象，经现场多处挖探，发现地表以下原有黄土状土硬塑层厚度小于勘察期厚度，仅有 0~1.3m，其下部含水量较大，为可塑—软塑土层（软弱层厚度 0.8~2.1m），底部为卵石层或泥岩层。

考虑到该段灌溉及降水形成的地下径流丰富，且路线距八盘峡水库较近，处于地下径流和库区渗流共同影响的交汇区，土体季节性的处于过湿—饱和状态，形成软弱地基，对路基稳定性影响较大，可能产生过量沉降或不均匀沉降。根据以上情况，在对此段路基基底进一步地质挖探和调查的基础上，确定了全幅开挖换填天然砂砾的变更方案，以消除工程隐患。浅层换填如图 7.14 所示。

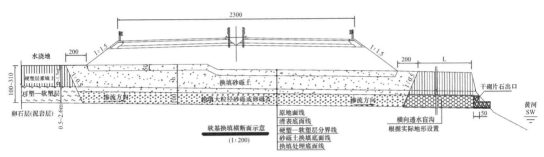

图 7.14　浅层换填设计图

② 抛石挤淤处理：设计采用对于软弱土层厚度小于 2m，不易开挖换填路段，采用直接抛填片石挤淤处理。对于软弱土层厚度 2~4m 的鱼塘、湿地路段，采用开挖 1~2m 淤泥层，底部抛填片石挤淤处理，开挖侧壁采用袋装砂砾土围护。

抛石挤淤置换率应大于 70%，路堤处理应宽于路基坡脚 1m 范围，抛石碾压处理后上层设置 50cm 砂砾土垫层，顶面铺设双层土工格栅。抛石挤淤时采用先填一层抛石，然后用机械如压路机碾压，然后再抛石再碾压，最终抛石顶面要比水面高，且高出高度不小于 50cm。边缘片石须相互嵌紧，路堤应宽于路基范围 1m，分层使用大吨位振动压路机碾压，每层压实后采用填隙碎石找平，每层厚度不大于 60cm。

依托工程 K44+840~K46+600 段采用路基通过太极岛水浇地，此段原为河谷低阶地冲洪积地层，现已大面积耕种，根据地质钻孔，此段软基为 3.0~4.5m 饱和软塑粉土、粉砂土淤泥，上部覆 0.5~1.0m 耕植黄土，下卧卵石土及砂岩。考虑到此段路基距离黄河较远，水位相对较低，原设计采用清挖 1~2m 顶部填土及表层淤泥后，抛填片石挤淤处理。抛石挤淤设计如图 7.15 所示。

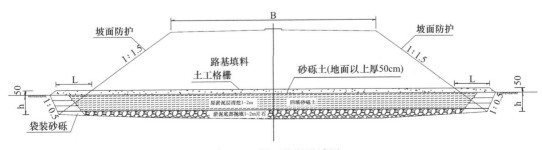

图 7.15　抛石挤淤设计图

材料要求：抛石挤淤采用片石粒径一般不小于30cm且不大于60cm；水塘等水下抛石粒径宜不小于30cm且不大于100cm。岩石应选用硬质且风化程度较低，抗压强度不小于30MPa，石料抛入软基后，应用较小石块塞缝垫平，用重型机械夯实碾压紧密。

天然砂砾土上铺双向拉伸型格栅：极限抗拉强度≥50kN/m，2%伸长率时的抗拉强度≥20kN/m。

③ 水泥搅拌桩：主要用于处理软弱土层较大且不方便直接清除的软土路段。本项目的水泥搅拌桩布桩采用正三角形形式，桩长按实际地质状况，设计为5～12m，桩径50cm，桩间距1.2m，成桩需穿透软弱土层至持力层。桩顶设置褥垫层和土工格栅，褥垫层厚度为50cm，土工格栅为单层双向。施工前必须通过实验试桩，确定合理水泥掺量。设计如图7.16所示。

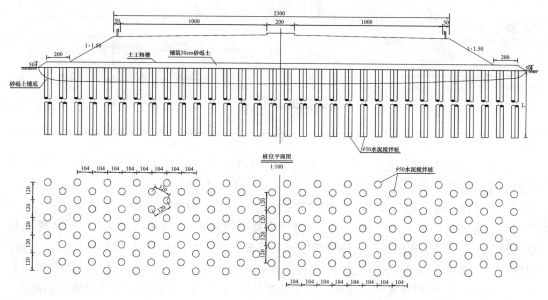

图7.16 水泥搅拌桩设计图

在地基处理过程中，有大型施工机械进场，因此需设置施工平台，以满足其进入场地承载力要求。

材料要求：水泥采用42.5级普通硅酸盐水泥，其性能必须符合《硅酸盐水泥、普通硅酸盐水泥》GB 175—1999的规定。水泥储存时间不宜过长，当超过3个月时，应对其进行取样检验，并且要按实际检验结果使用。天然砂砾土上铺双向拉伸型土工格栅一层。

④ 水泥粉煤灰碎石桩（CFG桩）：水泥粉煤灰搅拌桩一般用于软弱层厚度5～28m的深厚软基路段处理，采用C15水泥粉煤灰碎石桩（CFG桩）＋30cm厚碎石褥垫层＋双向土工格栅处理。水泥粉煤灰碎石桩（CFG桩）桩底嵌入持力层0.5～1.0m为宜，桩顶地面线以上设置30cm碎石褥垫层，垫层顶铺设单层双向土工格栅；若基底表层为湿地、鱼塘等软弱土层时，为满足施工进场要求，成桩前处理场地铺筑砂砾土垫层，作为机具工作平台。采用振动沉管法成桩。设计如图7.17所示。

材料要求：桩体混凝土按C15混合料配比设计，采用碎石、粉煤灰、石屑（砂）、水泥混合而成。试块立方体按标准养护28天，抗压强度标准值不得小于15MPa。粗集料采用碎石，根据施工方法选择不同的粒径，并掺入一定的石屑或砂，使级配良好。水泥选择符合标准的 42.5 级普通硅酸盐水泥，粉煤灰选用Ⅱ、Ⅲ级袋装粉煤灰。施工时按试验室配合比试验所得结果配置混合料。

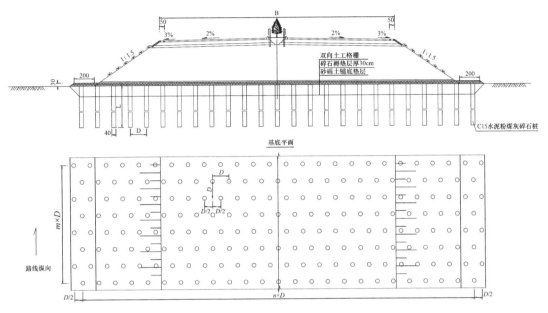

图 7.17　CFG 桩设计图

原地面以上的桩顶，该位置采用静力压实法铺设 30cm 厚褥垫层，处理范围超出桩布置范围 500mm，褥垫层能够保证桩、土共同承担荷载，是 CFG 桩形成复合地基的重要条件。选用不含植物残体、垃圾等杂物的碎石、级配砂石和中、粗砂，粒径控制在 5～16mm，且最大粒径不大于 30mm，夯实度不得大于 0.9。垫层顶面铺筑极限抗拉强度不小于 50kN/m 的单层双向土工格栅。

7.2.5　填方路基沉降监测

（1）监测点布置

本工程沉降监测仪器采用电感式智能单点沉降计，量程 400mm，灵敏度 0.1mm。与传统沉降监测仪器相比，该沉降计是采用整体式埋设，全数字监测，能够实现远程传输和自动测量，监测时的抗干扰能力强，可以智能记忆，自动储存，并且能够在恶劣环境下实现传输不失真，达到快速准确实时监测沉降量的目的。

分别在第 3 标段：桩号 K11＋478 桥梁台背，第 4 标段：桩号 K24＋400 填方路基（填料为土石混填材料，材料来源为试验路段左侧开挖边坡时所废弃的红泥岩和粉质黏土，大约在路基顶面回填 1m 左右的砂砾），第 9 标段：桩号 K44＋840 段 CFG 桩与抛石挤淤处治过渡段布置断面，对填方路基进行长期沉降监测。根据兰永一级公路的具体情况，本工程第 4 标段监测位置沿道路纵断面布置两列监测点，纵向每隔 1m 打竖孔，布置不同深度单点沉降计[90]。具体测点布置如图 7.18 所示，其中路肩单点沉降计编号为 1-$i^{\#}$，超车道单点沉降计编号为 2-$i^{\#}$，见表 7.5。现场布置见图 7.19。

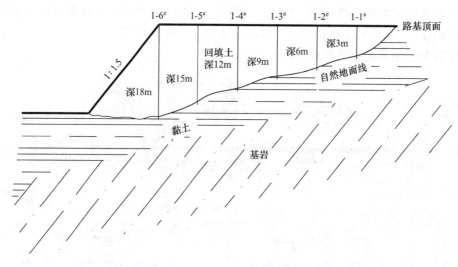

图 7.18　路肩和超车道位置剖面图

填方路肩和超车道单点沉降计编号及埋置深度　　　　　　　　　表 7.5

沉降计位置及编号	路肩	1-1#	1-2#	1-3#	1-4#	1-5#	1-6#
	超车道	2-1#	2-2#	2-3#	2-4#	2-5#	2-6#
埋置深度（m）		3	6	9	12	15	18

（a）　　　　　　　　　　　　　　　　（b）

（c）　　　　　　　　　　　　　　　　（d）

图 7.19　沉降计埋设与安装

（a）现场钻孔；（b）埋设的主要设备；（c）沉降杆连接；（d）远程监测系统安装

（2）监测结果分析

监测时间从 2015 年 9 月 20 日开始至 2016 年 8 月 20 日结束，历时 365 天，路肩与超车道沉降曲线分别如图 7.20 和图 7.21 所示。

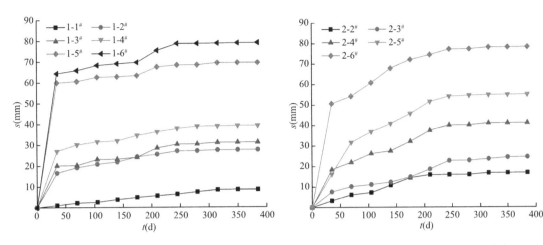

图 7.20　路肩沉降量与时间关系曲线　　图 7.21　超车道沉降量与时间关系曲线图

根据图 7.20 的路肩沉降曲线可知，监测点 1-1# 的整体沉降值最小，1-2# 沉降值次之，1-6# 的整体沉降值最大。整体分析其沉降趋势，曲线形态基本相似，沉降量随时间的增加而越来越大，0～40 天的沉降量基本呈线性增加，之后沉降曲线增加缓慢至 250d 左右基本趋于稳定；因为开始监测的时间在秋季，三个月后进入了冬季，气候变化可能导致冻融现象，从而出现沉降量的波动；路肩位置对应的沉降量最大为 79.03mm，最小 8.60mm，则平均沉降值为 43.82mm；所以，对于实际工程中预测路肩位置路面工后沉降量可参考其监测点的平均沉降量。

由图 7.21 的超车道沉降曲线可以看出，监测点 2-2# 沉降量最小，2-3# 沉降量次之，2-6# 沉降量最大。也就是说：填筑 6m 处最小，填筑 9m 次之，填筑 18m 处最大；整体分析其沉降趋势，曲线形态基本相似，沉降量随时间的增加而越来越大，0～40 天的沉降量基本呈线性增加，之后其增加缓慢，大约至 250 天左右沉降基本趋于平缓；由于开始监测与最后一次监测的时间季节差异较大，而气候变化可能导致路面沉降值的变化；超车道位置沉降量所对应的最大为 78.28mm，最小为 16.88mm，则平均沉降值 47.58mm；所以，对于实际工程中预测其超车道位置的路面沉降量可参考其监测点的平均沉降量。

综上所述，根据对第 4 标段路基现场实测，对比图 7.20、图 7.21 可以看出，路肩位置的整体沉降大于超车道沉降，这与路肩一侧没有侧向约束而超车道两侧有约束有关；对比路肩与超车道沉降，路肩位置的沉降以深度 3m 处填方体最小，深度 18m 处最大，填筑体沉降量呈先增大后减小，最后趋于平缓的趋势，0～40d 的沉降曲线其斜率较大即所表示的沉降速率一直增大，变化量占总沉降的 80%；40d～160d 的沉降值持续增加，而沉降速率变化逐渐减小，并在 160d 达到峰值；160d～250d 沉降速率变化越来越小，大约在 250d 开始趋于平缓稳定。

7.3 兰州新区高填方工程

7.3.1 工程概况

兰州市地处黄河谷地，全市地貌可分为山地、黄土梁峁沟谷地、河谷盆地三种类型，山地占全市总面积的 65%、黄土梁峁沟谷地占全市总面积的 20%、河谷盆地占全市总面积的 15%；两山加一河的特殊自然地理条件使主城区空间拓展受限，城市发展面临诸多困难和压力。然而，在城区建设用地异常紧张、全市耕地保护非常严峻的同时，在城市周边却有大量的国有荒山荒沟等未利用土地没有得到充分利用。全市土地面积 2030.24 万亩，其中未利用土地 167.59 万亩，未利用土地约占全市土地总面积的 8.25%。《国务院关于进一步支持甘肃经济社会发展的若干意见》（国办发［2010］29 号）提出"鼓励对沙地、荒山、荒滩等未利用土地开发利用"，因此，兰州市从地域和经济发展提出了"工业上山、农业进川、生活靠水"的发展思路，有计划地进行建设用地和农用地开发，开发总规模为 13103 公顷。

宜建开发区以建设用地开发为主、生态用地开发为辅，总面积 12000 公顷，分为 4 个重点区域，即兰北新城规划区、新区东规划区、皋兰西规划区和树屏规划区。宜农开发区以补充耕地为主，总面积 1102 公顷，位于皋兰县西岔镇南部。在分区基础上划定宜建重点片区 8 个，分别为东片区、中片区、西片区、区域服务中心片区、综合产业片区和石化物流产业片区、石洞片区、树屏片区，宜建重点片区分期规划图见图 7.22[145]，试验区概况见表 7.6。

7.3.2 工程地质条件

规划区地处陇西黄土高原西北部，根据《甘肃省地貌类型图》，该区所处陇东、陇西黄土高原区之陇西黄土丘陵中山山地亚区，大面积为黄土覆盖，黄土丘陵是该区最主要的地貌类型。以下分别对各规划区地貌与地层岩性进行简述：

（1）兰北新城规划区

该区处于兰州市北山黄土丘陵沟壑区，大部分位于黄河四、五级阶地上，地势为南北高、中间低。地貌类型根据成因和形态特征可以分为中低山地貌、侵蚀堆积黄土丘陵、侵蚀堆积河谷平原。山梁相对高度在 200～300m，海拔高度±1650～1850m 之间，最高点海拔为 1980m，最低点海拔为 1552m，高差 428m。除个别大型沟谷外，其余沟谷大都是长度 1～3km 的干沟，沟底呈 V 字形，山体陡峭，山顶都有厚度不均的黄土分布，植被不发育，水土流失严重。出露的地层主要以新生界为主，中生界及古生界出露较少，局部出露元古界地层。总体而言，该区黄土层较深，下部地层岩性承载力较高，工程地质条件较好，但有个别区域地层岩体抗压强度低、强风化遇水易软化。

（2）新区东规划区

该区地处陇东、陇西黄土高原区之陇西黄土丘陵中山山地亚区，大面积被黄土覆盖，主要位于白垩系、第三系地层之上，黄土丘陵是该区最主要的地貌类型。总体地势呈西北

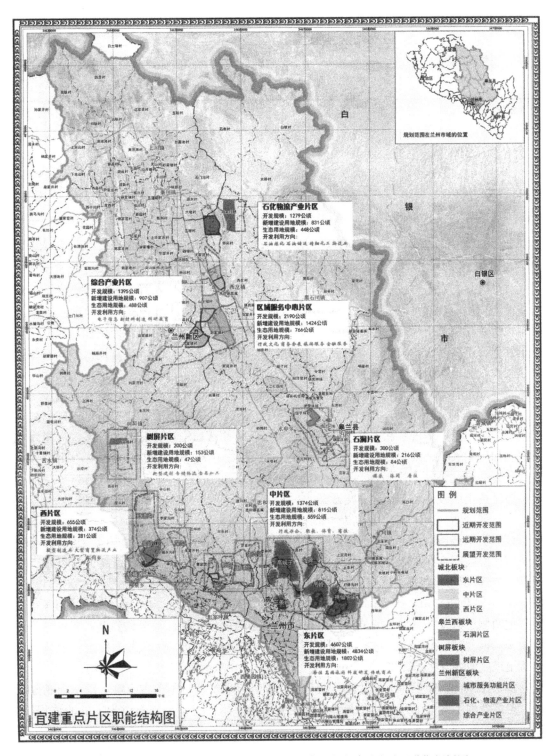

图 7.22　兰州市低丘缓坡沟壑未利用地综合开发宜建重点片区分期规划图

兰州市未利用地综合开发试验区概况 表 7.6

片区名称	造地片区数量（个）	面积（km²）								挖填方量（万 m³）	
		造地控制范围线面积				规划单元面积					
		总面积	占农林用地情况			总面积	其中			总挖房	总填方
			林地面积	基本农田面积	一般耕地面积		超30m填方区面积	可建设用地面积			
兰北新城规划区	3	153.57	4.39	0.00	13.6	118.67	29.38	86.96	229226	226387
新区东规划区	1	124.14	3.11	9.46	22.07	106.76	0.00	86.85	—	—
皋兰西规划区	1	20.26	0.02	0.29	3.48	16.37	0.20	16.17	11184	11297
树屏规划区	1	10.04	0.01	0.00	2.58	8.80	0.01	8.79	5247	5288
合计	6	308.01	7.53	9.75	41.73	250.60	29.59	198.77	245697	242972

高东南低，海拔 1827～2108m，地形切割强烈，沟谷多呈 V 字形，由黄土梁峁和黄土残塬构成，呈孤立的黄土峁或宽窄各异的条状梁地形，植被稀疏、沟壑纵横、地形破碎，为典型的黄土丘陵地貌，可以分为剥蚀-堆积黄土梁峁丘陵地貌、冲洪积堆积盆地地貌和洪积堆积地貌。其中黄土梁峁丘陵由相间排列的黄土梁峁丘陵与宽谷组成，冲洪积形成的盆地上覆砂碎石土和粉土，厚 10～50m，地表覆盖粉土厚度为 0.5～2.5m，盆地内砂碎石厚度变化较大，盆地西部和东部边缘埋藏的两条走向近南北条形古河道的碎石层厚度最厚，可达 40～50m，其他地段小于 30m，在盆地的中部和西北部有残余台地，略高出盆地 5～10cm，碎砂石厚 10～20cm；洪积堆积地貌主要由沟谷组成，地形开阔平坦。该区出露地层主要为第四系、新近系和志留系。第四系为全新统冲洪积堆积，分布于全区，为漫滩相土层和加积的坡积、洪积物综合体，岩性以黄土状粉土为主，厚度不等，土质均匀性较差，具有湿陷性，水平层理明显，局部地段夹有薄层的砂层，含零星石膏晶粒。总体而言，该区黄土层较薄，下部碎石土承载力一般，开展工程建设需进行地基处理。

（3）皋兰西规划区

该区位于黄河以北黄土梁峁丘陵区，地形以黄土丘陵为主，梁峁被"川"及河谷所分割。该区海拔高度在 1639～1899m 之间，相对高程一般在 30～50m，最高可达百米，坡度 5°～20°，黄土堆积厚度大，一般在 50～60m。川的长度大都在 40～60km，宽度 400～800m，川地开阔平坦，纵比降小于 10‰，黄土层深厚，且少冲沟切割，但有黄土陷穴。川谷地两侧还有众多呈树枝状伸向黄土丘陵地的小沟谷，长数百米至数公里，宽由不足百米至 200m，纵比降约 15‰。该区土层为第四系上更新统（Q_3）风积黄土覆盖，上部为次生黄土或风成黄土，厚 20～30m。岩性变化不大，一般为浅灰黄色，质地均匀，结构疏松，多大孔隙，颗粒粗，遇稀盐酸强烈起泡，垂直节理发育，不含古土壤，以粉土成分为主。厚度各地不等，由几米至几十米，个别处可达百米。下部为碎石土为主的冲洪积层，碎石土埋藏较浅，分布连续，承载力较高，该板块最主要的问题是黄土的湿陷性。中生界白垩系下统河口群分布在板块北部，其岩性上部为紫红色砂岩、泥岩互层夹透晶状砂岩，下部为褐红色、暗红色厚层砂砾岩、砾岩夹浅灰色页岩、砂岩和泥岩，属河湖相碎屑岩建造，多见上覆第四系风积黄土。总体而言，该区黄土层较薄，下部碎石土承载力一般，开展工程建设需进行地基处理。

（4）树屏规划区

该区位于黄河五级阶地以上，总体地势西北高、东南低，属于沙土浅山丘陵地区，海拔高度大多在 1745～1925m 之间。基本为侵蚀构造中低山地貌，除个别大型沟谷外，其余沟谷大都是长度 1-3km 的干沟，沟底呈 V 字形，山体陡峻，山坡坡度 30～40 度，山脊、谷底狭窄，山峰尖锐，沟谷切割密度小，切割深度 150m 左右，山顶都有厚度不均的黄土分布。依据地貌形态及成因，研究区地貌单元可以划分为剥蚀堆积丘陵地貌以及堆积沟谷地貌。该区内为大面积的粉土和碎石土覆盖，在南部及东部的山区地段有基岩出露。前第四系的古近系主要分布于碱沟东岸，岩性多为河湖相沉积薄一中厚层砂岩，呈半胶结状，成岩程度低，遇水易软化，强度较低，与下覆白垩系呈不整合接触；前第四系的新近系广泛分布于树屏东北侧碱沟沟谷的东侧及两岸，地层总体上较为平缓，为一套河湖相及山麓相的碎屑堆积物。第四系上更新统广泛分布评估区沟道内，是组成沟道表层的主要物质成分，岩性以粉土为主，夹少量碎石，水平、斜交层理较发育，厚度达 10～46m；第四系全新统由冲洪积堆积物和洪积堆积物组成，冲洪积堆积物广泛分布于该板块，其岩性由冲洪积形成的碎石土和粉土，成分主要为砾岩、石英片岩和花岗岩，厚度为 10～20m。洪积物分布于碱沟及其支沟的沟谷，其岩性为洪积形成的粉土，土质均匀性差，具有湿陷性，水平层理明显，局部地段夹薄层的砂层，含零星石膏晶粒，厚度为 3～20m。总体而言，该区岩体的完整性很差，节理裂隙发育，导致总体岩体强度降低，在雨季由于重力作用，常产生滑坡、崩塌，开展工程建设需进行护坡处理。

7.3.3　岩土工程技术问题

近年来，兰州市先后在城关区九州开发区、青白石街道、安宁区沙井驿、榆中县大青山、皋兰县忠和镇等地开发低丘缓坡等未利用地 1.5 万亩，在造地模式和工程技术等方面进行了有益初步探索，对地基土分析与评价如下。

（1）地基土分析评价

兰州位于黄土高原的西缘，规划区黄土之下白垩系、新近系的红色泥岩、砂质泥岩分布广泛，岩性松软，沟谷宽阔，谷底平坦，发育了岇状黄土丘陵，普遍被厚层的黄土覆盖。

1）场地土的湿陷性评价

规划区湿陷性土主要分黄土状粉土和黄土两类。黄土状粉土（Q_4^{al+pl}）主要分布于沟谷平原地带，多为冲洪积物，土黄色，岩性为粉土为主，土质均匀，大孔隙发育，结构疏松，具水平层理，夹砂性土、粉质黏土薄夹层，粒度成分中黏粒和砂粒含量明显增高，结构较疏松，孔隙度和压缩系数均较大，属中等—高压缩性土，稍湿，稍密。湿陷土层因所处沟谷位置及黄土状粉土分布厚度变化，一般沟口较薄，湿陷土厚度一般为 10～15m，局部地段可大于 20m，向沟脑逐渐变厚，湿陷性及湿陷深度也逐步加重，最厚可达 30～40m，湿陷类型为 Ⅱ～Ⅳ级自重湿陷性土，属中等—很严重湿陷等级。黄土主要指上更新统风积马兰黄土（Q_3^{2eol}），披覆于黄土梁岇顶部，灰黄色，质地均一，岩性为粉土，结构疏松，大孔隙发育，垂直节理发育，土质均匀，稍湿，稍密，黄土粒度成分以粉粒为主，占 55% 左右，具粒状架空接触式结构，孔隙度多大于 50%，压缩系数大于 0.7MPa^{-1}，属中等—高压缩性，含水量低，多小于 10%，易溶盐含量较高，CL$^-$ 含量一般大于 1000mg/kg，

SO_4^{2-} 含量一般大于 1500mg/kg。大部分具中—强湿陷也并具自重湿陷性，因位置及厚度变化为Ⅱ～Ⅳ级自重湿陷性土，属中等—很严重湿陷等级，一般山脊厚度较大，湿陷性土层厚度多大于 20m，半坡及坡脚厚度逐渐变小，常伴有重力潜蚀作用，主要表现为陷穴、陷坑和落水洞等，多零星分布于地形低洼地带，规模、大小差异较大。

黄土的湿陷系数随深度而有明显的变化，其中离石黄土和午城黄土湿陷量很小，湿陷系数平均在 0.015 以下，属于弱湿陷性黄土或非湿陷性黄土，马兰黄土湿陷量很大，湿陷系数在 0.015 以上，同时随着深度增加湿陷等级呈有规律的变化，一般在地表一下至 10m 深处湿陷量最大，之间的湿陷系数为 0.03～0.08，20m 以下介于 0.015～0.03。

2）场地土的腐蚀性评价

根据已有资料，规划区地基土对钢筋混凝土结构具有微—中等腐蚀性，对钢筋混凝土结构中的钢筋具有微—中等腐蚀性。由于规划区面积很大，在具体工程建设过程中根据具体场地进行详细评价。

3）地下水的腐蚀性评价

根据已有资料，规划区场地水对混凝土结构具有中等—强腐蚀性，对钢筋混凝土结构中的钢筋在干湿交替条件下具有中等—强腐蚀性，在长期浸水条件下具有微腐蚀性；对钢结构（如管道）具有中等腐蚀性。

（2）规划区岩体工程地质类型及特征评价

岩体类型以岩石建造为基础，根据岩体结构、岩性组合、岩石力学性质进行划分，将规划区岩体划分为以下工程地质岩组：

1）块状坚硬片岩、片麻岩岩组

其岩性主要为角闪片岩、黑云母片岩、石英岩、千枚岩等，中厚层—薄层状结构。该套岩组表层节理裂隙发育，岩体破碎，风化较强，风化层较厚，强风化层厚度一般在 2～3m，中风化层最深可达 11m，岩体的天然重度 26.1～27.1kN/m³，饱和单轴抗压强度为 3.26～43.8MPa，单轴干抗压强度 30.1～120.0MPa，黏聚力在 9.0～200MPa 之间，内摩擦角在 26.0°～38.7°之间，为良好的工程地质岩组。

2）层状、软弱—半坚硬砂岩夹黏土岩岩组（K_1^{hk}）

由白垩系河口群组成，白垩系泥岩、砂岩构成阶地基座，其出露高度一般在 30m 左右。岩性为紫红色砂岩、泥岩互层夹透镜状砂砾岩。中厚层—薄层状结构。该岩组中砂岩质地较坚硬，而泥岩则较软弱。根据勘察采集到的岩石试样，其干重度 20.6～24.0 kN/m³，干抗压强度 11～50MPa，软化系数 0.3～0.6，黏聚力 11～46kPa，内摩擦角 20.1°～38.2°，为不良工程地质岩组。

3）层状半坚硬砂岩岩组（E）

由古近系地层组成，岩性主要为疏松砂岩、砂质泥岩互层及少量砂砾岩等，底部往往为泥灰质结核层或砂砾岩层，具层块状结构。该岩组多被第四系黄土覆盖，岩层产状平缓，其干重度 22.9～24.3kN/m³，干抗压强度 90～230kPa，黏聚力 18～62kPa，内摩擦角 38°～45°。

4）层状软弱黏土岩岩组（N）

由新近系地层组成，该套地层产状总体平缓，岩性主要为泥质砂岩、细砂岩、砂质泥岩夹砂砾岩等，具层块状结构，质地较软弱，泥岩浸水极易软化崩解，软化系数为 0.5，泥质胶结的砂岩遇水也易软化。泥岩易风化，其表层风化破碎强烈，节理裂隙发育，在裂隙中常见黄土充填物。其物理力学指标为：泥岩，含水率16.38%～24.28%，天然重度20.3～21.2kN/m³，干重度16.4～17.6kN/m³，黏聚力c（峰值）25～92kPa，c（残余值）7.0kPa，内摩擦角φ（峰值）28°～37°，内摩擦角φ（残余值）23.13°。砂质泥岩，含水率13.92%～14.1%，天然重度20.1～21.4kN/m³，干重度18.8kN/m³，c（峰值）40～72kPa，内摩擦角φ（峰值）30°～36.5°。砂岩，天然重度19.9～20.2kN/m³，黏聚力20～160kPa，内摩擦角φ37.5°～43°。该岩组多为砂质或泥质结构，层状构造，成岩性差，岩体完整性很差，节理裂隙发育，物理力学性质较差，总体岩体强度低，抗风化能力及抗水性均弱，遇水或暴露地表极易软化崩解或风化，风化后呈碎块状或砂土状，地表有侳，导致在雨季由于重力作用，常产生滑坡。为不良工程地质岩组。

5）块状坚硬花岗岩、闪长岩岩组（Y₃l）

主要为加里东期（Y₃l）侵入体，岩性为灰白色、肉红色中粒花岗岩、花岗闪长岩等。整体块状结构，致密坚硬。密度2.78g/cm³，含水率0.33%～0.36%，吸水率1.44%～1.59%，孔隙率2.89%～3.60%，单轴抗压强度（天然状态）48.1～120.0MPa，单轴抗压强度（饱和状态）39.1～45.0MPa，抗拉强度（天然状态）7.50～8.55MPa，抗拉强度（饱和状态）4.64～4.76MPa，弹性模量7.183～8.783×10⁴MPa，泊松比0.10～0.14。该套岩组整体稳定性较高，为良好工程岩组，但在修路、采石影响下，也易发生崩塌灾害。

（3）规划区土体工程地质类型及特征评价

依据勘察区土体成因类型和土体结构特征，将土体分为以下几种类型：

1）粉土、砾卵石双层土体。主要分布于大的沟谷及支沟沟谷中，具有二元结构，上部为粉土、砂土，下部为砂砾卵石层。上部粉土稍密，可塑，具中等压缩性，干强度低，摇振反应迅速，多具黄土特性，具自重湿陷性，湿陷等级为中等二严重，岩土物理力学性质较差，承载力较低，承载力特征值在100～120kPa，易发生斜坡体变形。下部卵石层中密—密实，磨圆度较好，呈亚圆二次圆状，级配不良，分选性差，岩土物理力学性质较好，承载力较高，承载力特征值在450～550kPa。

2）马兰黄土。广泛分布于规划区丘陵梁峁区，具有大孔隙，稍密，可塑，结构疏松，垂直节理发育。随原始地形的起伏厚度变化较大，一般厚20～30m，最大厚度达100m，具中等—高压缩性，干强度低，摇振反应迅速，具自重湿陷性，湿陷等级为严重—很严重，岩土物理力学性质较差，承载力较低，承载力特征值在100～120kPa。

3）离石黄土。分布于马兰黄土下部，孔隙不发育，中密，水平层理发育，具低—中等压缩性，干强度较高，摇振反应弱，湿陷性轻微或无湿陷性，岩土物理力学性质一般，承载力特征值在120～150kPa。

此外，规划区经填沟整平后，虽然下部的基岩地层属微弱含水，局部地段可形成地下水的富集，但总体上该类地下水的径流和排泄条件较好，不会导致大面积的地下水位上升，因此规划区场地无液化土分布，可不考虑场地土的地震液化影响。但仍需对回填黄土的沉降与湿陷特征及控制措施、黄土挖填方边坡及防护、红砂岩工程地质特性及边坡防护等问题进行专项研究。

7.3.4 高填方设计与施工

（1）开挖施工

1）开挖方法

采用挖掘机或装载机开挖配合自卸汽车运输，开挖自上而下，先将山上的植被及其他杂物清除运弃，再将挖出来的土方回填到相邻的填方区，多余的土方运至指定的弃土地点，故填土与弃土同步进行。

2）开挖标高控制

待挖至接近地面设计标高时，要加强测量，其方法如下：在挖方区边界根据方格桩设置高程控制桩，并在控制桩上挂线，挂线时要预留一定的碾压下沉量 3～5cm，使其碾压后的高程正好与设计高程一致。土地平整一般有三种方式：平坡式，用地经改造成为平缓斜坡的规划地面形式；台阶式，用地经改造成为阶梯式的规划地面形式；混合式，用地经改造成平坡和台阶相结合的规划地面形式。

对研究区内的土地平整采用平坡式，从沟口前沿开始，沿分水岭削山，向沟内平推，使相邻沟谷流域连成一体，高程接近，最终达到形成平整的、大面积的可建设用地。施工方法考虑采用洒水分层碾压方法造地。兰州市城关区青白石低丘缓坡沟壑等未利用地综合开发利用项目见图 7.23。

(a)   (b)

图 7.23 兰州市城关区青白石低丘缓坡沟壑未利用地综合开发项目开工与验收

（2）填筑施工

土石方填筑前，先对需填场地进行测量放样，清除表土及不适宜材料。按规范要求清理现场并定好控制桩位后，经监理工程师同意方可进行填筑作业。当在斜坡上填筑时，其原坡陡于 1：5 时，原地面应挖成台阶，台阶应有不小于 1m 的宽度，并且应与所用的挖土和压实设备相适用，所挖台阶向内侧倾斜 2%，砂性土可不挖台阶，但应将原地面以下 20～30cm 的土翻松，再同新填土料一起重新压实。其工艺流程如下所示：

施工准备→基底处理→分层填筑摊铺整平→洒水或翻晒→机械碾压→面层修整→检验签证。

1）施工准备

填方材料的试验在填筑施工前，填方材料按规范要求取样，按相关规定的方法进行颗粒分析、含水量与密实度、液限和塑限、有机质含量、承载比（CBR）试验和击实试验。

2）基底处理

在土方工程施工前，由测量人员根据设计图纸，放出分界线，原地面的树墩及主根用挖掘机挖除，并把地面上的长草或植物割除，清除地面上的建筑垃圾，把它们堆放在指定的地方，由自卸汽车运到场外。存在沟塘、淤泥质土等不良地质情况的局部区域，不能直接回填，须根据设计图纸和现场勘察确定它们的具体位置，并做好标志，按要求进行处理。

3）分层填筑

在底层土处理经监理工程师检查合格签证后，按断面全宽分层填筑，由最低处填起，填土压实前松铺厚度不大于 30cm，且不小于 10cm。

4）摊铺整平

自卸汽车从挖方区把土方运至填土区，由推土机把卸下的土摊平。推土时推土机不能碰撞控制桩，机械无法平整的地方由人工平整。

5）洒水和晒干

根据现场测定的填料含水量，与最佳含水量对照，超出±2%时，需对填料进行洒水或晒干处理。对含水量偏低的填料采取洒水翻拌，对含水量偏高的采取翻松晾晒。再次测定含水量合格后，整平碾压。总之，填料含水量应控制在最佳含水量±2%以内。

6）碾压

碾压时，振动压路机从低到高，从边到中，适当重叠碾压。为防止漏压，碾压时横向接头的轮迹重叠宽度为 15～25cm，每块连接处的重叠碾压宽度为 1～1.5m，碾压时振动压路机不能碰撞高程控制桩，压路机碾压不到的地方采用蛙式打夯机或人工夯实。碾压时先轻后重，速度适中。先用压路机预压一遍，以提高压实层上部的压实度，然后用推土机修平后再碾压，以防止高低不平影响碾压效果。为保证碾压的均匀性，碾压速度不能太快，先快后慢，行驶速度控制在 2km/h 以内。

碾压遍数需根据压实度要求、分层厚度、回填土的土质含水量、碾压机械等情况来确定，一般为 6～8 遍。可在施工初期通过碾压试验段来确定，并作为以后碾压施工的依据。

碾压到规定遍数后，工地试验人员及时检查土的压实度，若尚未达到压实度要求，需要继续碾压，直至达到规定的压实度并经监理工程师认可才能填筑上层土方。碾压时施工人员随时观察土石方的碾压情况，若在碾压过程中出现受压下陷、去压回弹等不正常现象，停止碾压，经处理后再重新碾压。

7）检测

为确保压实质量，必须经常检查填土含水量及压实度，始终保持在最佳含水量状态下碾压，采用环刀法或灌砂法检测，确保填方压实度大于 90%。压实过程中的检测方法和频率按相关技术规范的规定执行。

8）最上一层土的填筑

当填土接近设计标高时，测量员要加强测量检查，控制最上一层填土厚度。最上层填土既不能太厚又不能太薄，太厚了压实度达不到，太薄了上层土易脱皮，不能很好结合。根据现场土质及现场试压情况留准虚高，使碾压后的高程符合质量标准。

（3）临时排水施工

研究区大小沟谷数十条，在填挖过程中，应保证其地表水及洪水的排泄，否则被堵塞后，可能会造成严重的后果，加之工程施工场地大，为保证施工质量和施工进度，在土石方施工过程组织有效的临时排水系统非常重要。

在土石方施工前，按要求回填原地面的沟塘、坑等可能积水的地方，结合现场地势情况，设置临时排水系统，以防场地在施工前有积水，泡浸原地面，破坏原地面的稳定性，增加施工工程量。

7.4 吕梁机场高填方工程

7.4.1 机场概况

吕梁机场位于大武镇木格塔瑪村附近的黄土梁上，距吕梁市中心直线距离约 20.5km，距城市规划边缘约 9km。跑道长 2600m，宽 45m，道肩宽 1.5m，总宽 48m。站坪机位数为 4 个（2B2C），平面尺寸为 192m×125m。升降带宽 300m，长 2720m，跑道端安全区自升降带端向外延伸 240m。航站楼建筑面积约 4000m²。机场用地约 2023.5 亩（134.9hm²），其中飞行区用地约 1804.5 亩（120.3hm²），航站区用地约 219 亩（14.6hm²）。

场区属剥蚀堆积黄土丘陵区地形起伏大，冲沟发育，填方量约 $1.9×10^7 m^3$，挖方量约 $3.2×10^7 m^3$（含净空处理），机场挖填方三维效果图见图 7.24[146]。场区最大填方高度超过 80m，顺坡填筑的边坡高度超过 110m，加之湿陷性黄土独特的岩土结构特征和工程特性，使得吕梁机场的高填方岩土工程技术问题极其突出。吕梁机场是目前国内湿陷性黄土地区机场建设中遇到的土方量最大、填方高度最高、地形条件最复杂的机场工程之一，在国外机场建设中未见先例。

图 7.24 吕梁机场挖填方三维效果图

7.4.2 工程地质条件

（1）地形地貌

场区位于晋西北黄土高原，属吕梁山中段西侧的中低山区，地形起伏大，见图 7.25，以跑道中心线的梁峁区为局部分水岭，两侧发育有近 20 条枝状冲沟发育，纵横切割，切割深度为 20~100m，沟谷横截面上游多呈 "V" 字形，个别沟谷下游呈 "U" 形，沟谷两侧坡度为 20~60° 之间，局部地段可达 80° 以上。总体地势呈中间高，东西两侧低；北高南低。最高点为场地西北侧黄土峁顶部（W033），高程 1237.3m，最低点为场地西南侧冲沟底部，高程为 1018.1m，相对高差 219.2m。

图 7.25　吕梁机场原始地貌图

典型工程地质剖面图见图 7.26，地貌单元以侵蚀堆积黄土丘陵区为主，微地貌单元如下，场地土物理力学指标见表 7.7。

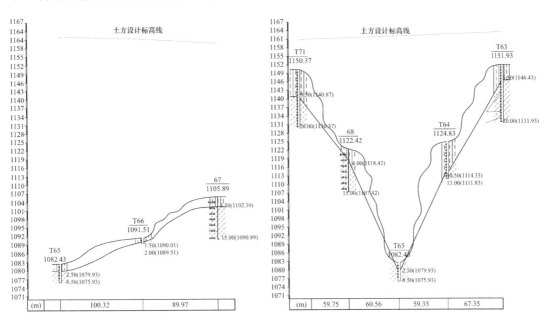

图 7.26　吕梁机场试验段典型工程地质剖面图

场地土物理力学指标（勘查报告计算参数选用表）　　　　　　表 7.7

类别	土层编号	土层名称	计算参数		
			重度 ρ	黏聚力 c	内摩擦角 φ
			kN/m³	kPa	°
填筑土	①₁	马兰黄土	19.0	53.3	25.6
		离石黄土	19.7	45.8	25.4

续表

类别	土层编号	土层名称	计算参数		
			重度 ρ	黏聚力 c	内摩擦角 φ
			kN/m³	kPa	°
地基土	①₂	黄土状土	15.0	29.1	23.3
	②₁	湿陷性马兰黄土	16.5	30.6	23.0
	②₂	非湿陷性马兰黄土	17.2	31.2	23.2
	③	离石黄土	19.4	53.7	23.2
	④₁	粉质黏土	20.0	61.8	22.5

① 黄土沟谷地貌：场区有多条深切冲沟，沟头、沟壁陡峭，两侧多见崩塌堆积体；在主冲沟沟壁两侧，有多处切沟，切沟的深度和宽度均可达 1~2m，长度可超过几十米，沟床多陡坎，横剖面有明显的谷缘。

② 黄土沟间地貌：包括黄土梁和黄土峁。黄土梁呈长条形分布，顶面宽 50m 左右，横剖面呈明显的穹形，沿分水线有较大的起伏。黄土峁是一种孤立的黄土丘，平面呈椭圆或圆形，峁顶地形呈圆穹形，峁与峁之间为地势稍凹下的宽浅分水鞍部，若干峁连接起来形成和缓起伏的梁峁组成黄土陵。

③ 黄土潜蚀地貌：包括黄土碟、黄土洞穴、黄土柱等形态。

（2）地层分布与岩性特征

自上而下为：第四系全新统人工堆积层（Q_4^{2ml}）、坡积层（Q_4^{dl}）、第四系上更新统风积层（Q_3^{eol}）、第四系中更新统风积层（Q_2^{eol}）、第三系上新统（N_2）、石炭系上统太原组（C_{3t}）沉积岩、奥陶系中统上马家沟组（O_{2s}）沉积岩，岩性为湿陷性黄土、粉土、粉质黏土、砂岩、泥岩及白云质灰岩。场地土物理力学指标见表 7.5。

①₂ 层黄土状土（Q_4^{dl}）

主要分布于 H1、H2 滑坡体上，浅黄—褐黄色，主要为粉土，稍密，结构疏松，具大孔隙，含钙质结核，干强度低。标贯击数 3.0~10.0 击，平均 5.4 击。

② 层马兰黄土（Q_3^{eol}），包括：

②₁ 层湿陷性粉土（Q_3^{eol}）：褐黄—褐色，广泛分布于场址梁、峁上，是组成黄土丘陵顶部主要地层，结构疏松，具大孔隙，垂直节理发育，含钙质结核，稍密—中密状态，干强度低，具中~高压缩性，具轻微—强烈湿陷性。标贯击数 4.0~21.0 击，平均 10.6 击。

②₂ 层粉土（Q_3^{eol}）：褐黄—褐色，结构疏松，具大孔隙，垂直节理发育，含钙质结核，局部夹棕红色、褐红色粉质黏土古土壤层，中密，干强度低，具中—低压缩性。标贯击数 6.0~39.0 击，平均 19.4 击。

③ 层离石黄土（Q_2^{eol}）

褐红—棕红色，含钙质结核或夹钙质结核层，夹数层棕红色条带状古土壤层，含云母、氧化铁、氧化铝，硬塑，干强度中等，标贯击数 12.0~48.0 击，平均 28.3 击。出露于试验段内深切沟谷中。

④₁ 层粉质黏土（N_{2b}）

紫红—棕红色，夹钙质结核层及泥质、钙质胶结的砾岩，天然状态下为坚硬—硬塑，受水浸湿后呈软塑状态，干强度高，标贯击数 19.0~56.0 击，平均 32.8 击。出露于火烧沟深切沟谷中。

（3）气象、水文条件

本区属大陆性半干旱气候，四季分明，冬冷夏热，春季少雨，降雨多集中在 7～9 月份，约占年总降雨量的 60% 以上。年最大降雨量 744.8mm（1985），年最小降雨量 245.0mm（1999），多年年平均降水量约 500mm（1970～2003 年）。年最大蒸发量为 2175.3mm，最小蒸发量为 1633.6mm，多年年平均蒸发量为 1837.9mm，年平均气温 8.8℃，极端最高温度 39.9℃，最低温度 -27.4℃，无霜期 150～200d，主导风向为北北东，平均风速 2.6m/s，最大冻土深度 1.1m。

勘探深度范围内，工程地质Ⅲ区未揭露地下水。工程地质Ⅰ区、Ⅱ区 7#～9#、11#、26#、36#、39#～43#、55# 揭露地下水，其余钻孔均未揭露地下水，地下水类型为孔隙承压水，勘察期间实测稳定水位埋深 2.7～20.0m，水位标高 1053.7～1091.2m，主要以大气降水入渗补给及侧向径流补给为主。水位季节性变化幅度约 1.0m 左右，勘察期间为平水期。

7.4.3　岩土工程技术问题

结合现有的勘察资料可知：场区地貌类型属于剥蚀堆积黄土丘陵区，场地冲沟发育，纵横切割，由黄土梁、峁组成丘陵地貌。工程地质条件复杂，湿陷性黄土具有特殊的岩土结构特征和工程特性，同时又具有超高填方、大土方量、施工难度大、工程环境复杂等特点，使得吕梁机场的岩土工程技术问题极其突出，主要有以下工程问题及难点[39]：

（1）场区工程地质条件综合问题。本机场土方规模大、场地平整范围宽，地形地貌条件复杂，覆盖土层岩土结构和工程性质独特。工程建设与复杂多变的工程地质条件密切联系，需要对场区地质条件进行综合评价研究，进而建立工程地质信息综合模型。

（2）湿陷性黄土地基处理问题。如何选择合理的处理方法和工艺参数，对湿陷性黄土地基进行加固处理，在满足稳定和变形要求的前提下，保证施工工期，降低工程造价是本项目亟待解决的技术问题之一。

（3）高填方地基变形问题。高填方地基必然存在地基沉降与不均匀沉降问题。本工程填方高、荷载大，原地基和填筑体自身的沉降均较大，加上湿陷性地基条件，沉降控制难度极大。如何采取有效而又经济的工程措施，减少地基沉降，控制工后剩余沉降，是本高填方机场工程建设的核心技术难题之一。需要结合试验段进行分析研究，对高填方地基的稳定性作出准确的评价，提出控制高填方地基变形的工程措施。

（4）高填方边坡稳定性问题。本机场属于典型的湿陷性黄土地区高填方机场，顺坡陡坡填筑，使边坡稳定问题突出。需要进行非饱和湿陷性黄土边坡浸水软化规律研究，确定合理的抗剪强度指标，采用不同的稳定性分析方法计算分析，确定合理的提出填筑体边坡坡度，并采取有效的工程处理措施。

（5）黄土压（夯）实方法及其检测评价问题。作为填筑材料的黄土，具有含水率低、施工含水率（增湿）控制难的特点。需要通过黄土压（夯）实试验研究，确定合理的施工工艺和设计参数，确定合理的检测方法和控制指标。

（6）土方工程优化设计问题。本机场的土方量之大，为国内湿陷性黄土地区机场建设中土方工程量之最。本机场土方工程的优化设计，需要考虑的因素多，应从多个方面进行专门研究。

（7）场区水文地质问题。自然状态下，场区工程范围内虽然没有地下水，但冲沟深切的地形条件表明，地表水及径流对黄土的水土保持和地基稳定具有关键性作用。需要研究地表水下渗和径流及其对机场工程的影响，研究黄土边坡降雨侵蚀规律及防排水技术、研究黄土边坡漫流侵蚀规律，研究针对性的工程防护措施。

（8）工程环境与环境保护问题。机场工程建设周期长、规模大、涉及面广。场区的半干旱性气候条件，黄土覆盖层的低黏性粉土颗粒特征，生态环境脆弱，大规模的土方工程势必带来工程环境问题。有必要对土方工程、高填方地基的有关处理措施、坡面防护工程等各个方面，进行专题研究，通过综合考虑、统筹安排并采取有效的监控手段，以保证机场在环保的工程环境中建设和运营。

7.4.4 试验段高填方设计与施工

吕梁机场试验段地基湿陷等级分区平面图见图 7.27（a），相应地基处理分区平面图见图 7.27（b），地基处理方法见表 7.8。土方填筑密实度控制标准及分区见图 7.28，接坡及工作面搭接见图 7.29，试验段土方填筑方法和施工设计参数见表 7.9、表 7.10[147]。填筑完成后试验段边坡现场实景见图 7.30。

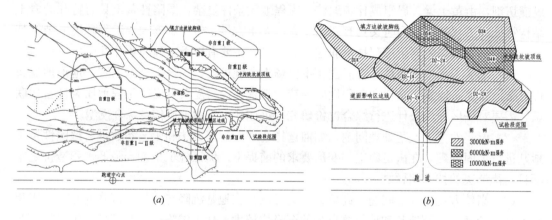

(a)　　　　　　　　　　　　　　(b)

图 7.27　试验段地基湿陷等级分区与地基处理

试验段地基处理方法　　　　　　　　表 7.8

功能分区	地基处理分区		处理方法	处理区域	处理面积
边坡影响区	冲沟区	D1 区	3000kN·m	冲沟沟谷、浅层冲积土 4～6m	4520m²
道面影响区	冲沟区	D2-1 区	3000kN·m	冲沟沟谷、浅层冲积土 4～6m	4166m²
		D2-2 区	3000kN·m	沟壁接坡、破壁地基处理	32454m²
	梁峁区	D3 区	3000kN·m	一般湿陷性、湿陷性土层厚度<7m	10125m²
		D4 区	6000kN·m	强湿陷性、湿陷性土层厚度 7～10m	5126m²
		D5 区	10000kN·m	强湿陷性、湿陷性土层厚度>10m	4755m²

各分区强夯处理设计参数　　　　　　　表 7.9

处理分区	夯型	单击夯能（kN·m）	夯点间距	夯点布置	单点击数
D1～D3 区	点夯	3000	4.0m	梅花形	10～12
	满夯	1000	d/4 搭接	搭接型	3～5

续表

处理分区	夯型	单击夯能（kN·m）	夯点间距	夯点布置	单点击数
D4 区	点夯	6000	5.0m	梅花形	10～12
	满夯	1000	$d/4$ 搭接	搭接型	4～5
D5 区	点夯	10000	5.5m	梅花形	10～12
	满夯	1500	$d/4$ 搭接	搭接型	4～6

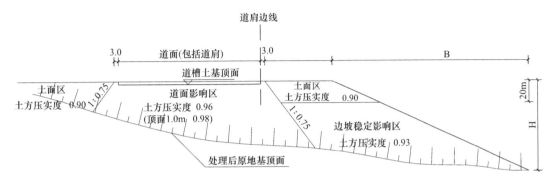

图 7.28　填筑体密实度标准及分区示意图

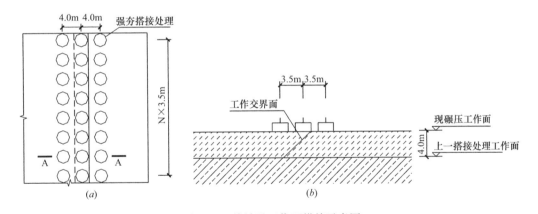

图 7.29　接坡及工作面搭接示意图

（a）平面示意图；（b）A—A 剖面示意图

试验段土方填筑方法和施工设计参数　　　　表 7.10

填筑分区	道槽标高下	压（夯）实方法	压实度要求	虚铺厚度	备注
道面影响区	0～1m	振动碾压＋冲击碾压	0.95＋0.05	4m×0.35m	顶面冲压补强
	1～20m	振动碾压＋冲击碾压	0.93＋0.03	5m×0.4m	每 1.5m 厚冲压补强
	>20m	振动碾压＋3000kN·m 强夯	0.93＋0.03	20m×0.4m	每 6.0m 厚强夯补强
边坡影响区	0～20m	振动碾压	0.90	0.4m	
	>20m	振动碾压	0.93	0.4m	
一般土面区	0～1m	振动碾压	0.90	3m×0.45m	
	>1m	振动碾压	0.90	0.5m	

(a)   (b)

图 7.30　试验段边坡现场实景图

第8章 结论与创新

山区高填方工程日益增多，其填方高度、特点及难点不断刷新，主要岩土工程问题涉及"三面两体两水"等，其中最为突出的核心难题就是高填方地基变形计算和高填方边坡稳定性分析。依托陇南成州民用机场高填方工程，首先，在试验段对高填方地基处理进行系统深入地研究，提高土石混合料高填方地基处理水平；其次，采用多种研究方法和高新先进技术系统研究混合料物理力学特性，深入揭示其强度、变形及持水特性等，为理论计算和数值模拟奠定基础；第三，结合试验段时空监测成果，深入进行高填方地基变形与边坡稳定分析，揭示其变形破坏机理，建立合理算法和评价标准，为山区高填方地基变形和边坡稳定性分析提供理论依据；第四，基于室内外试验和数值模拟研究，合理修正非饱和混合料填土的本构模型，给出符合现场实际的高填方变形计算方法，为高填方变形计算提供有效手段；最后，修正完善山区高填方地基变形和边坡稳定性分析研究成果。本书完成的主要工作及获得结论如下。

(1) 合理选定位于最大填方区的道槽区和土面区作为试验段，在此进行填料配比、原地基处理试验、填筑体压实试验、挖填交界处理等各种工况试验。主要结论如下：

① 陇南成册机场高填方原地基中的粉质黏土层是地基中相对软弱层，对高填方地基沉降与差异沉降及地基稳定性控制起着决定性作用，类似不同厚度的粉质黏土层，可参考本书中试验结果选择相应的强夯工艺参数进行处理。同时，建立了夯后有效加固范围和加固影响范围计算方法；

② 当土石比 $2:8 \leqslant m \leqslant 4:6$，土样最大干密度为 $2.0 \sim 2.04 \mathrm{g/cm}^{-3}$，最优含水量为 $10.67\% \sim 11.73\%$。道槽区填料应优先选用性质较好的岩性料，同时严格控制填料土石比、最优含水量与级配等；

③ 挖填交界面与坡脚区域应采用低能级强夯补强；道槽区大面积填土施工时，可优先采用振动压实＋强夯补强的工艺。提出了一种高填方地基填土压实度连续检测与监控系统，可用于类似高填方工程的动态信息化设计和施工。

(2) 对山区高填方机场中土石混合料填筑体及挖填交界处土体进行现场原位剪切试验，同时通过室内直接剪切试验、高压压缩试验、3种非饱和三轴试验，深入分析了土体的强度、变形与持水特性等。主要结论如下：

① 泥岩与土体接触带或缝隙是薄弱区域，最先可能导致块石的移动或转动，演化为凹凸剪切面；破坏机制由滑移破坏转变为压剪破坏。高填方工程中挖填交界处的边坡比大面积填筑体边坡更容易发生剪切破坏，施工过程中应加强处理；

② 不同初始状态的土石混合料直剪试验和高压压缩试验证明，大面积填方工程中初始压实度宜控制在0.93以上，初始含水量控制在最优含水量±(2%～3%)，填料土石比

控制为 2：8～4：6，填筑体抗剪强度较高，压缩性较低、压缩模量较高。基于试验结果，建立了一种考虑初始含水量和初始干密度的填方土体抗剪强度算法，同时，建立了一种考虑填筑土层的初始含水量、初始压实度和所受荷载变化的填筑体沉降变形算法；

③ 各向等压三轴试验和三轴收缩试验中，分别将其屈服应力点绘在 p-s 平面上，其形状与 Barcelona 模型中 LC 屈服线、SI 屈服线形状相似。选用 Van Genuchten 模型对土水特征曲线进行拟合，得到的土水特征曲线模型可为混合料渗透性研究奠定基础。三轴排水剪切试验中，详细对比分析了不同初始状态下强度、变形与水量变化，基于此修正了非饱和土非线性增量本构关系及其参数。

（3）建立了基于分层总和法计算高填方地基竖向沉降和侧向变形的理论表达式，并编写了山区高填方地基变形计算程序，进行计算与对比分析。最后，采用有限元软件进行深入对比分析。获得主要结论如下：

① 建立了基于分层总和法计算高填方地基竖向沉降和侧向变形的理论表达式。若地基土处于弹性状态，则采用修正的增量非线性本构关系计算高填方地基总的竖向沉降和水平位移；若地基土处于弹塑性状态，则采用修正的非饱和土弹塑性本构关系计算高填方地基总的体应变和偏应变。采用 MATLAB 软件编写了山区高填方地基变形可视化计算程序，求得不同填筑高度的高填方地基竖向沉降和侧向位移。

② 有限元分析发现在施工期应严格控制填方地基的沉降与差异沉降；工后第一年沉降约占工后沉降的 60%，工后第二年沉降量约占工后沉降的 30%，工后 3～5 年沉降量约占工后沉降的 10%，工后沉降总体不超过 20cm；工后第一年不应进行道面施工，条件允许时应放置 2 个雨季。

（4）对高填方边坡滑移变形过程进行监测和反演分析，提出了山区高填方边坡不同变形阶段的时空演化特征与变形速率预警判据；初步探讨了变模量双强度折减法评价高填方边坡稳定性的新思路。提出采用柔性结构加固刚性失稳挡墙的新型支挡结构，并推导建立了其动静力稳定性计算方法。获得主要结论如下：

① 山区高填方边坡变形以沉降为主、兼有明显水平侧向位移，属于典型的人工加载的"后推式"滑移类型；填筑土体或原地基土体中相对软弱夹层一般最先发展为前缓后陡的滑移面，地下水位上升可显著降低滑带土黏聚力和边坡稳定系数。

从时间、空间上来看，裂缝形成与发展经历 3 个阶段，剪切试验过程中试样变形和应力状态在宏观上与之对应对应。正常施工过程中高填方边坡变形速率连续 3 天大于 0.3mm/d 应引起警示，连续 3 天大于 0.8～1mm/d 应当报警，若变形速率超过 20～50cm/d，则整个滑面贯通，坡体开始整体滑移。

② 基于双强度折减法，结合修正的 Duncan-Chang 模型和非饱和土破坏时的强度准则，建立了变模量双强度折减法；与强度折减法（包括双强度折减法）或变模量弹塑性强度折减法相比，本书折减机制更加符合实际。

③ 对于框架预应力锚杆结构加固失稳重力式挡土墙的动静力稳定性计算，首先，推导出加固结构的抗倾覆稳定性和抗滑移稳定性计算公式；其次，采用振型分解法给出了地震动力作用下地震作用和预应力锚杆拉力计算公式；最后，给出了地震动力作用下加固结构抗倾覆稳定性和抗滑移稳定性计算公式。

（5）伴随施工过程，在试验段道槽区和土面区及高填方坡内进行无线远程综合监测，

511-521.

[131] 贺可强，陈为公，张朋. 蠕滑型边坡动态稳定性系数实时监测及其位移预警判据研究 [J]. 岩石力学与工程学报，2016，35（7）：1377-1385.

[132] 袁维，李小春，白冰，等. 一种考虑拉破坏的强度折减法研究 [J]. 岩石力学与工程学报，2014，33（增1）：3009-3014.

[133] 王栋，年廷凯，陈煜淼. 边坡稳定有限元分析中的三个问题 [J]. 岩土力学，2007，28（11）：2310-2313＋2318.

[134] 陈冉，刘飞. 基于双折减系数法的土坡稳定性分析 [J]. 防灾减灾工程学报，2013，33（增1）：105-110.

[135] 朱彦鹏，杨晓宇，马孝瑞，等. 边坡稳定性分析双折减法几个问题的研究 [J]. 岩土力学，2018，39（1）：331-338＋348.

[136] 李忠，朱彦鹏，余俊. 基于滑面上应力控制的边坡主动加固计算方法 [J]. 岩石力学与工程学报，2008，27（5）：979-989.

[137] 迟世春，关立军. 应用强度折减法有限元分析土坡稳定的适应性 [J]. 哈尔滨工业大学学报，2005，37（9）：1298-1302.

[138] 王勖成. 有限单元法 [M]. 北京：清华大学出版社，2003.

[139] 李忠，朱彦鹏. 多阶边坡滑移面搜索模型及稳定性分析 [J]. 岩石力学与工程学报，2006，25（S1）：2841-2847.

[140] 朱彦鹏，叶帅华. 水平地震下框架锚杆支护边坡简化分析方法 [J]. 工程力学，2011，28（12）：27-32.

[141] 顾慰慈. 挡土墙土压力计算手册 [M]. 北京：中国建材工业出版社，2005：431-432.

[142] 朱彦鹏，杨校辉，马孝瑞，等. 柔性加固失稳重力式挡土墙的动静力稳定性分析 [J]. 工程力学，2015，32（11）：1-8.

[143] 朱彦鹏，董建华. 土钉支护边坡动力模型的建立及地震响应分析 [J]. 岩土力学，2010，31（4）：1013-1022.

[144] 朱彦鹏，杨校辉，王秀丽，等. 高填方变形无线远程综合监测系统及安装监测方法 [P]. 中国专利：CN201510555457.3.

[145] 兰州市人民政府. 兰州市低丘缓坡沟壑等未利用地综合开发利用专项规划（2011～2020）[R]. 兰州，2013.

[146] 空军工程大学. 吕梁机场湿陷性黄土地基处理及土方填筑试验设计文件. 西安，2010.

[147] 北京中企卓创科技发展有限公司. 山西吕梁机场高填方工程边坡稳定初步计算报告 [R]. 北京，2010.

技术科学，2014，44：172-181.

[111] 徐文杰，王识. 基于真实块石形态的土石混合体细观力学三维数值直剪试验研究 [J]. 岩石力学与工程学报，2016，35（10）：2152-2160.

[112] 杨校辉，朱彦鹏，郭楠，等. 一种高填方地基现场直剪试验装置 [P]. 中国专利：CN2016212915114.

[113] 李广信. 论土骨架与渗透力 [J]. 岩土工程学报，2016，38（8）：1522-1528.

[114] 兰州理工大学，后勤工程学院. 非饱和原状黄土垂直边坡主动土压力原位测试研究及其应用 [R]. 2010.12.

[115] 杨校辉，朱彦鹏，师占宾，等. 压实度和基质吸力对土石混合填料强度变形特性的影响研究 [J]. 岩土力学，2017，38（11）：3205-3214.

[116] Nuth M.，Laloui L.. Advances in modelling hysteretic water retention curve in deformable soils [J]. Computers and Geotechnics，2008，35（6）：835-844.

[117] Vallejo L. E.. Interpretation of the limits in shear strength in binary granular mixtures [J]. Can. Geotech. J.，2001，38：1097-1104.

[118] Jiang X. G. Cui P.，Ge Y. G.. Effects of fines on the strength characteristics of mixtures [J]. Eng. Geol.，2015，198：78-86.

[119] Medley E.. Observations on tortuous failure surfaces in bimrocks：felsbau，rock and soil engineering：journal for engineering geology [J]. Geomech. Tunnelling，2004，22：35-43.

[120] GUO Jianfeng，CHEN Zhenghan，FANG Xiangwei. Analysis of Seepage，Deformation and Stability of Xiaolangdi Dam Using Unsaturated Soil Consolidation FEM [C]. Proc. IAC-MAG2011，Australia，2011.5，p154-158.

[121] 方祥位，陈正汉，申春妮，等. 剪切对非饱和土土-水特征曲线影响的探讨 [J]. 岩土力学，2004，25（9）：1451-1454.

[122] Li P. Y.，Qian H.，Wu J. H.. Accelerate research on land creation [J]. Nature，2014，510：29-31.

[123] 王恭先. 滑坡防治中的关键技术及其处理方法 [J]. 岩石力学与工程学报，2005：24（21）：3818-3827.

[124] 朱彦鹏，董建华. 柔性支挡结构的静动力稳定性分析 [M]. 北京：科学出版社，2015.

[125] 张丙印，温彦锋，朱本珍，等. 土工构筑物和边坡工程发展综述—作用机制与数值模拟方法 [C] //第十二届全国土力学及岩土工程学术大会论文摘要集 [A]. 上海，2015：129-152.

[126] Zhu Y. P.，Yang X. H.，Shi Z. B.. Design and installation of comprehensive instrumentation system of high-fill foundation in mountainous airport [J]. Unsaturated Soil Mechanics from Theory to Practice - Proceedings of the 6th Asia-Pacific Conference on Unsaturated Soils，p733-740，October 23，2015-October 26，2015，Guilin，China.

[127] 杨校辉，朱彦鹏，周勇，等. 山区机场高填方边坡滑移过程时空监测与稳定性分析 [J]. 岩石力学与工程学报，2016，35（增2）：3977-3990.

[128] 陕西省岩石力学与工程学会. 三号边坡监测预警报告 [R]. 西安，2015.

[129] Quentin B. Travis，Mark W. Schmeeckle，David M. Sebert. Meta-analysis of 301 slope failure calculations. I：database description. J. Geotech. Geoenviron. Eng.，2011，137（5）：453-470.

[130] Zhang G. C.，Tan J. S.，Zhang L.，et al. Linear regression analysis for factors influencing displacement of high-filled embankment slopes [J]. Geomech. and Eng.，2015，8（4）：

511-521.

[131] 贺可强，陈为公，张朋. 蠕滑型边坡动态稳定性系数实时监测及其位移预警判据研究 [J]. 岩石力学与工程学报，2016，35（7）：1377-1385.

[132] 袁维，李小春，白冰，等. 一种考虑拉破坏的强度折减法研究 [J]. 岩石力学与工程学报，2014，33（增1）：3009-3014.

[133] 王栋，年廷凯，陈煜森. 边坡稳定有限元分析中的三个问题 [J]. 岩土力学，2007，28（11）：2310-2313＋2318.

[134] 陈冉，刘飞. 基于双折减系数法的土坡稳定性分析 [J]. 防灾减灾工程学报，2013，33（增1）：105-110.

[135] 朱彦鹏，杨晓宇，马孝瑞，等. 边坡稳定性分析双折减法几个问题的研究 [J]. 岩土力学，2018，39（1）：331-338＋348.

[136] 李忠，朱彦鹏，余俊. 基于滑面上应力控制的边坡主动加固计算方法 [J]. 岩石力学与工程学报，2008，27（5）：979-989.

[137] 迟世春，关立军. 应用强度折减法有限元分析土坡稳定的适应性 [J]. 哈尔滨工业大学学报，2005，37（9）：1298-1302.

[138] 王勖成. 有限单元法 [M]. 北京：清华大学出版社，2003.

[139] 李忠，朱彦鹏. 多阶边坡滑移面搜索模型及稳定性分析 [J]. 岩石力学与工程学报，2006，25（S1）：2841-2847.

[140] 朱彦鹏，叶帅华. 水平地震下框架锚杆支护边坡简化分析方法 [J]. 工程力学，2011，28（12）：27-32.

[141] 顾慰慈. 挡土墙土压力计算手册 [M]. 北京：中国建材工业出版社，2005：431-432.

[142] 朱彦鹏，杨校辉，马孝瑞，等. 柔性加固失稳重力式挡土墙的动静力稳定性分析 [J]. 工程力学，2015，32（11）：1-8.

[143] 朱彦鹏，董建华. 土钉支护边坡动力模型的建立及地震响应分析 [J]. 岩土力学，2010，31（4）：1013-1022.

[144] 朱彦鹏，杨校辉，王秀丽，等. 高填方变形无线远程综合监测系统及安装监测方法 [P]. 中国专利：CN201510555457.3.

[145] 兰州市人民政府. 兰州市低丘缓坡沟壑等未利用地综合开发利用专项规划（2011～2020）[R]. 兰州，2013.

[146] 空军工程大学. 吕梁机场湿陷性黄土地基处理及土方填筑试验设计文件. 西安，2010.

[147] 北京中企卓创科技发展有限公司. 山西吕梁机场高填方工程边坡稳定初步计算报告 [R]. 北京，2010.

技术科学，2014，44：172-181.

[111] 徐文杰，王识. 基于真实块石形态的土石混合体细观力学三维数值直剪试验研究 [J]. 岩石力学与工程学报，2016，35 (10)：2152-2160.

[112] 杨校辉，朱彦鹏，郭楠，等. 一种高填方地基现场直剪试验装置 [P]. 中国专利：CN2016212915114.

[113] 李广信. 论土骨架与渗透力 [J]. 岩土工程学报，2016，38 (8)：1522-1528.

[114] 兰州理工大学，后勤工程学院. 非饱和原状黄土垂直边坡主动土压力原位测试研究及其应用 [R]. 2010.12.

[115] 杨校辉，朱彦鹏，师占宾，等. 压实度和基质吸力对土石混合填料强度变形特性的影响研究 [J]. 岩土力学，2017，38 (11)：3205-3214.

[116] Nuth M.，Laloui L.. Advances in modelling hysteretic water retention curve in deformable soils [J]. Computers and Geotechnics，2008，35 (6)：835-844.

[117] Vallejo L. E.. Interpretation of the limits in shear strength in binary granular mixtures [J]. Can. Geotech. J.，2001，38：1097-1104.

[118] Jiang X. G. Cui P.，Ge Y. G.. Effects of fines on the strength characteristics of mixtures [J]. Eng. Geol.，2015，198：78-86.

[119] Medley E.. Observations on tortuous failure surfaces in bimrocks：felsbau，rock and soil engineering：journal for engineering geology [J]. Geomech. Tunnelling，2004，22：35-43.

[120] GUO Jianfeng，CHEN Zhenghan，FANG Xiangwei. Analysis of Seepage，Deformation and Stability of Xiaolangdi Dam Using Unsaturated Soil Consolidation FEM [C]. Proc. IACMAG2011，Australia，2011.5，p154-158.

[121] 方祥位，陈正汉，申春妮，等. 剪切对非饱和土土-水特征曲线影响的探讨 [J]. 岩土力学，2004，25 (9)：1451-1454.

[122] Li P. Y.，Qian H.，Wu J. H.. Accelerate research on land creation [J]. Nature，2014，510：29-31.

[123] 王恭先. 滑坡防治中的关键技术及其处理方法 [J]. 岩石力学与工程学报，2005：24 (21)：3818-3827.

[124] 朱彦鹏，董建华. 柔性支挡结构的静动力稳定性分析 [M]. 北京：科学出版社，2015.

[125] 张丙印，温彦锋，朱本珍，等. 土工构筑物和边坡工程发展综述—作用机制与数值模拟方法 [C] //第十二届全国土力学及岩土工程学术大会论文摘要集 [A]. 上海，2015：129-152.

[126] Zhu Y. P.，Yang X. H.，Shi Z. B.. Design and installation of comprehensive instrumentation system of high-fill foundation in mountainous airport [J]. Unsaturated Soil Mechanics from Theory to Practice - Proceedings of the 6th Asia-Pacific Conference on Unsaturated Soils，p733-740，October 23，2015-October 26，2015，Guilin，China.

[127] 杨校辉，朱彦鹏，周勇，等. 山区机场高填方边坡滑移过程时空监测与稳定性分析 [J]. 岩石力学与工程学报，2016，35 (增2)：3977-3990.

[128] 陕西省岩石力学与工程学会. 三号边坡监测预警报告 [R]. 西安，2015.

[129] Quentin B. Travis，Mark W. Schmeeckle，David M. Sebert. Meta-analysis of 301 slope failure calculations. I：database description. J. Geotech. Geoenviron. Eng.，2011，137 (5)：453-470.

[130] Zhang G. C.，Tan J. S.，Zhang L.，et al. Linear regression analysis for factors influencing displacement of high-filled embankment slopes [J]. Geomech. and Eng.，2015，8 (4)：

在此基础上提出了山区机场高填方填筑地基工后沉降量和差异沉降控制建议。主要结论如下：

①　设计并安装了山区高填方无线远程综合监测系统，基于监测结果，全面揭示了施工加载期和工后一定时间内原地基土体和填筑体沉降变形时空变化规律。填方加载期内，随着填方加载，坡体位移增大，且边坡高度越高位移越大，但填方加载高度约超过 20m以后，位移增大幅度受加载影响程度减小。加载期内，应严格控制填土加载速率、提高压实质量来减小坡体位移，故坡面施工不宜在工后第一年进行；

②　加载期原地基土体孔隙水压力随着填土荷载的增加基本呈线性增大，工后原地基土恢复固结排水，孔隙水压力逐步降低，消散速率减慢，孔隙水压力趋于恒定值，累计增大 74～77kPa，原地基地下水位高出原地面约 3.3～5.2m。填方加载期，相同加载高度时填筑体或原地基土体中出现了明显的土压力差，最靠近坡面的测点土压力增量最大，远离坡面的道槽区测点土压力增量最小；

③　给出了山区机场高填方填筑地基工后沉降量和差异沉降建议值。从时间和空间方面高填方地基沉降进行分析，实时了解和掌握了高填方地基性态变化，为合理确定机场道面开始施工时间提供依据，为评价道面使用年限内的工后沉降和工后差异沉降评估提供依据。

参 考 文 献

[1] 中国民用航空局，国家发展和改革委员会，交通运输部. 中国民用航空发展第十三个五年规划. 北京，2016.12.

[2] 杨校辉. 山区机场高填方地基变形和稳定性分析（博士学位论文）[D]. 兰州：兰州理工大学，2017.

[3] 中华人民共和国国家标准. GB 51254—2017 高填方地基技术规范 [S]. 北京：中国建筑工业出版社，2017.

[4] 中国民用航空局. MH/T 5035—2017 民用机场高填方工程技术规范 [S]. 北京：中国民航出版社，2017.

[5] 兰州理工大学编写组. DB62/T 25—3108—2016 低丘缓坡未利用地开发技术规程 [S]. 兰州：甘肃建筑标准图发行站，2016.

[6] 空军工程设计研究局. 延安机场迁建工程场道工程湿陷性黄土高填方地基处理试验段. 2009.

[7] 刘宏，张倬元. 四川九寨黄龙机场高填方地基变形与稳定性系统研究 [M]. 成都：西南交通大学出版社，2006.

[8] 肖建章. 机场高填方土石混合料剪切机理及强度特性研究（博士后出站报告）[R]. 北京：中国水利水电科学研究院，2016.10.

[9] 信息产业部电子综合勘察研究院. 黄土丘陵沟壑区（延安新区）工程建设关键技术研究与示范 [R]. 西安：信息产业部电子综合勘察研究院，2013.

[10] 陈正汉，郭楠. 非饱和土与特殊土力学及工程应用的研究进展 [J]. 岩土力学，2019，40（1）：1-46.

[11] 谢定义. 非饱和土土力学 [M]. 北京：高等教育出版社，2015.

[12] 谢春庆，邱延峻. 粗巨粒土填筑地基 [M]. 成都：西南交通大学出版社，2002.

[13] 王铁宏. 新编全国重大工程项目地基处理工程实录 [M]. 北京：中国建筑工业出版社，2005.

[14] 李鹏. 我国山区机场高填方地基处理工程综述及数据库研发 [D]. 北京：清华大学，2008.

[15] 韩文喜. 上海浦东机场场道地基强夯处理及强夯机理研究（博士学位论文）[D]. 成都：成都理工大学，1999.

[16] 甘厚义，周虎鑫. 关于山区高填方工程地基处理问题 [J]. 建筑科学，1998，14（6）：16-22.

[17] 吴铭炳，王钟琦. 强夯机理的数值分析 [J]. 工程勘察，1989，3：1-5.

[18] 孔令伟，袁建新. 强夯的边界接触应力与沉降特性研究 [J]. 岩土工程学报，1998，20（2），86-92.

[19] 周健，张思峰，贾敏才，等. 强夯理论的研究现状及最新技术进展 [J]. 地下空间与工程学报，2006，2（3）：510-516.

[20] 贾敏才，王磊，周健. 砂性土宏细观强夯加固机制的试验研究 [J]. 岩石力学与工程学报，2009，28（增1）：3282-3290.

[21] 韩云山，董彦莉，白晓红. 夯锤冲击黄土行程试验研究 [J]. 岩石力学与工程学报，2015，34（3）：631-638.

[22] 钱家欢，钱学德，赵维炳，等. 动力固结的理论与实践 [J]. 岩土工程学报，1986，8（6）：

1-17.

[23] 白冰. 强夯荷载作用下饱和土层孔隙水压力简化计算方法 [J]. 岩石力学与工程学报，2003，22 (9)：1469-1473.

[24] 水伟厚，王铁宏，王亚凌. 10000kN·m 高能级强夯作用下孔压测试与分析 [J]. 土木工程学报，2009，39 (4)：78-81.

[25] 李晓静，李术才，姚凯，等. 黄泛区路基强夯时超孔隙水压力变化规律试验研究 [J]. 岩土力学，2011，32 (9)：2815-2820.

[26] 郭乃正，邹金锋，李亮. 大颗粒红砂岩高填方路基强夯加固理论与试验研究 [J]. 中南大学学报（自然科学版），2008，39 (1)：185-189.

[27] 姚仰平，张北战. 基于体应变的强夯加固范围研究 [J]. 岩土力学，2016，37 (9)：2663-2671.

[28] 栾帅，王凤来，水伟厚. 残积土回填地基高能级强夯有效加固深度试验研究 [J]. 建筑结构学报，2014，35 (10)：151-158.

[29] 孙田磊，刘叔灼，王永平，等. 高能级强夯加固软基现场试验研究 [J]. 武汉大学学报（工学版），2014，47 (6)：789-793.

[30] Feng S J，Shui W H，Gao L Y，et al. Field studies of the effectiveness of dynamic compaction in coastal reclamation areas [J]. Bulletin of Engineering Geology and the Environment，2010，69：129-136.

[31] 梅源. 湿陷性黄土高填方地基处理技术及稳定性试验研究（博士学位论文）[D]. 西安：西安建筑科技大学，2013.

[32] 高政国，杜雨龙，黄晓波，等. 碎石填筑场地强夯加固机制及施工工艺 [J]. 岩石力学与工程学报，2013，32 (2)：377-384.

[33] 刘淼，王芝银，张如满，等. 基于强夯实测夯沉量的地基变形模量反演分析 [J]. 力学与实践，2014，36 (3)：313-317.

[34] 陈涛. 山区机场高填方地基变形及稳定性研究（博士学位论文）[D]. 郑州：郑州大学，2010.

[35] AMMANN. European and U. S. Patents on the ACE-System [R]. Swiss：AMMANN Verdichtung AG，2002.

[36] White D J，Rupnow T F D，Ceylan H. Influence of Subgrade/Subbase Non-Uniformity on PCC Pavement Performance [R]. Ames：Iowa State University，2004.

[37] 刘东海，李子龙，王爱国. 基于碾压机做功的堆石坝压实质量实时监测与快速评估 [J]. 水利学报，2014 (10)：1223-1230.

[38] 张家玲，徐光辉，蔡英. 连续压实路基质量检验与控制研究 [J]. 岩土力学，2015，36 (4)：1141-1146.

[39] 朱才辉. 深厚黄土地基上机场高填方沉降规律研究（博士学位论文）[D]. 西安：西安理工大学，2012.

[40] 朱彦鹏，杨校辉，马天忠，等. 黄土塬地区大直径长桩承载性状与优化设计研究 [J]. 岩石力学与工程学报，2017，36 (4)：1012-1023.

[41] 白晓红. 几种特殊土地基的工程特性及地基处理 [J]. 工程力学，2007，24 (增2)：83-99.

[42] 黄雪峰. 大厚度自重湿陷性黄土的湿陷变形特征、地基处理方法和桩基承载性状研究（博士学位论文）[D]. 重庆：后勤工程学院，2007.

[43] 杨校辉，黄雪峰，朱彦鹏，等. 大厚度自重湿陷性黄土地基处理深度和湿陷性评价试验研究

[J]. 岩石力学与工程学报, 2014, 33 (5): 1063-1074.

[44] Fredlund D. G., Rahardio H.. Soil mechanics for unsaturated soils [M]. New York: John Wiley & Sons Inc., 1993.

[45] 曹光栩. 山区机场高填方工后沉降变形研究 (博士学位论文) [D]. 北京: 清华大学, 2011.

[46] 郭庆国. 粗粒土的工程特性及应用 [M]. 郑州: 黄河水利出版社, 1998.

[47] 周立新, 黄晓波, 周虎鑫, 等. 机场高填方工程中填料试验研究 [J]. 施工技术, 2008, 37 (10): 81-83+94.

[48] 戴北冰, 杨峻, 周翠英. 颗粒大小对颗粒材料力学行为影响初探 [J]. 岩土力学, 2014, 35 (7): 1878-1884.

[49] 殷宗泽. 土工原理 [M]. 北京: 中国水利水电出版社, 2007.

[50] 李广信. 高等土力学 [M]. 北京: 清华大学出版社, 2004.

[51] GURTUG Y. Prediction of the compressibility behavior of highly plastic clays under high stresses [J]. Applied Clay Science, 2011, 51 (3): 295-299.

[52] 杨校辉, 朱彦鹏, 郭楠. 高填方土石混合料强度与变形特性及其算法研究 [J]. 岩石力学与工程学报, 2017, 36 (7): 1780-1790.

[53] 宋焕宇. 粗粒土斜坡高填路堤变形性状与稳定性研究 (博士学位论文) [D]. 武汉: 华中科技大学, 2007.

[54] 毛雪松, 郑小忠, 马骉, 等. 风化千枚岩填筑路基湿化变形现场试验分析 [J]. 岩土力学, 2011, 32 (8): 2300-2306.

[55] 杜秦文, 刘永军, 曹周阳. 变质软岩路堤填料湿化变形规律研究 [J]. 岩土力学, 2015, 36 (1): 41-46.

[56] 王江营. 土石混填体变形力学特性及其地基稳定性分析方法 (博士学位论文) [D]. 长沙: 湖南大学, 2014.

[57] 郭楠, 陈正汉, 高登辉, 等. 加卸载条件下吸力对黄土变形特性影响的试验研究 [J]. 岩土工程学报, 2016, 40 (3): 735-742.

[58] 郭楠. 非饱和土的增量非线性横观各向同性模型研究 (博士学位论文) [D]. 兰州: 兰州理工大学, 2018.

[59] 徐永福. 非饱和膨胀土结构性强度的研究 [J]. 河海大学学报 (自然科学版), 1999, 27 (2): 86-89.

[60] 陈正汉. 重塑非饱和黄土的变形、强度、屈服和水量变化特性 [J]. 岩土工程学报, 1999, 21 (1): 82-90.

[61] 张常光, 胡云世, 赵均海. 平面应变条件下非饱和土抗剪强度统一解及其应用 [J]. 岩土工程学报, 2011, 33 (1): 32-37.

[62] 高登辉, 陈正汉, 郭楠, 等. 干密度和基质吸力对重塑非饱和黄土变形与强度特性的影响 [J]. 岩石力学与工程学报, 2017, 36 (3): 736-744.

[63] 郭楠, 陈正汉, 杨校辉, 等. 基质吸力对原状非饱和黄土强度及变形特性的影响 [J]. 兰州理工大学学报, 2017, 43 (6): 120-125.

[64] 郭楠, 陈正汉, 杨校辉, 等. 重塑黄土的湿化变形规律及细观结构演化特性 [J]. 西南交通大学学报, 2019, 54 (1): 73-81+90.

[65] 朱彦鹏, 杨校辉, 周勇, 等. 基于含水量和干密度影响的压实土抗剪强度试验研究 [J]. 兰州理工大学学报, 2016, 42 (6): 114-120.

[66] 高登辉, 陈正汉, 邢义川, 等. 净平均应力对非饱和重塑黄土渗水系数的影响 [J]. 岩土工

程学报，2018，40（增1）：51-56.

[67] 郭楠，陈正汉，杨校辉. 各向同性土与初始横观各向同性土的力学特性和持水特性 [J]. 西南交通大学学报，2019，54（6）：1235-1243.

[68] 黄茂松，姚仰平，尹振宇，等. 土的基本特性及本构关系与强度理论研究进展 [C] // 第十二届全国土力学及岩土工程学术大会论文摘要集 [A]. 上海，2015：1-26.

[69] 姚仰平. UH 模型系列研究 [J]. 岩土工程学报，2015，37（2）：193-217.

[70] Frelund D G，Morgenstern N R. Constitutive relations for volume change in unsaturated soils [J]. Can Geotech J，1976，13（1）：261-276.

[71] Frelund D G. Appropriate concepts and technology for unsaturated soils [J]. Can Geotech J，1979，16（2）：121-139.

[72] Lloret A.，Alonso E. E. State surfaces for partially saturated soils [A]. Proc. 1th In. Conf. Soil. Mech. Found. Engng [C]. San Francisco，1985，2：557-562.

[73] 陈正汉，周海青，Fredlund D. G. 非饱和土的非线性模型及其应用 [J]. 岩土工程学报，1999，21（5）：603-608.

[74] Alonso E. E.，Gens A.，Josa A.. A constitutive model for partially saturated soils [J]. Geotechnique，1990，40（3）：405-430.

[75] Wheeler S J，Sivakumar V. An Elasto-plasticity critical state framework for unsaturated silt soils [J]. Geotechnique，1995，45（1）：35-53.

[76] Sheng D，Fredlund D G，Gens A. A new modelling approach for unsaturated soils using independent stress variables [J]. Can. Geotech. J.，2008，45（4）：511-534.

[77] Bolzon G，Schrefler B A & Zienkiewicz O C. Elatoplastic soil constitutive laws generalized to partially saturated states [J]. Geotechnique，1996，46（21）：279-289.

[78] 黄海，陈正汉，李刚. 非饱和土在 p-s 平面上屈服轨迹及土-水特征曲线的探讨 [J]. 岩土力学，2000，21（4）：316-321.

[79] 胡再强，张腾，朱铁韵，等. 非饱和黄土的弹塑性软化本构模型 [J]. 岩土力学，2006，27（增）：1103-1106.

[80] Kohler R.，Hofstetter G. A cap model for partially saturated soils [J]. Int. J. Numer. Anal. Meth. Geomech.，2008，32：981-1004.

[81] 姚志华. 大厚度自重湿陷性黄土的水气运移和力学特性及地基湿陷变形规律研究（博士学位论文）[D]. 重庆：后勤工程学院，2012.

[82] 杨光华. 地基沉降计算的新方法及其应用 [M]. 北京：科学出版社，2013.

[83] 徐明，宋二祥. 高填方长期工后沉降研究的综述 [J]. 清华大学学报（自然科学版），2009，49（6）：786-789.

[84] 谢永利，大变形固结理论及其有限元法（博士学位论文）[D]. 杭州：浙江大学，1994.

[85] 陈正汉. 非饱和土与特殊土力学的基本理论研究 [J]. 岩土工程学报，2014，36（2）：201-272.

[86] 资建民. 高填方地基快速施工与沉降控制研究（博士学位论文）[D]. 武汉：华中科技大学，2009.

[87] 张卫兵. 黄土高填方路堤沉降变形规律与计算方法的研究（博士学位论文）[D]. 西安：长安大学，2007.

[88] 宰金珉，梅国雄. 成长曲线在地基沉降预测中的应用 [J]. 南京建筑工程学院学报，2000，2：8-13.

[89] 赵明华，刘煜，曹文贵. 软土地基沉降发展规律及其预测 [J]. 中南大学学报（自然科学版），2004，1：157-161.

[90] 朱彦鹏，蔡文霄，杨校辉. 高填方路堤沉降模型现场试验 [J]. 建筑科学与工程学报，2017，34 (1)：84-90.

[91] 潘翔. Asaokao法在地基沉降预测应用中的不足与改进 [J]. 工程勘察，2012，11：75-82.

[92] 杨晓宇. 双强度折减法的研究与实现（硕士学位论文）[D]. 兰州：兰州理工大学，2017.

[93] 郑颖人，赵尚毅. 岩土工程极限分析有限元法及其应用 [J]. 土木工程学报，2005，38 (1)：91-99.

[94] 裴利剑，屈本宁，钱闪光. 有限元强度折减法边坡失稳判据的统一性 [J]. 岩土力学，2010，31 (10)：3337-3341.

[95] 郑宏，李春光，李焯芬，等. 求解安全系数的有限元法 [J]. 岩土工程学报，2002，24 (5)：626-628.

[96] 陈力华，靳晓光. 有限元强度折减法中边坡三种失效判据的适用性研究 [J]. 土木工程学报，2012，45 (9)：136-146.

[97] 唐芬，郑颖人，赵尚毅. 土坡渐进破坏的双安全系数讨论 [J]. 岩石力学与工程学报，2007，26 (7)：1402-1407.

[98] 白冰，袁维，石露，等. 一种双折减法与经典强度折减法的关系 [J]. 岩土力学，2015，36 (5)：1275-1281.

[99] Yuan Wei, Bai Bing, Li Xiao Chun, et al. A strength reduction method based on double reduction parameters and its application [J]. Journal of Central South University, 2013, 20 (9)：2555-2562.

[100] 赵炼恒，曹景源，唐高朋，等. 基于双强度折减策略的边坡稳定性分析方法探讨 [J]. 岩土力学，2014，35 (10)：2977-2984.

[101] 杨光华，张玉成，张有祥. 变模量弹塑性强度折减法及其在边坡稳定分析中的应用 [J]. 岩石力学与工程学报，2009，28 (7)：1506-1512.

[102] 刘汉龙，赵明华. 地基处理研究进展 [J]. 土木工程学报，2016：49 (1)：96-115.

[103] Xiao-Hui Yang, Yan-Peng Zhu. Research on time-space monitoring, early warning criterion and failure mechanism of high fill slope deformation process in mountain region [C]. The 2016 World Congress on Advances in Civil Environmental & Materials Research (ACEM16) Online Proceedings, 28 August -1 September, 2016, Jeju, Korea.

[104] 黄雪峰，杨校辉，殷鹤，等. 湿陷性黄土场地湿陷下限深度与桩基中性点位置关系研究 [J]. 岩土力学，2015，36（增2）：296-302.

[105] 黄雪峰，杨校辉. 湿陷性黄土现场浸水试验研究进展 [J]. 岩土力学，2013，34（增2）：222-228.

[106] 杨校辉，朱彦鹏，郭楠，等. 一种高填方地基排水盲沟 [P]. 中国专利：CN201621291006X.

[107] 梅卫锋，杨志勇，黎浩. 强夯法处理碎石回填地基施工参数现场试验研究 [J]. 铁道科学与工程学报，2016，13 (8)：1543-1548.

[108] 朱俊高，郭万里，王元龙，等. 连续级配土的级配方程及其适用性研究 [J]. 岩土工程学报，2015，37 (10)：1931-1936.

[109] 杨校辉，朱彦鹏，张沛然，等. 高填方地基土压实度连续检测与监控系统 [P]. 中国专利：ZL201620457532.2.

[110] 孙华飞，鞠杨，王晓斐，等. 土石混合体变形破坏及细观机理研究的进展 [J]. 中国科学：